# C语言
## 程序设计
### 项目化教程

◀◀◀

黑马程序员 主编

中国教育出版传媒集团

高等教育出版社·北京

内容简介

本书是高等职业教育计算机类专业基础课黑马程序员系列教材之一。

本书是一本以项目驱动教学的C语言编程入门图书，全书共分为11个项目，项目1主要介绍了C语言基础知识，包括C语言整体概况、C语言开发环境与C语言编译过程等内容。项目2~项目3主要介绍了C语言基础知识，包括关键字、标识符、常量、变量、数据类型、类型转换等。项目4~项目9主要介绍了C语言的核心知识，包括结构化程序设计、数组、函数、指针、字符串、结构体等。项目10~项目11主要介绍了C语言的其他知识，包括预处理、文件管理等。

每个项目都分为项目导入、知识准备、项目设计、项目实施和项目小结5个部分。知识准备中，针对所讲知识点精心设计了场景案例，读者可以一边学习一边练习，巩固所学的知识点，并在实践中提升实际应用能力。

本书配有数字课程、微课视频、授课用PPT、教学大纲、教学设计、源代码、习题等丰富的数字化教学资源，读者可发邮件至编辑邮箱1548103297@qq.com获取。此外，为帮助学习者更好地学习掌握本书中的内容，黑马程序员还提供了免费在线答疑服务。本书配套数字化教学资源明细及在线答疑服务，使用方式说明可扫描封面二维码。

本书可以作为高等职业院校及应用型本科院校计算机相关专业的C语言程序设计课程的教材，也可以作为广大信息技术产业从业人员和编程爱好者的自学参考书。

图书在版编目（CIP）数据

C语言程序设计项目化教程 / 黑马程序员主编. --
北京：高等教育出版社，2023.10
ISBN 978-7-04-060176-3

Ⅰ. ①C… Ⅱ. ①黑… Ⅲ. ①C语言-程序设计-教材
Ⅳ. ①TP312

中国国家版本馆 CIP 数据核字（2023）第 037939 号

C Yuyan Chengxu Sheji Xiangmuhua Jiaocheng

| 策划编辑 | 许兴瑜 | 责任编辑 | 许兴瑜 | 封面设计 | 张　志 | 版式设计 | 李彩丽 |
| 责任绘图 | 李沛蓉 | 责任校对 | 刘娟娟 | 责任印制 | 高　峰 | | |

| 出版发行 | 高等教育出版社 | 网　　址 | http://www.hep.edu.cn |
| 社　　址 | 北京市西城区德外大街4号 | | http://www.hep.com.cn |
| 邮政编码 | 100120 | 网上订购 | http://www.hepmall.com.cn |
| 印　　刷 | 廊坊十环印刷有限公司 | | http://www.hepmall.com |
| 开　　本 | 787 mm×1092 mm　1/16 | | http://www.hepmall.cn |
| 印　　张 | 24 | | |
| 字　　数 | 660 千字 | 版　　次 | 2023 年 10 月第 1 版 |
| 购书热线 | 010-58581118 | 印　　次 | 2023 年 10 月第 1 次印刷 |
| 咨询电话 | 400-810-0598 | 定　　价 | 55.00 元 |

# 前言 >>>

作为一门编程语言，C 语言因其简洁、高效、灵活、可移植性高等特点一直被广泛应用于多个开发领域。在所有编程语言中，C 语言是最接近底层的高级语言，可以直接操作系统硬件，其执行速度仅次于汇编语言。又由于 C 语言设计简洁，易于入门，因此很多学校将 C 语言作为计算机编程课程的入门语言。

为推进党的二十大精神进教材、进课堂、进头脑，在设计本书时以创新为核心，以质量效益为中心，采用项目驱动教学，在设计每个项目时结合中华民族优秀成果与优秀传统文化，如制作一张 C 语言名片、计算圆的面积和周长、九九乘法表、万年历、围棋、密码等，让学生在学习编程技术的同时了解我国在礼仪、数学、文化、密码等方面的伟大成就，提升学生的民族自豪感。本书引导学生树立正确的世界观、人生观和价值观，进一步提升学生的职业素养，落实德才兼备的高素质技术技能人才的培养要求。此外。编者依据书中的内容提供了丰富的数字化教学资源，体现现代信息技术与教育教学的深度融合，提升教学质量。

## 为什么要学习本书

作为一种技术的入门教程，最重要也最难的一件事情就是要将一些非常复杂、难以理解的思想和问题简单化，让初学者能够轻松理解并快速掌握。作为 C 语言入门教材，本书在体例设计上进行了创新，以项目驱动教学，让读者带着任务、有目标地进行学习，更容易激发读者学习兴趣。

相比于市面上的教材，本书具有以下特点。

1. 本书以项目驱动教学，能够激发读者学习兴趣。

2. 每个项目分为项目导入、知识准备、项目设计、项目实施和项目小结 5 个部分。结构层次清晰合理，更适合初学者学习。

3. 在知识准备部分，针对所讲知识点，精心设计了很多场景案例，能够让读者更好地掌握知识点的应用，并拓宽思路。

4. 本书语言简洁精练，通俗易懂，将难以理解的编程问题用简单清晰的语言描述，让读者更容易理解。

## 如何使用本书

本书共分为 11 个项目，下面分别对每个项目进行简单介绍。

- 项目 1：本项目通过制作一张 C 语言名片，学习了 C 语言的基础知识，包括 C 语言整体概况、C 语言开发环境与 C 程序编译过程等内容。通过本项目的学习，读者需要掌握 Visual Studio 2019 的安装与使用，理解 C 程序的编译原理。
- 项目 2 和项目 3：通过项目 2 和项目 3，主要学习了 C 语言基础知识，包括关键字、标识符、常量、变量、数据类型、类型转换、运算符与表达式等。掌握这些基础知识，才能更好地学习后面的核心内容。
- 项目 4～项目 9：通过项目 4～项目 9，主要学习了 C 语言的核心知识，包括结构化程序设计、数组、函数、指针、字符串、结构体等。读者需要花大量的精力理解所讲解的内容，只有熟练掌握这些知识，才算真正地学好了 C 语言。
- 项目 10 和项目 11：通过项目 10 和项目 11，主要学习了 C 语言的其他知识，包括预处理、文件管理等。学习这两个项目的内容，可以帮助读者更高效快速地编写 C 语言程序。

在学习过程中，读者若不能完全理解教材中所讲知识，可登录在线平台，配合平台中的教学视频进行学习。此外读者在学习的过程中，务必要勤于练习，确保真正吸收所学知识。若在学习的过程中遇到无法解决的困难，建议读者莫要纠结于此，继续往后学习，或可豁然开朗。

## 致谢

本教材的编写和整理工作由传智播客教育科技股份有限公司完成，主要参与人员有高美云、薛蒙蒙等，全体人员在这近一年的编写过程中付出了很多辛勤的汗水，在此一并表示衷心的感谢！

## 意见反馈

尽管编写团队付出了最大的努力，但书中难免会有不妥之处，欢迎各界专家和读者朋友们提出宝贵意见，我们将不胜感激。在阅读本书时，如发现任何问题或有不认同之处，可以通过电子邮件 itcast_book@vip.sina.com 与我们及时取得联系。

再次感谢广大读者对我们的深切厚爱与大力支持！

黑马程序员

2023 年 7 月

# 目录 >>>

# 项目 1

## 制作一张 C 语言名片

教学设计：项目 1
制作一张 C 语言名片

PPT：项目 1　制作
一张 C 语言名片

- 了解 C 语言的发展历程，包括 C 语言的起源与发展历史。
- 了解 C 语言标准，以及 C 语言标准的演变。
- 了解 C 语言的特点，掌握 C 语言主要有哪些特点。
- 了解 C 语言的主要应用领域。
- 掌握 C 语言开发环境的搭建，能够独立完成 Visual Studio 2022 的安装。
- 掌握 Visual Studio 2022 的使用方法，能够使用 Visual Studio 2022 开发 C 语言程序。
- 理解 C 语言程序编译机制，掌握 C 语言程序的编译执行过程。
- 了解 C 语言代码风格，能够编写出符合规范的代码。

C 语言是一种通用的、面向过程的编程语言，它具有高效、灵活、可移植等优点，目前它被运用在各种系统软件与应用软件的开发中，是使用最广泛的编程语言之一。本项目作为整本书的第 1 个项目，将针对 C 语言的发展历史、开发环境搭建、如何编写 C 语言程序以及 C 语言的运行机制等内容进行详细讲解。

## 项目导入

实操微课 1-1：项目导入

名片在日常生活，尤其是职场、商业交往中具有很重要的作用。名片是用于标示一个人姓名、职位、所属单位及联系方式的纸片，它始于我国古代，最早见于西汉史籍，那时的名片称为谒。西汉《释名·释书契》载：谒，诣告也。书其姓名于上以告所至诣者也。在汉墓中出土过谒，为木简，长 22.5 cm，宽 7 cm，上有拜访者名字、籍贯，内容与今天的名片大抵相似。东汉时，谒又称为名刺，至唐代，谒由木简改为纸片；至元代，名刺改名为拜帖；至明代，拜帖又称为名帖、版，内容上也有改进，除了姓名、籍贯，还增加了官职；至清代，名片的称呼才正式出现。

在商业活动中，交换名片是商业交往的第一步，并且交换名片有一套标准礼仪动作。递名片方要用双手的大拇指和食指握住名片，正面面向接受名片的人，同时轻微鞠躬。接受名片方要点头表示感谢，同时要以同样的方式递出自己的名片，接着花几秒钟阅读名片内容以示尊重。在商业活动中，名片就是一个人的商业形象，因此它的价值很高。名片不仅仅展示个人信息，更重要的是展现个人的品德修养和职业素养。正确处理好名片的设计、内容和分发等方面，可体现个人的礼仪修养、职业道德和社会责任感。

拥有一张好的名片，个人的形象就能提升一个层级。本项目要求为 C 语言制作一张有吸引力的名片，名片格式如图 1-1 所示。

图 1-1　C 语言名片格式

## 知识准备

# 1.1　C 语言概述

### 1.1.1　计算机语言发展简史

理论微课 1-1：计算机语言发展简史

在揭开 C 语言的神秘面纱之前，先来认识一下什么是计算机语言。计算机语言是人与计算机之间通信的语言，它主要由一些指令组成，这些指令包括数字、符号和语法等内容，编程人员可以通过这些指令来指挥计算机进行各种工作。

计算机语言有很多种类，根据功能和实现方式的不同大致可分为三大类，即机器语言、汇编语言和高级语言，下面针对这三类语言的特点进行简单介绍。

### 1. 机器语言

计算机不需要翻译就能直接识别的语言被称为机器语言（又被称为二进制代码语言），该语言是由二进制数 0 和 1 组成的一串指令，对于编程人员来说，机器语言不便于记忆和识别。

### 2. 汇编语言

人们很早就认识到这样的一个事实，尽管机器语言对计算机来说很好懂也很好用，但是对于编程人员来说记住 0 和 1 组成的指令简直就是煎熬。为了解决这个问题，汇编语言诞生了。汇编语言用英文字母或符号串来替代机器语言，把不易理解和记忆的机器语言按照对应关系转换成汇编指令。这样一来，汇编语言就比机器语言更加便于阅读和理解。编译器可以把写好的汇编语言翻译成机器语言，实现与计算机的沟通。

### 3. 高级语言

由于汇编语言依赖于硬件，使得程序的可移植性极差，而且编程人员在使用新的计算机时还需学习新的汇编指令，大大增加了编程人员的工作量，为此，计算机高级语言诞生了。高级语言不是一门语言，而是一类语言的统称，它比汇编语言更贴近于人类使用的语言，易于理解、记忆和使用。高级语言和计算机的架构、指令集无关，因此它具有良好的可移植性。

高级语言应用非常广泛，世界上绝大多数编程人员都在使用高级语言进行程序开发。常见的高级语言包括 C、C++、Java、Visual Basic、C#、Python、Ruby 等。本书讲解的 C 语言就是目前比较流行、应用比较广泛的高级语言之一，也是计算机高级编程语言的元老。

## 1.1.2　C 语言发展简史

C 语言的发展颇为有趣，它的原型是 ALGOL 60 语言（也称 A 语言）。

理论微课 1-2：C
语言发展简史

1963 年，剑桥大学将 ALGOL 60 语言发展成为组合编程语言（Combined Programming Language，CPL）。

1967 年，剑桥大学的教授对 CPL 语言进行了简化，产生了基本计算机编程语言（Basic Computer Programming Language，BCPL）。

1970 年，某实验室的工程师将 BCPL 进行了修改，并为它起了一个有趣的名字"B 语言"，其含义是将 CPL 语言煮干，提炼出它的精华，并且他用 B 语言编写了第一个 UNIX 操作系统。

1973 年，该实验室的另一工程师在 B 语言的基础上设计出了一种新的语言，他取了 BCPL 的第 2 个字母作为这种语言的名字，即 C 语言。C 语言一经问世，便因其强大的功能与优越的性能而迅速普及。

1978 年，*The C Programming Language* 出版，使 C 语言成为世界上使用非常广泛的高级程序设计语言。

## 1.1.3　C 语言标准

C 语言出现后，发展了多个版本，不同版本之间的 C 语言各有差异，为了让 C 语言健壮地发展下去，美国国家标准协会（American National Standards Institute，ANSI）组织了由硬件厂商、软件设计师、编译器设计师等成员组成

理论微课 1-3：C
语言标准

的标准 C 委员会，建立了通用的 C 语言标准。第一版 C 语言标准于 1989 年颁布，称为 C89。从 1989 年至今，陆续颁布了多个 C 语言标准，具体介绍如下。

**1. C89（C90）标准**

1989 年，ANSI 通过的 C 语言标准 ANSI X3.159-1989 被称为 C89，人们习惯称之为 ANSI C。1990 年，国际标准化组织（International Organization for Standardization，ISO）接受并采纳 C89 作为国际标准 ISO/IEC9899:1990，该标准被称为 ISO C，简称 C90。由于 C90 采用的是 C89 标准，所以 C89 和 C90 指的是同一个版本。

**2. C99 标准**

1999 年，ISO 和国际电工委员会（International Electrotechnical Commission，IEC）正式发布了 ISO/IEC:1999，简称 C99。C99 引入了许多新特性，如内联函数、变量声明可以不放在函数开头、支持变长数组、初始化结构体允许对特定的元素赋值等。本书内容将基于 C99 标准讲解。

**3. C11 标准**

2011 年，ISO 和 IEC 正式发布 C 语言标准第 3 版草案 N1570，称为 ISO/IEC98992011，简称 C11。C11 提高了 C 语言对 C++ 的兼容性，并增加了一些新的特性，这些新特性包括泛型宏、多线程、静态断言、原子操作等。

### 1.1.4 C 语言特点

相比于其他高级程序设计语言，C 语言主要有以下特点。

理论微课 1-4：C 语言特点

**1. 语言简洁**

C99 标准总共包含 37 个关键字、9 个控制语句以及丰富的数据类型。C 语言的编写比较自由、简洁，使用简单的方法就能构造出复杂的数据类型或者数据结构，具备复杂数据结构运算的能力。

**2. 执行高效**

据统计，对于同一个程序，使用 C 语言编写的程序生成的目标代码仅比汇编编写的程序生成的目标代码执行效率低 10%～20%，这个执行效率是其他高级语言不能相比的。

**3. 结构化设计**

使用 C 语言开发程序时，采用自顶向下的开发思路，注重每个功能模块化编程，各个功能模块之间呈现结构化特点。这使得 C 语言程序可读性强、结构清晰。

**4. 可移植**

C 语言出现以前，程序员多使用汇编语言进行编程，不同的硬件必须使用不同的汇编语言进行编写，这样的编程难度是相当大的。由于 C 语言的编译器能够移植到不同的设备中，所以使用 C 语言编写的程序，只需要修改部分代码就可以移植到其他设备运行。

**5. 能进行硬件操作**

C 语言既具有高级语言的功能，又具有低级语言的许多功能，例如，它可以直接访问物理地址，方便内存管理。C 语言的这种双重性使它既是成功的系统描述语言，又是通用的程序设计语言。

尽管 C 语言具有很多的优点，但和其他任何一种程序设计语言一样，也有其自身的缺点，如编写代码实现周期长，过于自由，对于经验不足的编程者易出错，对平台库依赖较多。但总体而言，

C 语言的优点远远超过了它的缺点。

### 1.1.5　C 语言应用领域

理论微课 1-5：C
语言应用领域

C 语言的特点决定了它的应用领域比较广泛，C 语言常被应用在如下领域。

#### 1. 操作系统

C 语言可以开发操作系统，主要应用在个人桌面领域的 Windows 系统内核、服务器领域的 Linux 系统内核、FreeBSD、苹果公司研发的 macOS 等。

#### 2. 应用软件

C 语言可以开发应用软件。在企业数据管理中，需要可靠的软件来处理有价值的信息，由于 C 语言具有高效、稳定等特性，企业数据管理中使用的数据库如 Redis、MySQL、SQLite、PosreSQL 等都由 C 语言开发。此外，Git 源代码仓库管理工具、压缩工具（zip 系列库、zlib 库等）、通用加密库 libgcrypt（对称秘钥、哈希算法、公钥算法等）等都是由纯 C 语言实现的。

#### 3. 嵌入式领域

嵌入式底层开发，当今时代社会生活的各个方面都在智能化，智能城市、智能家庭等概念已不再是设想。这些智能领域离不开嵌入式开发，熟知的智能手环、智能扫地机器人、汽车电子系统等都离不开嵌入式。

组成这些智能系统的东西，如底层的微处理器控制的传感器、蓝牙、WiFi 网络传输模块上层的半导体芯片驱动库以及嵌入式实时操作系统 FreeRtos、UCOS、VxWorks 等，都主要由 C 语言开发。

#### 4. 游戏开发

C 语言具有强大的图像处理能力、可移植性、高效性等特点。在一些大型的游戏开发中，游戏环境渲染、图像处理等都使用 C 语言处理，成熟的跨平台游戏库 OpenGl、SDL、Allegro 等都由 C 语言编写而成。

#### 5. 网络架构相关

跨平台的事件通知库 libevent 由纯 C 语言实现，著名的 Memcached 分布式内存对象缓存系统、Chromium 浏览器、Tor 浏览器等都使用 libevent 库。C 语言是实现网络信息传输的基石，如网络传输协议 IMAP、SMTP 等传输层身份验证和安全层，都是由 GNU SALS 库（C 语言编写）实现了信息的安全传输。此外，OpenSSL 网络传输安全协议等都由 C 语言实现。

随着人类社会向信息化、智能化、网络化的方向发展以及嵌入式系统技术的发展，C 语言的地位也会越来越高。C 语言还将在云计算、物联网、移动互联网、智能家居、虚拟现实等未来信息技术中发挥重要作用。因此，学习好 C 语言是很有必要的，而且掌握了 C 语言后，很容易学习其他面向过程的语言，使学习 C++、Java、Python 等语言事半功倍。

## 1.2　C 语言开发环境搭建

良好的开发环境可以方便程序开发人员编写、调试和运行程序，提高程序开发效率。市面上已有许多支持 C 语言的开发工具，如 Visual Studio、Qt、Eclipse、Dev-C++等。利用这些开发工具可以快速进行 C 语言程序开发。

理论微课 1-6：C
语言开发环境搭建

目前比较流行的开发工具为 Visual Studio（VS），Visual Studio 是由微软

公司发布的集成开发环境，它包括了整个软件生命周期中所需要的大部分工具，如 UML 工具、代码管控工具、集成开发环境（IDE）等。Visual Studio 支持 C/C++、C#、F#、Visual Basic 等多种程序语言的开发和测试，功能十分强大，并且具有兼容性强、支持多种平台开发、团队开发协作等特点，是企业项目开发的首选工具。

Visual Studio 常用的版本有 Visual Studio 2010、Visual Studio 2012、Visual Studio 2013、Visual Studio 2015 等，到截稿时的最新版本为 Visual Studio 2022，所以本书将选择 Visual Studio 2022 作为 C 语言开发工具。

Visual Studio 2022 开发工具有企业版、专业版和社区版 3 个版本，其中企业版和专业版是收费的，通常企业版用于大型企业项目开发，专业版用于个人或者小型项目开发团队开发，社区版免费用于个人和开源项目开发，是教学和初学 C 语言者的首选。

本书选择 Visual Studio 2022 社区版作为 C 语言的学习环境，Visual Studio 2022 社区版的安装步骤如下。

① 访问 Visual Studio 官网，下载 Visual Studio 2022 Community 版本，下载完成后双击安装包，弹出程序组件安装提示框，如图 1-2 所示。

图 1-2　程序组件安装提示框

② 在图 1-2 中单击"继续"按钮，下载安装 Visual Studio 2022 需要的程序组件，下载和安装过程如图 1-3 所示。

图 1-3　程序组件的下载和安装过程

③ 下载和安装完成之后，会弹出一个界面，让用户选择所需要的开发环境，具体如图 1-4 所示。

图 1-4　开发环境选择界面

④ 在图 1-4 中选择开发需要的工具与环境，由于本书是将 Visual Studio 2022 作为 C 语言开发环境，C++是兼容 C 语言的，所以在图 1-4 中选择"使用 C++的桌面开发"选项即可。单击安装位置后面的"更改"超链接，进入安装路径选择界面，如图 1-5 所示。

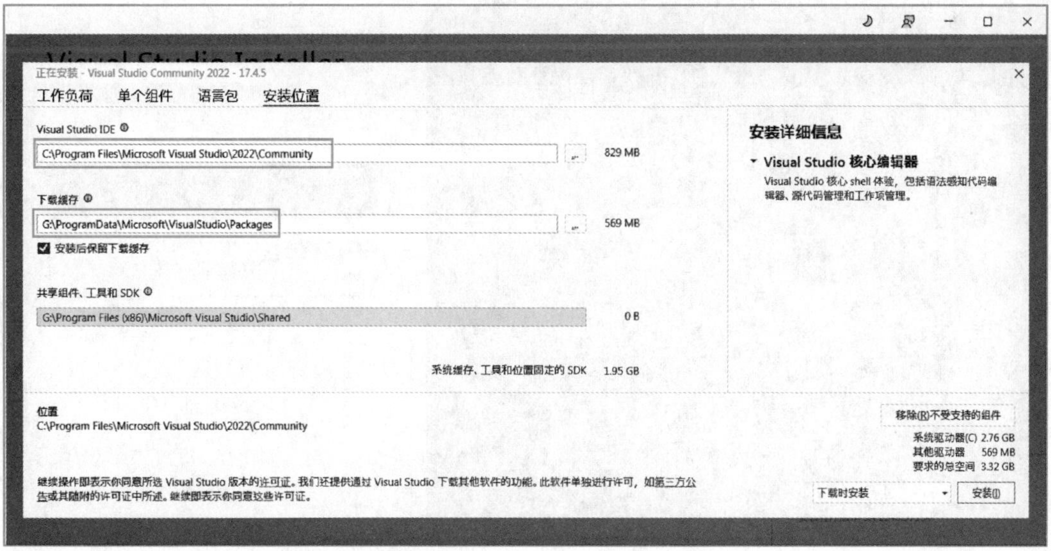

图 1-5　安装路径选择界面

⑤ 在图 1-5 中选择 Visual Studio 2022 的安装路径、下载缓存路径，单击"安装"按钮开始安装 Visual Studio 2022，如图 1-6 所示。

图 1-6　安装界面

⑥ 安装完成后，会提示重启计算机，重启后打开 Visual Studio 2022，首次启动时，会提示登录，如图 1-7 所示。

图 1-7　登录界面

⑦ 在图 1-7 中，单击"暂时跳过此项"链接，跳过账号登录，弹出主题设置界面，如图 1-8 所示，读者可以选择喜欢的主题。

图 1-8　主题设置界面

⑧ 在图 1-8 中，完成主题设置后，单击"启动 Visual Studio"按钮，启动 Visual Studio 2022，启动成功界面如图 1-9 所示。

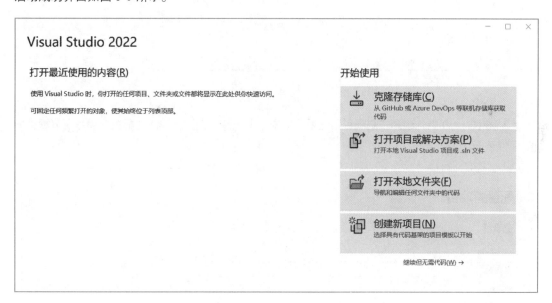

图 1-9　启动成功界面

至此，Visual Studio 2022 开发工具安装完成。

## 1.3　第一个 C 语言程序

下面通过 Visual Studio 2022 开发一个 C 语言程序，该程序向控制台输出

理论微课 1-7：第一个 C 语言程序

"Hello, world!"，以此为读者演示如何使用 Visual Studio 2022 工具开发 C 语言应用程序，具体实现步骤如下。

### 1. 新建项目

① 在如图 1-9 所示的启动界面中，单击"创建新项目"按钮，打开"创建新项目"界面，如图 1-10 所示。

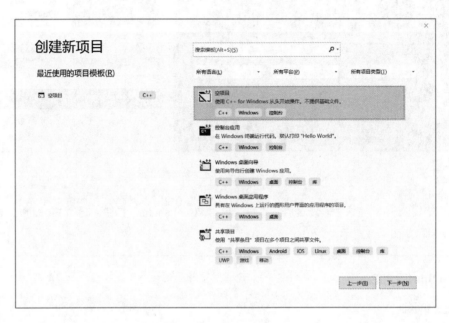

图 1-10 "创建新项目"界面

② 在图 1-10 中，选择"空项目"选项，单击"下一步"按钮，进入"配置新项目"界面，如图 1-11 所示。

图 1-11 "配置新项目"界面

③ 在图 1-11 中，设置项目名称、选择项目存储路径，并选中"将解决方案和项目放在同一个目录中"复选框。配置完成之后，单击"创建"按钮，进入项目管理主界面，如图 1-12 所示。

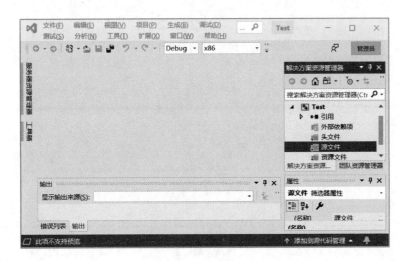

图 1-12 项目管理主界面

## 2. 编写程序代码

编写程序代码，需要在项目中添加源文件，在源文件中编写程序代码。添加源文件，编写程序代码的具体步骤如下。

① 在图 1-12 中，选中右侧 Test 项目下的源文件，右击，在弹出的快捷菜单中选择"添加"→"新建项"命令，如图 1-13 和图 1-14 所示。

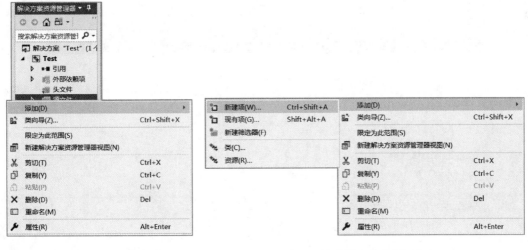

图 1-13 "添加"快捷菜单          图 1-14 选择"新建项"命令

② 系统打开"添加新项-Test"对话框，如图 1-15 所示。

③ 在图 1-15 中，将文件命名为 helloworld.c，单击"添加"按钮，helloworld.c 源文件创建成功。双击打开该文件，在文件空白区域编写代码，如图 1-16 所示。

图 1-15 "添加新项-Test" 对话框

图 1-16 helloworld.c 程序代码

图 1-16 中的具体代码见例 1-1。

例 **1-1** helloworld.c

```
1    #include <stdio.h>
2    int main()
3    {
4        //使用系统提供的标准输出，在控制台显示信息
5        printf("Hello, world!\n");
6        return 0;
7    }
```

3. 编译运行程序

在图 1-16 的菜单栏中选择 "调试"→"开始运行（不调试）"命令，运行程序，或单击菜单栏中的"本地 Windows 调试器"按钮运行程序。程序运行后，会弹出运行结果的命令行窗口，如图 1-17 所示。

图 1-17 例 1-1 运行结果

#### 4. 代码分析

例 1-1 共包含 7 行代码，各行代码的功能与含义分别如下。

- 第 1 行代码的作用是进行相关的预处理操作。其中字符"#"是预处理标志，#include 后面跟着一对尖括号，表示头文件在尖括号内读入。stdio.h 就是标准输入输出头文件。因为第 5 行用到了标准库中的 printf()输出函数，printf()函数定义在 stdio.h 头文件中，所以程序需要包含此头文件。

- 第 2 行~第 7 行代码声明了一个 main()函数，该函数是程序的入口，程序运行从 main()函数开始执行。

- 第 2 行代码中，main()函数前面的 int 表示该函数的返回值类型是整型。

- 第 3 行~第 7 行代码是 main()函数的函数体，程序的相关操作都要写在函数体中，{}定义了函数的边界，{}内的语句被称为语句块。

- 第 4 行是程序注释，注释使用"//"表示，从"//"开始到该行结束部分属于注释部分，注释不参与程序编译过程。

- 第 5 行代码调用了格式化输出函数 printf()，该函数用于输出一行信息，可以简单理解为向控制台输出文字或符号等。printf()括号中的内容称为函数的参数，括号内可以看到输出的字符串"Hello, world!\n"，其中"\n"表示换行操作。

- 第 6 行代码中 return 语句的作用是将函数的执行结果返回，后面紧跟着函数的返回值，如果程序的返回值是 0，表示正常退出。

在 C 语言程序中，以分号";"为结束标记的代码都可称为语句，如例 1-1 中的第 5 行、第 6 行代码都是语句。

## 1.4 C 语言程序编译过程

早期的程序使用汇编语言编写，编写的汇编程序难于移植，使得开发效率低下。C 语言的出现使得编程时关注的是程序逻辑本身，提高了编程的效率。计算机之所以能够理解 C 语言代码，进而执行程序，给出运行结果，是因为编译器。编译器的作用就是将编写的 C 源程序翻译成机器能够执行的指令和数据，机器能够直接执行的指令和数据称为可执行代码。

理论微课 1-8：C
语言程序编译过程

C 语言程序从源代码到可执行代码需要经过预处理、编译、汇编和链接 4 个步骤。例如，helloworld.c 源程序的编译过程如图 1-18 所示。

下面以 helloword.c 程序为例，并结合图 1-18 讲解 C 语言程序的编译过程。

（1）预处理

预处理主要处理代码中以"#"开头的预处理语句（预处理语句将在项目 10 中讲解），预处理完成后，会生成"*.i"文件。预处理操作具体包括以下几项。

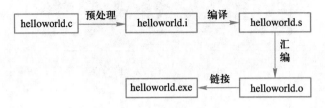

图 1-18　helloworld.c 源程序的编译过程

- 展开所有宏，如#define，将宏替换为它定义的值。
- 处理所有条件编译指令，如#ifdef、#ifndef、#endif。
- 处理文件包含语句，如#include，将包含的文件直接插入到语句所在处。

---

 注意：

代码中的编译器指令#pragma 会被保留。除此之外，预处理还会进行以下操作。

---

- 删除所有注释。
- 添加行号和文件标识，以便在调试和编译出错时快速定位到错误所在行。

（2）编译

编译过程是最复杂的过程，需要进行词法分析、语法分析、语义分析、优化处理等工作，最终将预处理文件"*.i"生成汇编文件"*.s"。编译的过程是优化过程，包括中间代码优化和针对目标代码生成优化。

（3）汇编

汇编操作指将生成的汇编文件"*.s"翻译成计算机能够执行的指令，称为目标文件或者中间文件。在 Linux 系统中的二进制文件是"*.o"文件，Windows 系统中是"*.obj"文件，通常汇编后的文件包含了代码段和数据段。

（4）链接

生成二进制文件后，文件尚不能运行，若想运行文件，需要将二进制文件与代码中用到的库文件进行绑定，这个过程称为链接。链接的主要工作就是处理程序各个模块之间的关系，完成地址分配、空间分配、地址绑定等操作，链接操作完成后将生成可执行文件。

　📖　多学一招：动态库与静态库

链接分为静态库链接和动态库链接。

静态库在 Linux 中是"*.a"文件，Windows 下是"*.lib"文件。这些静态库文件本质上是一组目标文件的集合。静态库链接指的是在程序编译过程中将包含该函数功能的库文件全部链接到目标文件中。程序在编译完成后的可执行程序无须静态库支持，但静态链接带来程序开发效率高的同时也存在着内存空间和模块更新难等问题。

动态库在 Linux 中是"*.so"文件，也称为共享库，Windows 下是"*.dll"文件。动态库链接指的是在程序运行时只对需要的目标文件进行链接，因此程序在运行过程中离不开动态库文件，动态库解决了静态库资源的浪费并且实现了代码共享，还具有隐藏实现细节、便于升级维护等特点。

## 1.5　C语言代码风格

开发软件往往不是一朝一夕的事情，更多情况下，一个软件的开发周期需要很长时间，并且通常由多人合作完成。因此，一定要保持良好的编码风格，才能最大化地提高程序开发效率。

理论微课1-9：C
语言代码风格

### 1.5.1　程序格式

程序的格式不影响代码的执行，但影响其可读性和可维护性。程序的格式应追求清楚美观、简洁明了，让人一目了然。

#### 1. 代码行

代码行的规则概括为：一行只写一条语句，这样方便测试；一行只写一个变量，这样方便写注释。示例代码如下。

```
int num;
int age;
```

📝 注意：

　　if、for、while、do 等语句各占一行，其执行语句无论有几条都用符号"{"和"}"将其包含在内，示例代码如下。

```
if (number < age)
{
    ......
}
```

#### 2. 对齐与缩进

对齐与缩进可以保证代码整洁、层次清晰。对齐与缩进主要表现在以下几个方面。

- 一般用 Tab 键缩进，不用空格缩进。
- 符号"{"与"}"要独占一行，且位于同一列，与引用它们的语句左对齐。
- "{}"之内的代码，要在"{"下一行缩进，同层次的代码在同层次的缩进层上。

下面列举一些风格良好的代码。

（1）函数定义语句的代码风格

```
void Function(int x)
{
    ...
}
```

（2）if…else 选择结构语句的代码风格

```
if (condition)
{
    ...
}
else
```

```
{
    ...
}
```

（3）for 循环结构语句的代码风格

```
for (initialization; condition; update)
{
    ...
}
```

（4）while 循环结构语句的代码风格

```
while (condition)
{
    ...
}
```

（5）如果出现嵌套的{}，则使用缩进对齐

```
{
    ...
    {
        ...
    }
    ...
}
```

### 3. 空格和空行

需要空格的情况主要如下。

- if、while、switch 等关键字与之后的左括号 "(" 之间，如 "for (i = 0; i < 10; i++)"。
- 双目运算符两侧，如 "p == NULL"。
- 逗号 "," 与分号 ";" 之后，如 "for (i = 0; i < 10; i++)"。

不需要添加空格的位置有以下几种情况。

- 函数名与之后的左括号 "("，包括带参数的宏与之后的左括号 "("，如 "max (a, b)"。
- 分号 ";" 或冒号 ":" 之前。
- 左括号 "(" 右边，右括号 ")" 左边，如 "if (p == NULL)"。

空行起到分隔程序段落的作用，需要添加空行的情况主要有以下几种。

① 函数定义之前、每个函数定义结束之后加空行，示例代码如下。

```
void Function1(...)
{
    ...
}


void Function2(...)
{
    ...
}
```

```
void Function3(...)
{
    ...
}
```

② 在一个函数体内，相邻两组逻辑上密切相关的语句块之间加空行，语句块内不加空行，示例代码如下。

```
while (condition)
{
    statement1;

    if (condition)
    {
        statement2;
    }
    else
    {
        statement3;
    }

    statement4;
}
```

### 4. 长行拆分

代码行不宜过长，应控制在 10 个单词或 70~80 个字符以内，实在太长时要在适当位置拆分。折行后的代码行需要缩进，第 1 次折行后，在原来缩进的基础上增加 1/2 的 Tab 键空格（2 个空格），之后的折行全部对齐第 2 行，示例代码如下。

```
if (veryLongVar1 >= veryLongVar2
    && veryLongVar3 >= veryLongVar4)            //折行
{
    DoSomething();
}
double FunctionName(double variablename1,
    double variablename2);                      //折行
for (very_longer_initialization;
    very_longer_condition;                      //折行
    very_longer_update)                         //折行
{
    DoSomething();
}
```

## 1.5.2  程序注释

注释是对程序的某个功能或者某行代码的解释说明，它只在 C 语言源文件中有效，在编译时会被编译器忽略，就如同没有这些字符一样，因此注释不会增加编译后的程序的可执行代码长度，对程序运行不起任何作用。注释不仅是给团队合作者看的，也是给自己看的，明确的注释可以让代码阅读者更轻松地理解代码、复用代码、修改代码。代码注释力求简单明了、清楚无误。

C 语言中的注释有以下两种。

### 1. 单行注释

单行注释通常用于对程序中的某一行代码进行解释，用"//"符号表示，"//"后面为被注释的内容，示例代码如下。

```
printf("Hello, world\n");              // 输出"Hello, world"
```

### 2. 多行注释

顾名思义，多行注释就是注释中的内容有多行，多行注释符号为"/**/"，它以符号"/*"开头，以符号"*/"结尾，中间是注释内容，示例代码如下。

```
/*
    定义一个加法函数
    参数：两个 int 类型的变量
    返回值：返回两个 int 类型变量之和
*/
void add(int x, int y)
{
    return x+y;
}
```

脚下留心：多行注释不能嵌套

在 C 语言中，多行注释可以嵌套单行注释，但多行注释之间不能相互嵌套。多行注释嵌套的错误示例代码如下。

```
/*
    定义一个加法函数
    /*
        参数：两个 int 类型的变量
        返回值：返回两个 int 类型变量之和
    */
*/
void add(int x, int y)
{
    return x+y;
}
```

上述代码无法通过编译，原因在于第 1 个"/*"会和第 1 个"*/"进行配对，而第 2 个"*/"则找不到匹配。

现在的编程开发都是多人合作，注释让代码更易读，也便于后期的代码维护，规范的注释是编程的良好习惯。

## 项目设计

学习了 C 语言的发展历史、C 语言特点、C 语言应用领域等相关知识，下面就可以为 C 语言制作一张名片了。在编写程序时，调用 printf()函数输出 C 语言的姓名、年龄、特点等。为了让名片整体布局美观，在调用 printf()函数输出数据时，要添加一些空格调整数据布局。

## 项目实施

在 Visual Studio 2019 中新建 Chapter01 项目，添加源文件 card.c，在 card.c 文件中编写代码，具体实现如下。

实操微课 1-2：项目设计与实施

card.c

```
1   #include<stdio.h>
2   #include<stdlib.h>
3   int main()
4   {
5       printf("--------------------C 语言名片--------------------\n");
6       printf("    姓名：C 语言\n");
7       printf("    特点：简洁高效、结构化设计、可移植性强\n");
8       printf("应用领域：操作系统、应用软件、嵌入式、游戏开发\n");
9       printf("开发工具：Visual Studio 2019\n");
10      printf("编译过程：编译、汇编、连接、执行\n");
11      printf("程序风格：简洁灵活、注释\n");
12      printf("------------------------------------------------\n");
13      return 0;
14  }
```

程序编写完成之后，运行 card.c 文件，结果如图 1-19 所示。

图 1-19   项目 1 运行结果

## 项目小结

在实现本项目的过程中，为读者介绍了 C 语言的入门知识。首先介绍了 C 语言概括性知识，包括计算机语言发展简史、C 语言发展简史、C 语言标准、C 语言特点、C 语言应用领域；然后介绍了 C 语言开发环境，包括 Visual Studio 2022 安装、编写第一个 C 语言程序、C 语言程序的编译过程；最后介绍了 C 语言代码风格，包括程序格式和程序注释。通过本项目的学习，读者可以对 C 语言有一个大致的了解，为后面 C 语言的学习开启了大门。

## 习题

### 一、填空题

1. Windows 系统中，C 语言程序的可执行文件扩展名为_____。

2. C 语言的源文件扩展名为_____。

3. 在程序中，如果使用 printf() 函数，应该包含_____头文件。

4. 在 main() 函数中，用于返回函数执行结果的是_____语句。

5. C 语言程序编译过程包括_____、_____、汇编和连接 4 个步骤。

### 二、判断题

1. C 语言属于高级语言。　　　　　　　　　　　　　　　　　　　　　　　（　　）

2. C 语言不能用来开发游戏。　　　　　　　　　　　　　　　　　　　　　（　　）

3. C 语言第一版标准是 C90。　　　　　　　　　　　　　　　　　　　　　（　　）

4. C 语言只有单行注释。　　　　　　　　　　　　　　　　　　　　　　　（　　）

5. C 语言中的 main() 函数是程序的入口。　　　　　　　　　　　　　　　（　　）

### 三、选择题

1. 下面选项中表示主函数的是（　　）。

    A. main()　　　　　　　　　　　　　　　B. int

    C. printf()　　　　　　　　　　　　　　D. return

2. C 语言属于下列（　　）类计算机语言。

    A. 汇编语言　　　　　　　　　　　　　　B. 高级语言

    C. 机器语言　　　　　　　　　　　　　　D. 以上均不属于

3. 关于 main() 函数，下列说法中正确的是（　　）。（多选）

    A. 一个 C 程序只能包含一个 main() 函数

    B. main() 函数必须要有返回值

    C. main() 函数是 C 程序的入口函数

    D. main() 函数中可以包含 #include 语句

4. 下列开发工具中，可以开发 C 程序的工具有（　　）。（多选）

    A. Visual Studio 2022　　　　　　　　　B. Eclipse

    C. Qt　　　　　　　　　　　　　　　　D. Dev-C++

5. 下列选项中，不属于 C 语言优点的是（　　）。

    A. 开发效率高　　　　　　　　　　　　　B. 可移植性强

    C. 面向对象　　　　　　　　　　　　　　D. 结构清晰，可读性强

四、简答题

1. 请简述 C 语言有哪些特点。

2. 请简述 C 语言程序的编译过程。

五、编程题

1. 请编写一个程序，在控制台输出"我爱祖国!"。

2. 请编写一个程序，在控制输出以下图形。

```
    *
   ***
  *****
```

# 项目2

## 计算圆的面积和周长

教学设计：项目2
计算圆的面积和周
长

PPT：项目2　计算
圆的面积和周长

- 了解关键字，能够识别常用的关键字。
- 掌握标识符的定义，能够定义符合规范的标识符。
- 掌握常量的使用，能够定义不同数据类型的常量。
- 理解变量的含义，能够描述变量在内存中的存储状态。
- 了解常变量的用法，能够说出常变量与普通变量的区别。
- 掌握基本的数据类型，能够定义基本数据类型的变量。
- 了解数据溢出。
- 掌握隐式类型转换。
- 了解显式类型转换，能够使用显式类型转换实现数据类型的转换。
- 掌握 printf()函数与 scanf()函数的用法，能够调用 printf()函数、scanf()函数实现数据的输出和输入。

通过项目 1 的学习，读者对 C 语言已经有了一个初步认知，但现在还无法编写 C 语言程序，在编写 C 语言程序之前需要先学习 C 语言的基础知识，就好比建造一栋大楼需要知道板砖、水泥等，C 语言的基础知识包括关键字、标识符、常量、变量、数据类型等，本项目将针对 C 语言的基础知识进行详细讲解。

## 项目导入

圆的面积和周长计算公式分别如下。

圆的面积公式：$S = \pi r^2$
圆的周长公式：$L = 2\pi r$

实操微课 2-1：项目导入

其中，公式中的 $r$ 表示圆半径，$\pi$ 是圆周率。圆周率 $\pi$ 是我国古代数学家祖冲之的杰出成就之一。三国时期，刘徽提出了计算圆周率的科学方法"割圆术"，计算出 $\pi$ 的值为 3.14。祖冲之在前人成就的基础上，经过长期刻苦钻研，反复验算，最终计算出 $\pi$ 在 3.1415926 与 3.1415927 之间，并得出了 $\pi$ 分数形式的近似值，这是当时全世界最精确的圆周率。祖冲之这种刻苦钻研的精神永远值得我们学习。

本项目要求编写程序计算圆的面积和周长，具体要求如下。
① 从键盘输入圆的半径。
② 计算圆的面积和周长并将结果输出到控制台。

## 知识准备

## 2.1 关键字与标识符

### 2.1.1 关键字

在 C 语言中，关键字是指在编程语言中事先定义好并赋予了特殊含义的标识符，标识符将在下一节进行讲解。关键字也称为保留字，不能被随便用于变量名、函数名等。C89 标准共定义了 32 个关键字，而 C99 标准在 C89 的基础上又增加了 5 个关键字，分别为 restrict、inline、_Bool、_Complex、_Imaginary，因此，C99 中一共有 37 个关键字，具体如下。

理论微课 2-1：关键字

| | |
|---|---|
| auto | register |
| break | restrict |
| case | return |
| char | short |
| const | signed |
| continue | sizeof |
| default | static |
| do | struct |
| double | switch |

| else | typedef |
|------|---------|
| enum | union |
| extern | unsigned |
| float | void |
| for | volatile |
| goto | while |
| if | _Bool |
| inline | _Complex |
| int | _Imaginary |
| long | |

上面列举的关键字中，每个关键字都有特殊的作用。按照用途可将这 37 个关键字大致分为 4 类，具体介绍如下。

**1. 数据类型关键字**

数据类型关键字用于标识变量或函数返回值的数据类型。数据类型关键字及含义见表 2-1。

表 2-1　数据类型关键字及含义

| 关键字 | 含　义 |
|--------|--------|
| char | 声明字符型变量或函数 |
| double | 声明双精度浮点类型变量或函数 |
| enum | 声明枚举类型 |
| float | 声明单精度浮点类型变量或函数 |
| int | 声明整型变量或函数 |
| long | 声明长整型变量或函数 |
| short | 声明短整型变量或函数 |
| signed | 声明有符号类型变量或函数 |
| struct | 声明结构体类型或函数 |
| union | 声明共用体类型或函数 |
| unsigned | 声明无符号类型变量或函数 |
| void | 声明无返回值函数、无类型指针 |
| _Bool | 声明一个布尔类型变量或函数 |
| _Complex | 声明一个复数类型变量或函数 |
| _Imaginary | 声明一个虚数类型变量或函数 |

**2. 控制语句关键字**

控制语句关键字用于控制程序的结构流程。控制语句关键字及含义见表 2-2。

表 2-2　控制语句关键字及含义

| 关键字 | 含　义 |
|--------|--------|
| break | 用在 switch 条件结构语句中，结束分支<br>用循环结构语句中，跳出当前循环，执行循环后面的代码 |
| case | switch 选择结构语句的分支 |
| continue | 用在循环结构语句中，跳出当前循环，执行下一次循环 |

续表

| 关键字 | 含义 |
|---|---|
| default | switch 选择结构语句中的"其他"分支 |
| do | do…while 循环结构语句的循环体 |
| else | if 选择结构语句否定分支 |
| for | for 循环结构语句 |
| goto | 无条件跳转语句 |
| if | 选择结构语句 |
| return | 子程序（函数）返回语句 |
| switch | 多分支选择结构语句 |
| while | while 循环语句 |

### 3. 存储类型关键字

存储类型关键字用于标识变量的存储类型。存储类型关键字及含义见表 2-3。

表 2-3  存储类型关键字及含义

| 关键字 | 含义 |
|---|---|
| auto | 声明自动变量，即由系统根据上下文环境自动确定变量类型 |
| extern | 声明外部变量或函数 |
| register | 声明寄存器变量 |
| static | 声明静态变量或函数 |

### 4. 其他关键字

还有一些表示特殊含义的关键字，这些特殊关键字及含义见表 2-4。

表 2-4  其他关键字及含义

| 关键字 | 含义 |
|---|---|
| const | 声明只读变量 |
| sizeof | 计算数据类型长度 |
| typedef | 给数据类型取别名 |
| volatile | 使用 volatile 修饰的变量，在程序执行中可被隐含的改变 |
| inline | 定义内联函数 |
| restrict | 用于限定指针，表明指针是一个数据对象的唯一且初始化对象 |

## 2.1.2  标识符

在编程过程中，经常需要定义一些符号来标记一些数据或内容，如变量名、方法名、参数名、数组名等，这些符号被称为标识符。C 语言中标识符的命名需要遵循一些规范，具体如下。

理论微课 2-2：标
识符

- 标识符只能由字母、数字和下画线组成。
- 数字不能作为标识符开头。
- 标识符不能使用关键字。
- 标识符区分大小写字母，如 add、Add 和 ADD 是不同的标识符。

为了让读者对标识符的命名规范有更深刻的理解，下面列举一些合法与不合法的标识符，具体如下。

下面是一些合法的标识符。

```
area
DATE
_name
lesson_1
```

下面是一些不合法的标识符。

```
3a        //标识符不能以数字开头
ab.c      //标识符只能由字母、数字和下画线组成
long      //标识符不能使用关键字
abc#      //标识符只能由字母、数字和下画线组成
```

此外，标识符在命名时尽量做到以下几点要求。

- 尽量做到见名知意，如使用 age 标识年龄、使用 length 标识长度。
- 最好采用英文单词或其组合，避免使用汉语拼音命名。
- 尽量避免出现仅靠大小写区分的标识符。
- 虽然 ANSI C 中没有规定标识符的长度，但建议标识符的长度不超过 8。

目前，C 语言比较常见的标识符命名风格有驼峰命名法和下画线命名法两种，具体介绍如下。

- 驼峰命名法是指使用多个英文单词组成标识符时，混合使用大小写字母区分各个英文单词。驼峰命名法可以分为小驼峰命名法和大驼峰命名法，小驼峰命名法是第 1 个单词首字母小写，其余单词首字母大写，如 seatCount、devNum、getPos。大驼峰命名法是标识符中每一个单词首字母都大写，如 CamelCase、LastName。
- 下画线命名法是指使用下画线连接标识符的各个组成部分，如 my_age、get_position。

## 2.2 常量与变量

### 2.2.1 常量

常量又称常数，它是指在程序运行过程中其值不可改变的量，如 123、2.6、a 等。C 语言中的常量可分为整型常量、实型常量、字符型常量、字符串常量和符号常量，下面将针对这些常量分别进行详细讲解。

理论微课 2-3：
常量

**1. 整型常量**

整型常量指的是整数，包括正整数、0 和负整数，它的常见表示形式包括二进制整数、八进制整数、十进制整数和十六进制整数，具体示例如下。

- 二进制整数：二进制整数以 0b 或 0B 开头，如 0b100，0B101011。

- 八进制整数：八进制整数以 0 开头，如 0112，056。
- 十进制整数：十进制整数与数学中的书写方式相同，如 2，–158，0。
- 十六进制整数：十六进制整数以 0x 或 0X 开头，如 0x108，–0X29。

### 2. 实型常量

实型常量指的是实数，也称为浮点数。在 C 语言中，实型常量只能采用十进制表示，它的表示形式有两种，分别是小数形式和指数形式，具体示例如下。

- 小数形式：由数字和小数点组成（注意：必须有小数点），如 12.3、–45.6、1.0 等。
- 指数形式：又称科学记数法，由于计算机输入输出时，无法表示上角标或下角标，所以规定以字母 e 或 E 表示以 10 为底的指数，如 12.34e3（代表 $12.34 \times 10^3$）、–34.87e-2（代表 $-34.87 \times 10^{-2}$）、0.14E4（代表 $0.14 \times 10^4$）等。需要注意的是，e 或 E 之前必须有数字，且 e 或 E 后面必须为整数，如 e4、12e2.5 这种写法是错误的。

### 3. 字符常量

字符常量指的是使用单引号（' '）包裹的单个字符，如'a'、'Z'、'3'、'?'等。这些由单引号包裹起来的单个字符，都是字符常量。

如果要表示空格、换行、制表符等特殊字符，可以使用转义字符。转义字符由单引号包裹起来，以反斜杠开头，后面跟一个或多个字符，如'\n'、'\t'、'\0'、'\141'等。转义字符利用反斜杠将后面的字符转换成另外的意义，通常用于表示不能正常显示的字符，例如，'\n'、'\t'、'\0'这 3 个转义字符分别表示换行、Tab 制表符和空字符。C 语言常见的转义字符见表 2-5。

表 2-5　C 语言常见转义字符表

| 转义字符 | 对应字符 | ASCII 码表中的值 |
| --- | --- | --- |
| \t | 制表符（Tab 键） | 9 |
| \n | 换行 | 10 |
| \r | 回车 | 13 |
| \" | 双引号 | 34 |
| \' | 单引号 | 39 |
| \\ | 反斜杠 | 92 |

### 4. 字符串常量

字符串常量是用一对双引号（" "）包裹的字符序列，如"hello"、"123"、"itcast"等。字符串的长度等于字符串中包含的字符个数，如字符串"hello"的长度为 5 个字符。

### 5. 符号常量

C 语言可以使用 define 关键字将一个标识符表示为一个常量，这个标识符称为符号常量。符号常量在使用前必须先定义，其定义格式如下。

```
#define 标识符 常量
```

上述语法格式中，define 是关键字，前面加符号"#"，表示这是一条预处理命令（预处理命令都以符号"#"开头），称为宏定义。宏定义将在项目 10 中进行详细讲解。

例如，用 PI 表示圆周率，可写成如下形式。

```
#define PI 3.14
```

上述语句的功能是把标识符 PI 定义为常量 3.14，PI 就是一个符号常量。定义符号常量 PI 之后，程序中所有出现标识符 PI 的地方均用 3.14 进行替换。符号常量的标识符是用户自己定义的。

符号常量有以下两个特点。

● 符号常量的标识符习惯上使用大写字母。

● 符号常量的值在其作用域内不能改变，也不能再被赋值。

使用符号常量的好处是含义清楚，并且能做到"一改全改"。

### 2.2.2 变量

除了常量之外，有时在程序中还会使用一些数据可以变化的量，例如，记录一天之中温度变化，用一个标识符 T 记录不同时刻温度的值，与常量不同，标识符 T 的值是可以不断改变的，因此 T 就称为一个变量。

理论微课 2-4：变量

变量在程序中经常使用，它们被存储在内存单元中，为了访问、使用和修改内存单元中的数据，人们用标识符来标识存储数据的内存单元，这些用于标识内存单元的标识符被称为变量名，内存单元中存储的数据被称为变量的值。

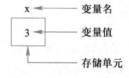

假设用一个变量 x 存储数值 3，则变量 x 在内存中的存储方式如图 2-1 所示。

图 2-1 变量 x 在内存中的存储方式

要想使用 C 语言中的变量，必须先定义，变量的定义格式如下。

```
数据类型 变量名;
```

上述变量定义格式中，数据类型是指表示数据类型的关键字，如 int、char、float 等，表示要定义哪种类型的变量。变量在定义时可以赋值（初始化），也可以在后续使用时再赋值。

变量定义的示例代码如下。

```
int a;              //定义一个 int 类型的变量 a，未赋值
char ch = 'a';      //定义一个 char 类型的变量 ch，变量值为字符'a'
float f = 1.32;     //定义一个 float 类型的变量 f，变量值为 1.32
double d;           //定义一个 double 类型的变量 d，未赋值
```

下面通过一段代码学习程序中的变量，具体如下。

```
int x = 0,y = 0;
y = x+3;
```

以上第 1 行代码的作用是定义名为 x 和 y 的变量，初始化变量 x 和 y 的值为 0。此行代码执行后，系统会选取内存中的两个内存单元，分别标记为 x 和 y，并将值 0 存储到标识为 x、y 的内存单元中，如图 2-2 所示。

第 2 行代码的作用是将 x 与 3 相加，并将相加结果赋值给变量 y。在执行第 2 行代码时，程序首先取出变量 x 的值与 3 相加，其次将结果 3 赋值给变量 y。此时变量 x 的状态没有改变，而 y 的值变为了 3，它们在内存中的状态如图 2-3 所示。

数据处理是程序的基本功能，变量是程序中数据的载体，因此变量在程序中占据重要地位，读者应理解程序中变量的意义与功能。

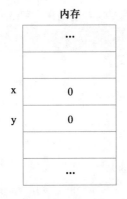

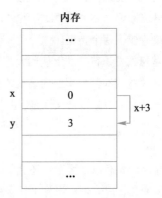

图 2-2　x、y 变量在内存中的状态（1）　　图 2-3　x、y 变量在内存中的状态（2）

## 2.3　常变量

变量定义之后，在程序的其他位置可以引用和修改变量值。但有时在程序中定义一些变量，只想给其他程序使用完成一定的运算，不想被修改，例如，在函数调用中，将变量作为函数参数进行传递时，通常只是希望变量作为参数完成函数内部运算，而不希望函数内部修改变量的值。函数将在项目 5 中进行讲解。

理论微课 2-5：
常变量

如果希望变量不被修改，在定义变量时，可以使用 const 关键字修饰变量。使用 const 关键字修改变量之后，变量在程序中就无法被修改，这样的变量称为常变量。

const 关键字修饰变量的具体示例如下。

| | |
|---|---|
| int x = 10; | //定义变量 x，值为 10 |
| x = 15; | //修改变量 x 的值为 15 |
| **const** int y = 10; | //使用 const 修饰 y，y 成为常变量 |
| y = 20; | //修改 y 的值，报错，y 的值无法被更改 |

需要注意的是，虽然理论上常变量不能被修改，但 C 语言中仍能通过指针间接更改常变量的值，指针的相关知识将在项目 7 中进行详细讲解。

## 2.4　数据类型

在计算机中，数据是存储在内存单元中的，而内存单元的存储空间是有限的，每一个存储单元存储的数据范围是有限的。为了合理存储数据，节省内存空间，计算机程序就将数据划分成不同的类型。所谓类型就是对数据存储单元的规定，包括存储单元的长度（所占内存大小）以及数据的存储形式。不同的类型分配不同的长度和存储形式。

理论微课 2-6：
数据类型

C 语言的数据类型如图 2-4 所示。

每种数据类型都有自己的一套存储规则，本书并不单独孤立地讲解所有数据类型，而是重点讲解基本数据类型。其他数据类型会在应用到时，分布到其他项目中进行讲解。指针类型将在项目 7 中讲解。构造类型包括数组、枚举、共用体、结构体，其中数组将在项目 6 中讲解；枚举、共用体、结构体将在项目 9 中进行讲解。

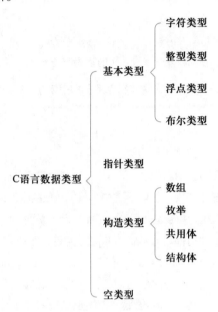

图 2-4　C 语言的数据类型

空类型是 C 语言中一个特殊的类型，使用 void 关键字声明，它主要用来定义函数的返回值类型，当函数没有返回值时，可以将函数返回值类型定义为空类型，即 void。函数的相关知识将在项目 5 中进行详细讲解。

## 2.5  基本数据类型

C 语言中的基本数据类型包括字符类型、整型类型、浮点类型和布尔类型，下面分别对这几种基本类型进行详细讲解。

### 2.5.1  字符类型

在 C 语言中，字符类型使用关键字 char 表示，即可以使用 char 定义字符类型变量。字符类型变量用于存储一个单一字符，每个字符类型变量都会占用 1 个字节。

理论微课 2-7:
字符类型

为字符类型变量赋值时，需要用一对英文半角格式的单引号（''）把字符括起来，定义字符类型变量的示例代码如下。

```
char ch1 = 'A';          //定义字符类型变量 ch1，其值为字符'A'
char ch2 = '#';          //定义字符类型变量 ch2，其值为字符'#'
```

上述代码中，对于字符类型变量 ch1，将字符'A'存储到字符类型变量 ch1 中，将字符'#'存储到字符类型变量 ch2 中。

字符在计算机中使用 ASCII 码表示，ASCII 编码是一套基于单字节字符的编码方案，即使用整数表示字符的方案。ASCII 编码定义了 128 个字符，每个字符都有对应的编码，在 C 语言程序中，可以使用 ASCII 码表示字符。

例如，上述代码中，字符'A'的 ASCII 码为 65，字符'#'的 ASCII 码为 35。字符类型变量 ch1 中存储的是 65。字符类型变量 ch2 中存储的是 35。可以使用对应的 ASCII 码为字符类型变量赋值，示例代码如下。

```
char ch3 = 65;          //字符类型变量 ch3 的值为字符'A'
char ch4 = 35;          //字符类型变量 ch4 的值为字符'#'
```

ASCII 编码共定义了 128 个字符，这些字符都可以使用对应的整数表示，具体的 ASCII 编码表见附录 I。

### 2.5.2 整型

理论微课 2-8：整型

在程序开发中，经常会遇到 0、-100、1024 等数字，这些数字都可称为整型数据，整型数据就是一个不包含小数部分的数。在 C 语言中，根据数值的取值范围，可以将整型定义为短整型、整型和长整型，短整型使用 short [int]表示，整型使用 int 表示，长整型使用 long [int]表示，long int 也可简写为 long。[int]表示可选，即 short [int]同 short。

整型数据可以被修饰符 signed 和 unsigned 修饰。其中，被 signed 修饰的整型称为有符号的整型，被 unsigned 修饰的整型称为无符号的整型，它们之间最大的区别是：无符号整型可以存放的正数范围比有符号整型的大一倍。例如，int 的取值范围是 $-2^{31} \sim 2^{31}-1$，而 unsigned int 的取值范围是 $0 \sim 2^{32}-1$。默认情况下，整型数据都是有符号的，因此 signed 修饰符可以省略。

表 2-6 列举了 64 位操作系统中，各种整型占用的空间大小及其取值范围。

表 2-6　整型占用空间大小及其取值范围

| 修饰符 | 数据类型 | 占用空间 | 取值范围 |
|---|---|---|---|
| [signed] | short [int] | 16 位（2 个字节） | $-32768 \sim 32767$（$-2^{15} \sim 2^{15}-1$） |
| | int | 32 位（4 个字节） | $-2147483648 \sim 2147483647$（$-2^{31} \sim 2^{31}-1$） |
| | long [int] | 32 位（4 个字节） | $-2147483648 \sim 2147483647$（$-2^{31} \sim 2^{31}-1$） |
| unsigned | short [int] | 16 位（2 个字节） | $0 \sim 65535$（$0 \sim 2^{16}-1$） |
| | int | 32 位（4 个字节） | $0 \sim 4294967295$（$0 \sim 2^{32}-1$） |
| | long [int] | 32 位（4 个字节） | $0 \sim 4294967295$（$0 \sim 2^{32}-1$） |

由表 2-6 可知，short 类型占用 2 个字节的内存空间，int 与 long 占用 4 个字节的内存空间，在取值范围上，short 的取值范围小于 int 和 long。

> 注意：
> 整型数据在内存中占的字节数与所选择的操作系统有关，例如，在 16 位操作系统中，int 类型占 2 个字节，而在 32 位和 64 位操作系统中，int 类型占 4 个字节。

### 2.5.3 浮点类型

理论微课 2-9：浮点类型

浮点类型又称实型，是指包含小数部分的数据类型。C 语言中将浮点类型分为 float（单精度浮点类型）和 double（双精度浮点类型）两种，其中，double 类型变量所表示的浮点数比 float 类型变量更精确。

表 2-7 列举了两种不同浮点类型长度及取值范围。

表 2-7　浮点类型长度及取值范围

| 类型名 | 占用空间 | 取值范围 |
| --- | --- | --- |
| float | 64 位（4 个字节） | $-3.4 \times 10^{38} \sim -1.2 \times 10^{-38}$，0，$1.2 \times 10^{38} \sim 3.4 \times 10^{38}$ |
| double | 64 位（8 个字节） | $-1.7 \times 10^{308} \sim -2.3 \times 10^{-308}$，0，$2.3 \times 10^{-308} \sim 1.7 \times 10^{308}$ |

浮点数在内存中是以规范化的二进制数指数形式存储，在存储时，系统将浮点数分为符号部分、整数位为 0 的小数部分、指数部分 3 个部分，系统将这 3 部分分别存储。

下面以单精度浮点数 3.14159 为例讲解浮点类型数据在内存中的存储方式。编译器在存储浮点类型数据 3.14159 时，会将浮点数分为符号部分 "+"、小数部分 "0.314159"、指数部分 "1"，分别存储到内存单元中，如图 2-5 所示。

图 2-5　单精度浮点数存储方式

在图 2-5 中，3 个部分连接起来即为 $+0.314159 * 10^1$，即 3.14159。

在定义浮点类型变量时，直接使用 float 和 double 指定变量类型即可，示例代码如下。

```
float f = 123.4;          // 定义 float 类型变量 f
float d = 199.3;          // 定义 double 类型变量 d
```

　脚下留心：float 和 double 精确度

由于浮点型变量所占据的内存空间大小有限，因此它的精确度有限，只能精确到小数点后 6 位。双精度浮点数的精确度更高一些，它能精确到小数点后 15 位。

将 1.12345678910111213 赋值给一个 float 类型变量和一个 dobule 类型变量，该数据小数点后面有 17 位数，将这 17 位数全部输出，可以观察 float 类型变量与 double 类型变量的精确位数，示例代码见例 2-1。

例 2-1　accuracy.c

```
1    #include <stdio.h>
2    int main()
3    {
4        float f = 1.12345678910111213;        // float 类型变量
5        double d = 1.12345678910111213;       // double 类型变量
6        printf("f = %.17f\n", f);
7        printf("d = %.17f\n", d);
8        return 0;
9    }
```

例 2-1 运行结果如图 2-6 所示。

在上述代码中，%.17f 指输出小数点后面 17 位数，如果不指定小数点后面的输出位数，float 与 double 类型变量默认输出到小数点后 6 位。

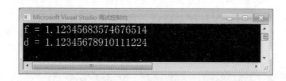

图 2-6   例 2-1 运行结果

### 2.5.4   布尔类型

C99 标准增加了一个新的数据类型：_Bool，称为布尔类型。布尔类型的变量用于表示一个布尔值，即逻辑值真和假。在 C 语言中，使用数值 0 表示假，用非 0 值表示真。

理论微课 2-10：
布尔类型

当为_Bool 类型变量赋值为 0 或 NULL 时，其值为 0，即假；而赋予其他非 0 或非 NULL 值时，其值为 1，即真。

使用_Bool 类型定义一些变量，示例代码如下。

```
_Bool b1 = 10;        // 为_Bool 类型的变量赋值为 10，b1 的值为 1
_Bool b2 = NULL;      // 为_Bool 类型的变量赋值为 NULL，b2 的值为 0
_Bool b3 = 0;         // 为_Bool 类型的变量赋值为 0，b3 的值为 0
_Bool b4 = -28;       // 为_Bool 类型的变量赋值为-28，b4 的值为 1
_Bool b5 = "";        // 为_Bool 类型的变量赋值为空字符串，b5 的值为 1
```

📝 小提示：NULL

NULL 是 C 语言中预定义的一个符号常量，其定义如下。

```
#define NULL ((void *)0)
```

由上述定义可知，将 0 强制转换为 void 类型的指针就是 NULL，即 NULL 是一个值为 0 的指针（空指针）。强制类型转换将在 2.7 节中讲解，指针将在项目 7 中讲解。在这里读者只需了解，将 NULL 赋值给一个布尔类型的变量时，这个变量表示假。

## 2.6   数据溢出

C 语言中的基本数据类型占据不同的内存空间，都有一定的取值范围，如果在定义变量时，将一个超出取值范围的值赋给了变量，就会发生数据溢出。在赋值时，数据如果小于取值范围的最小值称为数据下溢，数据如果大于取值范围的最大值称为数据上溢。

理论微课 2-11：
数据溢出

以字符类型为例，字符类型变量占据的内存大小为 1 个字节（8bit），取值范围为-128～127，如果为字符类型变量所赋的值超出这个范围，编译器就不能正确解读这个数据，示例代码如下。

```
char ch1 = -129;        //超出下限范围，数据下溢，ch1 的结果为 127
char ch2 = 128;         //超出上限范围，数据上溢，ch5 结果为-128
```

数据溢出时，会以类型的取值范围为周期发生循环回绕的现象。例如，字符数据类型的取值以 256（127-（-128）+1）为周期循环回绕读取数据。循环回绕现象类似时钟的循环，如图 2-7 所示。

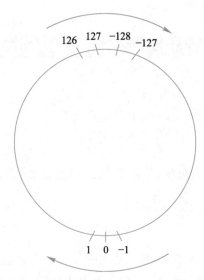

图 2-7　字符数据类型数据溢出的循环回绕现象

　　图 2-7 中的字符数据类型取值范围类似一个时钟，范围从-128 到 127。当为一个 char 类型的变量赋值为 127 时，127 在正常范围内，变量结果为 127；当赋值为 128（127+1）时，即 127 向后移动一个单位，取值-128，具体示例代码如下。

```
char ch1 = 127;                    // 真实读取数据为 127
char ch2 = 128;                    // 真实读取数据为-128
```

　　同理，以 256 为周期，字符类型数据会发生回绕。例如，当为 char 类型变量赋值为 383（127+256）时，变量的值就绕一个周期，结果为 127，这个过程类似时钟的指针走一圈。

　　整型类型的数据也会发生溢出，而且在 C 语言编程中，整数数据溢出最为常见。整型类型可以分为有符号整型和无符号整型，无论是哪种整型类型，当赋值超出取值范围时都会发生回绕现象。例如，对于 unsigned int 类型，其取值范围 $0 \sim 4294967295$ $(0 \sim 2^{32}-1)$，当为 unsigned int 类型的变量赋值时，如果所赋值超出这个范围也会发生回绕，示例代码如下。

```
unsigned int num1 = -1;            // 数据下溢，真实读取数据为 4294967295
unsigned int num2 = 0;             // 真实读取数据为 0
unsigned int num3 = 4294967295;    // 真实读取数据为 4294967295
```

注意：
　　unsigned int 类型变量在输出时以 u% 格式输出，输出格式将在 2.8.1 节讲解。

　　在实际编程中，想要记住不同数据类型的取值范围是很难的，为了减少编程中的数据溢出错误，C 语言针对不同的整型类型都定义了一个宏，用于表示该数据类型的极值，具体见表 2-8。

表 2-8　不同整型数据类型极值宏

| 数据类型 | 极大值 | 极小值 |
| --- | --- | --- |
| short | SHRT_MAX | SHRT_MIN |
| int | INT_MAX | INT_MIN |

续表

| 数据类型 | 极大值 | 极小值 |
|---|---|---|
| long | LONG_MAX | LONG_MIN |
| unsigned short | USHRT_MAX | — |
| unsigned int | UINT_MAX | — |
| unsigned long | ULONG_MAX | — |

表 2-8 中的极值宏包含在 limits.h 标准库中，使用这些宏定义需要包含该标准库。

## 2.7 数据类型转换

在 C 语言程序中，经常需要对不同类型的数据进行运算，不同类型的数据不能进行相互运算，需要转为同一类型的数据，才可以进行运算。为了解决数据类型不一致的问题，需要对运算的不同数据类型进行转换。例如，一个浮点数和一个整数相加，必须先将两个数转换成同一类型。C 语言程序中的类型转换可分为隐式类型转换和显式类型转换两种。本节将针对这两种类型转换方式进行详细讲解。

### 2.7.1 隐式类型转换

所谓隐式类型转换，是指系统自动进行的类型转换。隐式类型转换的使用场景主要有以下 3 种。

理论微课 2-12:
隐式类型转换

1. 算术运算时的隐式类型转换

算术运算时的隐式类型转换是指在进行算术运算时，将不同类型的数据转换为同一类型的数据的过程。转换规则是以表达式中最大类型（占内存最大）为主，将其他类型都转换为该类型，例如，如果表达式中最大类型为 int，则其他类型数据都转换为 int 类型，如果表达式中最大类型为 double，则其他类型数据都转换为 double 类型。

如果表达式中有多个大小相同的类型，则转换规则如下。

① 如果表达式中同时存在 int 类型数据与 float 类型数据，则以 float 类型为准，其他类型数据都转换为 float 类型。

② 如果表达式中同时存在 long 类型数据与 float 类型数据，则以 float 类型为准，其他类型数据都转换为 float 类型。

③ 如果表达式中同时存在 int 类型数据与 long 类型数据，则以 long 类型为准，其他类型数据都转换为 long 类型。

2. 赋值时的隐式类型转换

赋值时的隐式类型转换是指在赋值类型不同时，即变量的数据类型与所赋值的数据类型不同，系统会将 "=" 右边的值转换为变量的数据类型，再将值赋给变量的过程。例如给一个 int 类型的变量赋值为浮点数，代码如下。

```
int a = 10.2;
```

以上代码将浮点数 10.2 赋值给 int 类型的变量 a，编译器在赋值时会将 10.2 转换为 int 类型的 10 再赋值给 a，a 最终的结果为 10。这种在赋值时发生的类型转换称为赋值转换，它也是一种隐式转换。

注意:
　　浮点数赋值给整型变量,在转换时直接省略小数点及小数位,不存在四舍五入。也正因如此,将较大类型的数据转换为较小类型时,会造成数据精度丢失,最好不要将较大类型数据赋值给较小类型的变量。

### 3. 输出时的隐式类型转换

在程序中将数据用 printf()函数以指定格式输出时,当要输出的数据类型与输出格式不符时,便自动进行类型转换,如一个整型数据用字符型格式(%c)输出时,相当于将 int 类型转换成 char 类型数据输出;一个字符类型数据用整型格式输出时,相当于将 char 类型转换成 int 类型输出。

将较大类型数据转换为较小类型时,其值不能超出较小类型数据允许的取值范围,否则转换时将出错,示例代码如下。

```
int a = 321;
printf("%c",a);
```

上述代码运行结果为"A",因为 char 类型允许的最大值为 255,321 超出此值,故结果取以256 为模的余数,即进行取余运算,即 321%256 的结果为 65,而 65 正是字符"A"的 ASCII 码值。

输出转换有一定的局限性,它常用的操作是 int 类型与 char 类型数据转换,而对于其他类型的转换常常发生错误,错误示例代码如下。

```
int d = 9;
printf("%f",d);
```

或

```
float c = 3.2;
printf("%d",c);
```

## 2.7.2  显式类型转换

理论微课 2-13:
显式类型转换

显式类型转换也称强制类型转换,它指的是使用强制类型转换运算符,将一个变量或表达式转化成所需的类型,也称为显式类型转换,其基本语法格式如下。

（类型名）（表达式）

在上述格式中,类型名和表达式都需要用括号包裹起来,如果表达式只有一个变量,那么括号可以省略。具体示例如下。

```
int x = 10;
float f = 1.2;
double d = 3.75;
x = (int)(f + d);          // 将 f+d 的结果强制转换为 int 类型,再赋值给变量 x
f = (double)(x)+d;         // 将 x 强制转换为 double 类型,与 d 相加,再将结果赋值给 f
```

上述代码中,首先定义了 3 个变量,分别是 int 类型的变量 x、float 类型的变量 f、double 类型的变量 d;然后让 f 与 d 相加,将结果强制转换为 int 类型再赋值给变量 x,x 结果为 4。最后一行代码将 x 强制转换为 double 类型,将其与 d 相加,再赋值给 f,f 结果为 7.75。

在上述类型转换过程中，对于代码 x = (int)(f + d);，f 是 float 类型，d 是 double 类型，f 与 d 相加时，编译器先将 f 转换为 double 类型，再与 d 相加。f 与 d 相加的结果为 double 类型，在将结果赋值给 x 时，即使不强制将结果转换为 int 类型，编译器也会将结果先转换为 int 类型再赋值给 x，即发生赋值转换。

对于代码 f = (double)(x)+d;，先将 x 强制转换为 double 类型再与 d 相加，但在这个过程中，即使不强制转换，x 与 d 相加时，编译器也会将 x 自动转换为 double 类型。x 与 d 相加的结果为 double 类型，将结果赋值给 f 时会发生赋值转换，即先将结果转换为 float 类型再赋值给 f。

对数据类型转换，如果由低字节数据类型向高字节数据类型转换，一般不会出现错误，但如果由高字节数据类型向低字节数据类型转换，则可能会因数据截断造成精度丢失。常见的显式类型转换情况具体如下。

（1）浮点类型与整型的转换

将浮点数转换为整数时，编译器会舍弃浮点数的小数部分，只保留整数部分。将整型值赋给浮点型变量，数值不变，只将形式改为浮点形式，即小数点后带若干个 0。

（2）单、双精度浮点类型的转换

因为 C 语言中的浮点类型数据总是用双精度表示的，所以 float 类型数据参与运算时需要在尾部加 0 扩充为 double 类型数据。double 类型数据转换为 float 类型时，会造成数据精度丢失，有效位以外的数据将会进行四舍五入。

（3）char 类型与 int 类型的转换

将 int 类型数值赋给 char 类型变量时，只保留其最低 8 位，高位部分舍弃；将 char 类型数值赋给 int 类型变量时，一些编译器不管其值大小都作正数处理，而另一些编译器在转换时会根据 char 类型数据值的大小进行判断，若值大于 127，就作为负数处理。对于使用者来讲，如果原来 char 类型数据取正值，转换后仍为正值。如果原来 char 类型值可正可负，则转换后也仍然保持原值，只是数据的内部存储形式有所不同。

（4）int 类型与 long 类型的转换

long 类型数据赋给 int 类型变量时，将低 16 位值赋给 int 类型变量，而将高 16 位值截断舍弃（这里假定 int 类型占四个字节）。将 int 类型数据赋给 long 类型变量时，其外部值保持不变，而内部存储形式有所改变。

（5）无符号整数之间的转换

将一个 unsigned 类型数据赋给一个长度相同的整型变量时（如 unsigned→int、unsigned long→long、unsigned short→short 等），内部的存储方式不变，但外部值却可能改变。

将一个非 unsigned 整型数据赋给一个长度相同的 unsigned 类型变量时，内部存储形式不变，但外部显示时总是无符号的。

## 2.8　格式化输入输出

在 C 语言编程中，经常会用到输入输出函数，其中，使用最多的就是格式化输入输出函数，C 语言提供了一对格式化输入输出函数，分别是 scanf()函数与 printf()函数。printf()函数用于向控制台输出数据，scanf()函数用于读取用户的输入数据。本节将对这两个函数进行详细讲解。

### 2.8.1　printf()函数

理论微课 2-14:
printf()函数

printf()函数为格式化输出函数，该函数最后一个字符'f'表示"格式"（Format）的意思，其功能是按照用户指定的格式将数据输出到屏幕上。

printf()函数的调用形式如下。

```
printf("格式控制字符串",输出列表);
```

上述 printf()函数调用中，输出列表是程序要输出的一些数据，可以是常量、变量、表达式，多个输出项之间使用英文状态的逗号分隔。格式控制字符串用于指定输出格式，它由格式控制字符组成。格式控制字符串以%开头，后面跟有各种格式控制字符，指定输出数据的类型、形式、长度、精度等。

格式控制字符串的具体形式如下。

```
"%[标志][宽度][.精度][长度]类型"
```

在格式控制字符串中，标志、宽度、精度、长度等都是可选的，但"%类型"是必须要指定的，例如，以%c 格式输出一个字符，以%d 输出一个整数。

下面分别介绍常用的格式控制字符。

1. 类型

printf()函数可以输出任意类型的数据，如整型、字符型、浮点型数据等，它常用的输出类型格式控制字符见表 2-9。

表 2-9　printf()函数常用的输出类型格式控制字符

| 格式控制字符 | 含　　义 |
| --- | --- |
| s | 字符串 |
| c | 单个字符 |
| d | 有符号十进制整型 |
| u | 无符号十进制整型 |
| o | 无符号八进制整型 |
| x | 无符号十六进制整型小写 |
| X | 无符号十六进制整型大写 |
| f | 单精度/双精度浮点型（默认输出 6 位小数） |
| e | 以指数形式输出浮点数，使用小写 e |
| E | 以指数形式输出浮点数，使用大写 E |
| g | 用于输出浮点数，省略末尾不必要的 0 |
| G | 用于输出浮点数，省略末尾不必要的 0 |
| p | 输出变量地址 |

使用输出类型格式控制字符可以输出不同类型的数据，示例代码如下。

```
printf("%c", 'H');                    //以%c 格式输出字符'H'
printf("%s", "Hello, world!\n");      //以%s 格式输出字符串"Hello, world!"
```

```
printf("%d", 100);                    //以%d 格式输出整数 100
```

指定输出类型，printf()函数就会按照指定的类型输出后面的输出列表中的数据，每一个格式控制字符对应一个参数，如果要连续输出多个数据，则相应的要使用多个控制字符，示例代码如下。

```
printf("%d%d%d\n",1,2,3);             //使用 3 个%d 输出 3 个整数 1、2、3
printf("%f\n%c\n",2.1,'a');           //使用%f 与%c 输出 2.1 与字符'a'
```

在上述代码中，第 1 行输出 3 个连续整数，1、2、3 这 3 个整数会自动与 3 个%d 从前往后匹配。第 2 行代码浮点数 2.1 会自动与%f 匹配，字符'a'会自动与%c 匹配。

2. 标志

printf()函数中的标志字符用于规范数据的输出格式，如左对齐、右对齐、空缺填补等，标志符有-、+、0、空格、#5 种，具体见表 2-10。

表 2-10　printf()函数标志符

| 标志符 | 含　　义 |
| --- | --- |
| - | 以左对齐方式输出数据，右边用空格填充，输出的默认对齐方式是右对齐 |
| + | 对于有符号的输出值，前面添加+或-表示正数或负数。默认情况下，正数不显示+符号 |
| 0 | 当采用右对齐的方式输出数据时，用 0 填充左边空缺 |
| 空格 | 输出 0 和正数时，前面添加一个空格，而不是+符号 |
| # | 对%c、%s、%d、%u、%f 等无影响 |
| | 对%o 格式，输出时加上八进制前缀 0 |
| | 对%x（%X）格式，输出时加上十六进制前缀 0x |

3. 宽度

宽度是指输出数据所占的列数，若实际数据的宽度大于指定的宽度，则按数据实际宽度输出，若实际数据的宽度小于指定的宽度，则在左边补以空格或 0。

以不同的宽度输出数据 123，示例代码如下。

```
printf("%d\n", 123);          //按实际位数 3 输出
printf("%5d\n", 123);         //设置宽度为 5
printf("%10d\n", 123);        //设置宽度为 10
```

上述代码输出结果如图 2-8 所示。

图 2-8　以不同的宽度输出数据 123

由图 2-8 可知，printf()输出数据默认是右对齐，当数据实际位数少于设置的宽度时，左侧以空格填充。读者也可以结合标志符调整对齐方式或者以 0 填充左侧空缺，示例代码如下。

```
printf("%d\n", 123);
printf("%-5d\n", 123);              // 添加-符号，左对齐输出
printf("%010d\n", 123);             // 添加 0，左边以 0 填充
```

上述代码的运行结果如图 2-9 所示。

由图 2-9 可知，添加 "-" 标志符输出数据，第 2 个 123 变成了左对齐，添加 "0" 标志符后，第 3 个 123 左侧空缺以 0 填充了。读者可尝试使用其他标志符输出数据查看输出格式的变化。

4. 精度

精度格式以字符 "." 开头，后面跟十进制整数，精度主要作用于浮点型数据，表示输出小数点后面的位数，如果不设置精度，默认输出小数点后 6 位。

精度的使用示例代码如下。

```
printf("%f\n", 1.234567);           // 默认输出小数点后 6 位
printf("%.8f\n", 1.234567);         // 输出小数点后 8 位，后面填充 0
printf("%.3f\n", 1.234567);         // 输出小数点后 3 位，截断超出的部分
```

上述代码的运行结果如图 2-10 所示。

图 2-9　添加标志符输出数据 123

图 2-10　printf()函数输出精度

5. 长度

长度格式符包括 h、l 两种，h 是 short 的简写，表示按短数据类型输出；l 是 long 的简写，表示按长数据类型输出。h 与 l 标志符可以与整型格式%d、浮点类型格式%f 等格式控制字符结合使用。

以输出整型数据为例，hd 表示数据类型为 short int，ld 表示数据类型为 long int，short int 与 long int 所占内存大小不同，它们所能表示的数据范围也不同。

长度格式控制输出示例代码如下。

```
printf("%d\n", 123);                // 正常输出
printf("%hd\n", 123);               // 按短数据类型输出
```

上述代码的运行结果如图 2-11 所示。

图 2-11　printf()函数输出长度（1）

如果同时以 hd 格式和 ld 格式输出一个数据，在数据不超出 short int 范围时，两者并无差别。

如果数据超出 short int 范围，两者输出就会有差别。例如，同时以 hd 和 ld 格式输出数据 75535，由于 75535 超出了 short int 的取值范围，以 hd 格式输出时，会输出错误数据，示例代码如下。

```
printf("%hd\n", 75535);          // 按短数据类型整型输出
printf("%ld\n", 75535);          // 按长数据类型整型输出
```

上述代码的输出结果如图 2-12 所示。

图 2-12　printf() 函数输出长度（2）

由图 2-12 可知，以 hd 格式输出 75535 时，输出结果为 9999，表明 75535 超出了 short int 的取值范围。长度格式控制在 printf() 函数中不常使用，读者了解即可。

### 2.8.2　scanf() 函数

scanf() 函数用于读取用户从键盘输入的数据，它可以灵活接收各种类型的数据，如字符串、字符、整型、浮点数等。scanf() 函数的调用形式如下。

理论微课 2-15:
scanf() 函数

```
scanf("格式控制字符串",地址列表);
```

格式控制字符串的含义与 printf() 函数相同，地址列表是由若干个地址组成的列表，可以是变量地址、数组首地址等。调用 scanf() 函数时，最常用的格式控制字符是类型（%d、%c、%f 等），宽度、精度、标志等格式控制并不常用。

scanf() 函数用法示例如下。

```
int a;
char c;
float f;
scanf("%d", &a);          // 接收一个从键盘输入的 int 类型数据
scanf("%c", &c);          // 接收一个从键盘输入的 char 类型数据
scanf("%f", &f);          // 接收一个从键盘输入的 float 类型数据
```

调用 scanf() 函数时，参数变量的前面有一个 "&" 符号，这是取地址运算符，表示取已定义变量的存储地址，通过键盘输入将数据存储到该变量中。关于该符号将在项目 7 中讲解，这里，读者知道 scanf() 参数变量前必须添加&符号即可。

---

📝 **小提示：关闭安全检查**

使用 Visual Studio 2022 调用 scanf() 函数时，由于 scanf() 函数是一个不安全的函数，Visual Studio 2022 对此检查比较严格，因此编译不会通过，提示 scanf() 函数不安全，需要关闭安全检查。Visual Studio 2022 关闭安全检查，需要在文件开头位置添加一行代码：#define _CRT_SECURE_NO_WARNINGS，注意是添加在开头位置，添加在其他地方无效。

C11 标准使用 scanf_s() 函数代替了 scanf() 函数，scanf_s() 函数是一个安全函数，但它是 C11 标准新增加的函数，目前还有很多编译器不支持，本书为了提高代码的可移植性，仍使用 scanf() 函数从键盘读取输入的数据。

## 项目设计

本项目要计算圆的面积和周长，通过对项目分析，可以按照下列思路实现。

① 定义一个 float 类型的变量 radius 表示圆半径。

② 调用 scanf()函数从键盘输入半径值。

③ 使用圆面积和周长计算公式计算出圆面积和周长。

④ 调用 printf()函数将计算出的圆面积和周长输出到控制台。

## 项目实施

在 Visual Studio 2022 中新建 Circle 项目，在 Circle 项目中添加源文件 circle.c。具体实现如下。

实操微课 2-2:
项目设计与实施

circle.c

```
1    #define _CRT_SECURE_NO_WARNINGS
2    #include<stdio.h>
3    #include<stdlib.h>
4    #define PI 3.14
5    int main()
6    {
7        float radius;                                    //radius 表示圆半径
8        float area;                                      //area 表示圆面积
9        float circumference;                             //circumference 表示圆周长
10       printf("请输入圆半径:");
11       scanf("%f", &radius);                            //输入半径值
12       area = PI * radius * radius;                     //计算圆面积
13       circumference = 2 * PI * radius;                 //计算圆周长
14       printf("圆面积为：%.2f\n", area);                //输出圆面积
15       printf("圆周长为：%.2f\n", circumference);       //输出圆周长
16       return 0;
17   }
```

运行 circle.c 文件，程序会提示用户输入圆的半径，用户输入半径之后按 Enter 键，程序会根据半径计算圆的面积和周长并输出。例如，用户输入半径 2.5，程序会输出半径为 2.5 的圆的面积和周长，运行结果如图 2-13 所示。

图 2-13 项目 2 运行结果

## 项目小结

在实现本项目的过程中，主要为读者讲解了 C 语言的基础知识。首先讲解了关键字与标识符、常量与变量、常变量的相关知识；然后讲解数据类型、基本数据类型、数据溢出、数据类型转换相关知识；最后讲解了格式化输入和输出函数——printf()函数与 scanf()函数。通过本项目的学习，读者可以掌握 C 语言的基础知识，为后面编写更高级的程序打下基础。

## 习题

一、填空题

1. C 语言中，用于表示真或假的数据类型为＿＿＿＿＿。

2. 标识符只能由字母、数字和＿＿＿＿＿组成。

3. 整型变量使用关键字＿＿＿＿＿定义。

4. 转义字符前面都有一个＿＿＿＿＿符号。

5. 使用关键字＿＿＿＿＿修饰的变量称为常变量。

6. 根据取值范围不同，整型可以分为＿＿＿＿＿、整型、＿＿＿＿＿3 种类型。

7. 浮点型可以分为＿＿＿＿＿和＿＿＿＿＿2 种类型。

8. printf()函数输出整型的格式控制符为＿＿＿＿＿。

9. 浮点型数据在内存中分为整数部分、＿＿＿＿＿和指数部分 3 部分进行存储。

二、判断题

1. 数字不能作为标识符开头。　　　　　　　　　　　　　　　　　　　　　　（　　　）

2. C 语言中的标识符不区分大小写。　　　　　　　　　　　　　　　　　　　（　　　）

3. 字符常量使用英文状态下的单引号界定。　　　　　　　　　　　　　　　　（　　　）

4. C 语言中使用零值表示假，非零值表示真。　　　　　　　　　　　　　　　（　　　）

5. 有如下定义：int num = 1.2;，则 num 的值为 1.2。　　　　　　　　　　　（　　　）

6. printf()函数中的"−"符号可以让数据以左对齐方式输出。　　　　　　　　（　　　）

7. scanf()函数是一个不安全的函数。　　　　　　　　　　　　　　　　　　　（　　　）

三、选择题

1. 下列选项中，（　　　）关键字可以定义字符类型的变量。

    A. _Bool　　　　　　　　B. int　　　　　　　　C. char　　　　　　　　D. float

2. 关于标识符，下列说法中正确的是（　　　）。（多选）

    A. 标识符只能由字母、数字和下画线组成

    B. 数字不能作为标识符开头

    C. 标识符不能使用关键字

    D. 标识符区分大小写字母

3. 下列选项中，命名正确的标识符的为（　　　）。

    A. abc　　　　　　　　B. *m　　　　　　　　C. 3a　　　　　　　　D. $c

4. 关于数据类型，下列说法中正确的是（　　　）。

A. 基本数据类型的取值范围都相同，即所占内存大小都相同

B. 数组属于基本数据类型

C. 空类型使用 void 定义

D. _Bool 类型占 2 个字节

5. 关于类型转换，下列说法中错误的是 (        )。

A. 如果表达式中同时存在 int 类型数据与 float 类型数据，则以 float 类型为准，其他类型数据都转换为 float 类型

B. 浮点类型数据转换为整型数据时，会四舍五入

C. 显式类型转换需要在数据前面使用()标明数据要转换为的类型

D. 高字节数据强制转换为低字节数据，会发生数据截断

6. 下列选项中，可以输出一个字符的格式控制字符为 (        )。

A. %c                    B. %d                    C. %s                    D. %f

四、简答题

1. 请简述标识符的命名规则与规范。

2. 请简述 C 语言中的基本数据类型。

五、编程题

请编写一个程序计算梯形的面积，具体要求如下。

① 用户从控制台输入梯形的上边长、下边长和高。

② 计算梯形面积并输出显示在控制台。

# 项目3

## 算术运算

PPT：项目3 算术
运算

教学设计：项目3
算术运算

- 掌握算术运算符的使用方法，能够使用算术运算符完成表达式的算术运算。
- 掌握赋值运算符的使用方法，能够使用赋值运算符完成变量的赋值运算。
- 掌握关系运算符的使用方法，能够使用关系运算符完成表达式的比较运算。
- 掌握条件运算符的使用方法，能够使用条件运算符完成表达式的条件判断。
- 掌握逻辑运算符的使用方法，能够使用逻辑运算符完成表达式的逻辑运算。
- 了解位运算符的作用，能够说出各个位运算符的作用。
- 掌握 sizeof 运算符的使用方法，能够使用 sizeof 运算符计算数据和数据类型所占内存空间。

通过项目 1 和项目 2 的学习，读者对 C 语言已经有了一个初步认知，但现在还无法编写 C 语言程序，了解基本的数据类型后，如同在数学中学会了基本的数字。如何进行数据之间运算，就需要学习运算符与表达式相关的知识。本项目将针对 C 语言的运算符与表达式进行详细讲解。

## 项目导入

在实际开发中，编程经常需要处理数据，从最简单的数学计算到复杂的文本、图片等数据处理。编程中的数据处理就是解决实际生活工作中的数据处理，如数学运算、图片裁剪、视频剪辑等。本项目要求编写程序实现简单的算术运算，具体要求如下。

实操微课 3-1:
项目导入

① 从控制台输入两个数。

② 分别对这两个数执行加、减、乘、除、取模和自增、自减运算，并将结果输出到控制台。

## 知识准备

## 3.1 运算符与表达式概念

运算符是告诉编译器执行特定算术或逻辑操作的符号，它们针对一个或一个以上的操作数进行运算。C 语言中的运算符可以分为 7 种，每一种运算符具有各自的功能。常见的运算符类型及其作用见表 3-1。

理论微课 3-1:
运算符与表达式
概念

表 3-1 常见的运算符类型及其作用

| 运算符类型 | 作　　用 |
| --- | --- |
| 算术运算符 | 用于处理四则运算 |
| 赋值运算符 | 用于将右边操作数的值赋给左边操作数 |
| 关系运算符 | 用于表达式的比较，并返回一个真值或假值 |
| 条件运算符 | 用于处理条件判断 |
| 逻辑运算符 | 用于根据表达式的值返回真值或假值 |
| 位运算符 | 用于处理数据的位运算 |
| sizeof 运算符 | 用于获取字节数长度 |

运算符是用来操作数据的，因此，这些数据被称为操作数，使用运算符将操作数连接而成的式子称为表达式。关于表达式的说明具体如下。

① 表达式主要是由运算符和操作数构成的，不同运算符构成的表达式作用不同。

② 任何一个表达式都有一个值。

## 3.2 算术运算符与算术表达式

理论微课 3-2:
算术运算符与算
术表达式

C 语言中的算术运算符与数学中的算术运算符的作用是一样的，但其组成与数学中的算术运算符稍有不同，C 语言中的算术运算符含义及用法见表 3-2。

表 3-2　C 语言中的算术运算符含义及用法

| 运算符 | 运算 | 范　例 | 结　果 |
|---|---|---|---|
| + | 加 | 5+5 | 10 |
| – | 减 | 6-4 | 2 |
| * | 乘 | 3*4 | 12 |
| / | 除 | 5/5 | 1 |
| % | 取模（即算术中的求余数） | 7%5 | 2 |
| ++ | 自增（前） | a = 2;b = ++a; | a = 3;b = 3; |
| – – | 自减（前） | a = 2;b = – –a; | a = 1;b = 1; |
| ++ | 自增（后） | a = 2;b = a++; | a = 3;b = 2; |
| – – | 自减（后） | a = 2;b = a– –; | a = 1;b = 2; |

算术运算符中的+、–（正号、负号）与++、– –运算符在运算时只需要一个变量，如 a++、– –b，只对一个变量起作用，因此它们被称为单目运算符；其余的运算符在运算时需要两个变量，如+（加号）、%等是对两个变量进行运算（a+b、a%b），因此它们被称为双目运算符。

使用算术运算符连接起来的表达式就称为算术表达式，具体示例如下。

```
// 已知 a = 10, b = 20，c = 3
c = a+b                    //结果为 30
a++                        //结果为 11
b = – –c                   //结果为 2
a%b+c– –                   //结果为 13
```

上述算术表达式"a%b+c– –"的计算顺序为：先计算 a%b，结果为 10，再计算 10+c，结果为 13，表达式计算出结果之后，再执行 c– –，表达式执行完毕，c 的值为 2。这样的计算顺序是由算术运算符的优先级决定的，运算符的优先级可参考附录Ⅱ。

算术运算符看上去都比较简单，也很容易理解，但在实际使用时还有很多需要注意的问题，下面就针对其中比较重要的几点进行详细讲解，具体如下。

① 进行四则混合运算时，运算顺序遵循数学中"先乘除后加减"的原则。

② 在进行自增（++）和自减（– –）运算时，如果运算符（++或– –）放在操作数的前面则是先进行自增或自减运算，再进行其他运算。反之，如果运算符放在操作数的后面则是先进行其他运算再进行自增或自减运算。

请仔细阅读下面的代码块，思考运行结果。

```
int num1 = 1;
int num2 = 2;
int res = num1 + num2++;
printf("num2 = %d" , num2);
printf("res = %d" , res);
```

上述代码块的运行结果为：num2 的值为 3，res 的值为 3，具体分析如下。

- 运算 num1+num2，此时变量 num1、num2 的值不变。
- 将第 1 步的运算结果赋值给变量 res，此时 res 值为 3。
- num2 进行自增，此时其值为 3。

③ 在进行除法运算时，若除数和被除数都为整数，得到的结果也是一个整数。如果在除法运算中有浮点数参与运算，系统将整型数据隐式转换为浮点类型，最终得到的结果会是一个浮点数。例如，2510/1000 属于整数之间相除，会忽略小数部分，得到的结果是 2，而 2.5/10 的实际结果为 0.25。

请思考下面表达式的结果。

```
3500/1000*1000
```

上述表达式结果为 3000。因为表达式的执行顺序是从左到右，所以先执行除法运算 3500/1000，得到结果为 3，然后再乘以 1000，最终得到的结果就是 3000。

④ 取模运算在程序设计中有着广泛的应用，例如判断奇偶数的方法实际上就是对 2 取模，即根据取模的结果是 1 还是 0 判断这个数是奇数还是偶数。在进行取模运算时，运算结果的正负取决于被模数（%左边的数）的符号，与模数（%右边的数）的符号无关。例如，(-5)%3 的结果为-2，而 5%(-3) 的结果为 2。

📖 多学一招：运算符的结合性

运算符的结合性指同一优先级的运算符在表达式中操作的结合方向，即当一个运算对象两侧运算符的优先级别相同时，运算对象与运算符的结合顺序。大多数运算符结合方向是"自左至右"，示例代码如下。

```
a-b+c;
```

上述代码中 b 两侧有-和+两种运算符的优先级相同，按先左后右的结合方向，b 先与减号结合，执行 a-b 的运算，然后再执行加 c 的运算。

## 3.3 赋值运算符与赋值表达式

理论微课 3-3：
赋值运算符与赋
值表达式

赋值运算符的作用是将常量、变量或表达式的值赋给某一个变量。表 3-3 列举了 C 语言中的赋值运算符含义及用法。

表 3-3　C 语言中的赋值运算符含义及用法

| 运算符 | 运　　算 | 示　　例 | 结　　果 |
|---|---|---|---|
| = | 赋值 | a = 3;b = 2; | a = 3;b = 2; |
| += | 加等于 | a = 3;b = 2;a += b; | a = 5;b = 2; |
| -= | 减等于 | a = 3;b = 2;a -= b; | a = 1;b = 2; |
| *= | 乘等于 | a = 3;b = 2;a *= b; | a = 6;b = 2; |
| /= | 除等于 | a = 3;b = 2;a /= b; | a = 1;b = 2; |
| %= | 模等于 | a = 3;b = 2;a %= b; | a = 1;b = 2; |

在表 3-2 中，"="的作用不是表示相等关系，而是进行赋值运算，即将等号右侧的值赋给等号

左侧的变量。在赋值运算符的使用中，需要注意以下两个问题。

① 在 C 语言中可以通过一条赋值语句对多个变量进行赋值，具体示例如下。

```
int   x, y, z;
x = y = z = 5;                  //为 3 个变量同时赋值
```

上述代码中，一条赋值语句可以同时为变量 x、y、z 赋值，这是由于赋值运算符的结合性为"从右向左"，即先将 5 赋值给变量 z，然后再把变量 z 的值赋值给变量 y，最后把变量 y 的值赋值给变量 x，表达式赋值完成。需要注意的是，下面的这种写法在 C 语言中是不可取的。

```
int   x = y = z = 5;            //错误
```

② 在表 3-3 中，除了"="，其他的都是复合赋值运算符，下面以"+="为例，学习这类赋值运算符的用法，示例代码如下。

```
int x = 2;
x += 3;
```

上述代码中，执行代码 x += 3 后，x 的值为 5。这是因为表达式 x+=3 中的执行过程如下。

● 将 x 的值和 3 执行相加。

● 将相加的结果赋值给变量 x。

所以，表达式 x += 3 就相当于 x = x + 3，先进行相加运算，再进行赋值。-=、*=、/=、%=赋值运算符都可以此类推。

## 3.4 关系运算符与关系表达式

理论微课 3-4:
关系运算符与关系表达式

关系运算符用于对两个数据进行比较，其结果是一个逻辑值（"真"或"假"），如"5>3"，其值为"真"。C 语言的比较运算中，"真"用非"0"数字来表示，"假"用数字"0"来表示。C 语言中的关系运算符有 6 种，其含义及用法见表 3-4。

表 3-4　C 语言中的比较运算符含义及用法

| 运 算 符 | 运 算 | 范 例 | 结 果 |
|---|---|---|---|
| == | 相等于 | 4 == 3 | 0（假） |
| != | 不等于 | 4 != 3 | 1（真） |
| < | 小于 | 4 < 3 | 0（假） |
| > | 大于 | 4 > 3 | 1（真） |
| <= | 小于或等于 | 4 <= 3 | 0（假） |
| >= | 大于或等于 | 4 >= 3 | 1（真） |

关系运算符属于双目运算符，它们在运算时需要两个变量，如 a>b。由关系运算符连接起来的表达式称为关系表达式，具体如下。

```
int a = 10,b = 20,c = 3;
a > b                    //假，值为 0
a == c                   //假，值为 0
b != c <= a              //真，值为 1
```

上述关系表达式"b != c <= a"的计算顺序为：先计算 c <= a，再计算 b != 1。c <= a 的结果为 1，b 为 20，因此 b != 1 的结果为真。

💡 注意：

　　在使用比较运算符时，不能将比较运算符 "=="误写成赋值运算符 "="。

## 3.5　条件运算符与条件表达式

理论微课 3-5：
条件运算符与条件表达式

在编写程序时往往会遇到条件判断，例如判断 a>b，当 a>b 成立时执行某一个操作，当 a>b 不成立时执行另一个操作，这种情况下就需要用到条件运算符，C 语言提供了一个条件运算符（?:），其语法格式如下。

> 表达式 1 ? 表达式 2 : 表达式 3

上述表达式由条件运算符连接起来，称为条件表达式。在条件表达式中，先计算表达式 1，若其值为真（非 0）则将表达式 2 的值作为整个表达式的取值，否则（表达式 1 的值为 0）将表达式 3 的值作为整个条件表达式的取值。

条件表达式就是对条件进行判断，根据条件判断结果执行不同的操作，示例代码如下。

```
int a = 6, b = 3;
a > b ? a * b : a + b;          //条件表达式
```

上述条件表达式中，判断 a>b 是否为真，若为真，则执行 a*b 操作，将其结果作为整个条件表达式的结果，a*b 结果为 18，因此，条件表达式结果为 18。

由于需要 3 个表达式（数据）参与运算，条件运算符又称为三目运算符。

💡 注意：

　　① 条件运算符"？"和"："是一对运算符，不能分开单独使用。
　　② 条件运算符的优先级低于关系运算符与算术运算符，但高于赋值运算符。
　　③ 条件运算符可以进行嵌套，结合方向自右向左。例如 a>b?a:c>d?c:d 应该理解为 a>b?a:(c>d?c:d)，这也是条件运算符的嵌套情形，即其中的表达式 c>d?c:d 又是一个条件表达式。

## 3.6　逻辑运算符与逻辑表达式

理论微课 3-6：
逻辑运算符与逻辑表达式

逻辑运算符用于判断复合条件的真假，其结果仍为"真"或"假"。C 语言中逻辑运算符含义及用法见表 3-5。

表 3-5　C 语言中逻辑运算符含义及用法

| 运算符 | 运算 | 范例 | 结　果 |
|---|---|---|---|
| ! | 非 | !a | 如果 a 为假，则!a 为真<br>如果 a 为真，则!a 为假 |
| && | 与 | a&&b | 只有 a 和 b 都为真时，结果为真；a 和 b 只有一个为假，结果为假 |
| \|\| | 或 | a\|\|b | 只有 a 和 b 都为假时，结果为假；a 和 b 只要有一个为真，结果为真 |

逻辑运算符中的!运算符是单目运算符，它只操作一个变量，对其取反，而&&运算符和||运算

符为双目运算符，操作两个变量。

由逻辑运算符连接起来的表达式称为逻辑表达式，具体如下。

```
int a = 10, b = 20, c = 0;
!a              //结果，值为 0
a&&b            //a 和 b 都为真，结果为真，即值为 1
b||c            //结果为真，即为 1
!a&&b           //结果为假，即值为 0
!a||b           //结果为真，即值为 1
```

逻辑运算符的优先级为!>&&>||，因此当逻辑表达式中有多个逻辑运算符时，运算符的执行顺序不同。表达式"!a&&b"的执行顺序为：先计算!a，结果为 0，然后计算 0&&b，结果为 0；表达式"!a||b"的执行顺序为：先计算!a，结果为 0，然后计算 0||b，因为 b 为真，所以结果为 1。

💡 注意：
　逻辑运算符中的"!"运算符优先级高于算术运算符，但"&&"运算符和"||"运算符的优先级低于关系运算符。

在使用逻辑运算符时需要注意，逻辑运算符有一种"短路"现象：在使用"&&"运算符时，如果"&&"运算符左边的值为假，则右边的表达式就不再进行运算，整个表达式的结果为假，具体如下。

```
int a = 5,b = 4,c = 3,d = 3;
a+b < c && c == d               // 结果为 0
```

在上述表达式中，a+b 的结果大于 c，表达式 a+b<c 的结果为假，因此，右边表达式 c==d 不会进行运算，表达式 a+b<c&&c==d 的结果为假。

在使用"||"运算符时，如果"||"运算符左边的值为真，则右边的表达式就不再进行运算，整个表达式的结果为真，具体如下。

```
int a = 1,b = 2,c = 4,d = 5;
a + b < c || c == d             // 结果为 1
```

在上述表达式中，a+b 的结果小于 c，表达式 a+b<c 的结果为真，因此，右边表达式 c==d 不会进行运算，表达式 a+b<c||c==d 的结果为真。

逻辑运算符的这种计算特性可以节省计算开销，提高程序的执行效率。

📖 多学一招：运算符优先级

在对一些比较复杂的表达式进行运算时，要明确表达式中所有运算符参与运算的先后顺序，这种顺序称作运算符的优先级。C 语言中运算符的优先级可参看附录Ⅱ。

在附录Ⅱ中，数字越小优先级越高。根据运算符优先级，分析下面代码的运行结果。

```
int a = 2;
int b = a + 3 * a;
printf ("%d",b);
```

上述代码的运行结果为 8，这是由于运算符"*"的优先级高于运算符"+"，因此先运算 3*a，得到的结果是 6，再将 6 与 a 相加，得到最后的结果 8。

```
int a = 2;
```

```
int b = (a + 3) * a;
printf ("%d",b);
```

上述代码的运行结果为 10，这是由于运算符 "()" 的优先级最高，因此先运算括号内的 a+3，得到的结果是 5，再将 5 与 a 相乘，得到最后的结果 10。

其实没有必要刻意记忆运算符的优先级。编写程序时，尽量使用括号 "()" 来实现想要的运算顺序，以免产生歧义。

## 3.7 位运算符

位运算符是针对二进制数的每一位进行运算的符号，它是专门针对数字 0 和 1 进行操作的。C 语言中的位运算符含义及用法见表 3-6。

理论微课 3-7：
位运算符

表 3-6　C 语言中的位运算符含义及用法

| 运算符 | 运算 | 示　例 | 结　果 |
|---|---|---|---|
| & | 与 | 0 & 0 | 0 |
| | | 0 & 1 | 0 |
| | | 1 & 1 | 1 |
| | | 1 & 0 | 0 |
| | | 或 | 0 \| 0 | 0 |
| | | 0 \| 1 | 1 |
| | | 1 \| 1 | 1 |
| | | 1 \| 0 | 1 |
| ~ | 取反 | ~0 | 1 |
| | | ~1 | 0 |
| ^ | 异或 | 0 ^ 0 | 0 |
| | | 0 ^ 1 | 1 |
| | | 1 ^ 1 | 0 |
| | | 1 ^ 0 | 1 |
| << | 左移 | 00000010<<2 | 00001000 |
| | | 10010011<<2 | 01001100 |
| >> | 右移 | 01100010>>2 | 00011000 |
| | | 11100010>>2 | 11111000 |

下面通过一些具体示例，对表 3-6 中描述的位运算符进行详细介绍，为了方便描述，下面的运算都是针对 byte 类型的数，即 1 个字节大小的数。

① 与运算符 "&" 是将参与运算的两个二进制数进行 "与" 运算，如果两个二进制位都为 1，则该位的运算结果为 1，否则为 0。

例如，将 6 和 11 进行与运算，6 对应的二进制数为 00000110，11 对应的二进制数为 00001011，具体演算过程如下。

$$
\begin{array}{r}
00000110 \\
\&\quad 00001011 \\
\hline
00000010
\end{array}
$$

运算结果为 00000010，对应数值 2。

② 位运算符"|"是将参与运算的两个二进制数进行"或"运算，如果二进制位上有一个值为 1，则该位的运行结果为 1，否则为 0。

例如，将 6 与 11 进行或运算，具体演算过程如下。

$$
\begin{array}{r}
00000110 \\
|\quad 00001011 \\
\hline
00001111
\end{array}
$$

运算结果为 00001111，对应数值 15。

③ 位运算符"~"只针对一个操作数进行操作，如果二进制位是 0，则取反值为 1；如果是 1，则取反值为 0。

例如，将 6 进行取反运算，具体演算过程如下。

$$
\begin{array}{r}
\sim\quad 00000110 \\
\hline
11111001
\end{array}
$$

运算结果为 11111001，对应数值–7。

④ 位运算符"^"是将参与运算的两个二进制数进行"异或"运算，如果二进制位相同，则值为 0，否则为 1。

例如，将 6 与 11 进行异或运算，具体演算过程如下。

$$
\begin{array}{r}
00000110 \\
\wedge\quad 00001011 \\
\hline
00001101
\end{array}
$$

运算结果为 00001101，对应数值 13。

⑤ 位运算符"<<"就是将操作数所有二进制位向左移动。运算时，右边的空位补 0，左边移走的部分舍去。

例如，一个 byte 类型的数字 11 用二进制表示为 00001011，将它左移一位，具体演算过程如下。

$$
\begin{array}{r}
00001011 \qquad <<1 \\
\hline
00010110
\end{array}
$$

运算结果为 00010110，对应数值 22。

⑥ 位运算符">>"就是将操作数所有二进制位向右移动。运算时，左边的空位根据原数的符号位补 0 或者 1（原来是负数就补 1，是正数就补 0）。

例如，一个 byte 的数字 11 用二进制表示为 00001011，将它右移一位，具体演算过程如下。

$$
\begin{array}{r}
00001011 \qquad >>1 \\
\hline
00000101
\end{array}
$$

运算结果为 00000101，对应数值 5。

## 3.8　sizeof 运算符

为了获取某一数据或数据类型在内存中所占的字节数，C 语言提供了 sizeof 运算符，使用 sizeof 运算符获取数据字节数，其基本语法规则如下。

理论微课 3-8：
sizeof 运算符

sizeof(数据类型名称)

或

sizeof(变量名称)

通过 sizeof 运算符可获取任何数据类型与变量所占的字节数，示例代码如下。

```
sizeof(int);          //获取 int 类型所占内存字节数
sizeof(char*);        //获取 char 类型指针所占内存字节数
int a = 10;           //定义 int 类型变量
double d = 2.3;       //定义 double 类型变量
sizeof(a);            //获取变量 a 所占内存字节数
sizeof(d);            //获取变量 d 所占内存字节数
char arr[10];         //定义 char 类型数组 arr，大小为 10
sizeof(arr);          //获取数组 arr 所占内存字节数
```

使用 sizeof 运算符可以很方便地获取到数据或数据类型在内存中所占的字节数。

## 项目设计

本项目要对两个数据执行算术运算，通过对项目分析，可以按照下列思路实现。

① 定义两个变量 num1 和 num2，表示要执行算术运算的两个数。

② 调用 scanf()函数从键盘输入数据为 num1 和 num2 赋值。

③ 分别使用+、-、*、/、%运算符实现两个变量的加、减、乘、除、取模运算。

④ 分别使用++和- -运算符实现两个变量的自增和自减运算。

## 项目实施

在 Visual Studio 2019 中新建 Operation 项目，在 Operation 项目中添加源文件 operation.c，在 operation.c 文件中实现项目代码，具体实现如下。

实操微课 3-2：
项目设计与实施

operation.c

```
1    #define _CRT_SECURE_NO_WARNINGS
2    #include <stdio.h>
3    int main()
4    {
5        int num1, num2;
```

```
6          printf("请输入两个数据：");
7          scanf("%d%d", &num1, &num2);
8          printf("两个数的和：%d\n", num1 + num2);
9          printf("两个数的差：%d\n", num1 - num2);
10         printf("两个数的积：%d\n", num1 * num2);
11         printf("两个数的商：%d\n", num1 / num2);
12         printf("两个数的余数：%d\n", num1 % num2);
13         printf("num1 自增之后：%d\n", ++num1);
14         printf("num1 自减之后：%d\n", --num1);      //注意：上一步 num1 发生了自增运算
15         printf("num2 自增：%d\n", num2++);
16         printf("num2 自减：%d\n", num2--);          //注意：上一步 num2 发生了自增运算
17         return 0;
18     }
```

上述代码运行后，分别输入两个整数，结果如图 3-1 所示。

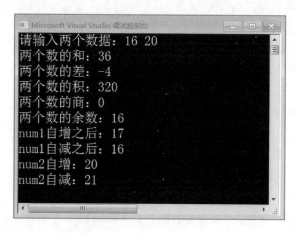

图 3-1　项目 3 运行结果

## 项目小结

在实现本项目的过程中，主要为读者讲解了运算符与表达式的相关知识。首先讲解了算术运算符、赋值运算符的使用；然后讲解了关系运算符、条件运算符、逻辑运算符；最后讲解了位运算符、sizeof 运算符。通过本项目的学习，希望读者能够掌握 C 语言中各种运算符的使用方法，为后续学习更高级的编程知识打下坚实基础。

## 习题

一、填空题

1. 表达式由_____和操作数构成。

2. 表达式 35/10 的结果为_____。

3. 取模运算结果的符号取决于_____。

4. 请阅读下列代码：

```
int x = 10;
x+=2;
```

运行程序，则 x 的值为_____。

5. 请阅读下列代码：

```
int a = 10,b = 20,c = 3;
printf("%d",b != c <= a);
```

运行程序，程序运行结果为_____。

6. C 语言中的条件运算符为_____。

7. 逻辑运算符包括_____、&&和||。

8. 可以获取变量或数据类型大小的运算符为_____。

## 二、判断题

1. 任何一个表达式都有一个结果值。　　　　　　　　　　　　　（　　）

2. 在 C 语言中，算术运算符不再遵循"先乘除后加减"的原则。　　（　　）

3. 在 C 语言中可以通过一条赋值语句对多个变量进行赋值。　　　（　　）

4. 关系运算的结果是一个逻辑值。　　　　　　　　　　　　　　（　　）

5. 条件运算符不可以嵌套使用。　　　　　　　　　　　　　　　（　　）

6. 自增运算符++放在变量前，则变量先进行自增再参与其他运算。（　　）

## 三、选择题

1. 下列运算符中，其运算结果为逻辑值的为（　　　　）。

  A. 算术运算符　　　　　　　　　　B. 赋值运算符

  C. 比较运算符　　　　　　　　　　D. 位运算符

2. 关于算术运算符，下列说法中正确的是（　　　　）。

  A. ++属于算术运算符

  B. 算术运算符都是双目运算符

  C. 一个整型数据和一个浮点型数据进行算术运算，结果为整型

  D. 取模运算就是数学中的求商运算

3. 有表达式 x+=10，则该表达式等价于（　　　　）。

  A. x=10　　　　　　　　　　　　　B. x+10

  C. x=x+10　　　　　　　　　　　　D. x=+10

4. 请阅读下列代码：

```
int a = 3, b = 10;
printf("%d", a > b ? a * b : a + b);
```

运行程序，其结果为（　　　　）

  A. 3　　　　　　　　　　　　　　　B. 10

  C. 13　　　　　　　　　　　　　　　D. 15

5. 关于逻辑运算符，下列说法中正确的是（　　　　）。（多选）

  A. 逻辑运算符中，!运算符优先级最高

  B. 如果"&&"运算符左边的值为假，则右边的表达式就不再进行运算，整个表达式的结

果为假

  C. 如果 "||" 运算符左边的值为真，则右边的表达式就不再进行运算，整个表达式的结果为真

  D. &&和||都是双目运算符

6. 请阅读下列代码：

```
int a = 11;
float x = 2.8, y = 5.7;
printf("%f", x + a % 3 * (int)(x + y) % 2 / 4);
```

运行程序，其结果为（  ）。

  A. 2               B. 1.6

  C. 2.8              D. 6

7. 请阅读下列代码：

```
int a = 8, b = 5, c;
c = a / b + 0.5;
```

上述代码运行之后，c 的值为（  ）。

  A. 0               B. 1

  C. 0.5              D. 1.0

## 四、简答题

1. 请简述++运算符、– –运算符的运算特点。

2. 请简述常用的位运算符及它们的含义。

## 五、编程题

1. 请编写一个程序，实现以下功能。

（1）从控制台输入两个数。

（2）分别对这两个数执行加、减、乘、除、取模和自增、自减运算，并将结果输出至控制台。

2. 假设定义了 2 个变量：int a,b。从键盘输入 2 个整数为变量 a、b 赋值，在不使用第 3 个变量的情况下，交换变量 a 和 b 的值，并将交换后的 a、b 变量输出到控制台。

# 项目4

## 九九乘法表

PPT: 项目4　九九乘法表

教学设计: 项目4 九九乘法表

- 掌握流程图的作用, 能够使用流程图描述程序逻辑流程。
- 了解顺序结构语句, 能够概括出顺序结构语句的执行流程。
- 掌握选择结构语句, 能够使用选择结构语句实现程序的选择逻辑。
- 掌握循环结构语句, 能够使用循环结构语句实现程序的循环逻辑。
- 掌握跳转语句, 能够使用跳转语句实现程序执行流程的跳转。

前面几个项目一直在介绍 C 语言的基本语法知识，然而仅仅依靠这些语法知识还不能编写一个完整的业务程序，一个完整的业务程序还需要加入业务逻辑，并根据业务逻辑关系对程序的流程进行控制。本项目将针对 C 语言中最基本的程序结构进行讲解。

## 项目导入

九九乘法表起源于中国，是中国古人的智慧结晶，春秋战国时期的《战国策》《荀子》《管子》等书中均有"六六三十六""三九二十七"等记载。

古代的九九乘法表与现代的九九乘法表有所不同，它没有"一一得一"这一行，并且它的排列顺序与现在的九九乘法表相反，从"九九八十一"开始，到"二二得四"结束，因为以"九九"开头，所以古代的九九乘法表又称为小九九。

实操微课 4-1：
项目导入

大约在十三世纪，数学家们认为九九乘法表的排列顺序不符合数学上从小到大的逻辑，因此将其排列顺序改变为从"二二得四"到"九九八十一"排列，并且又添加了"一一得一"这一行，改变之后的九九乘法表一直沿用到现在。

九九乘法表是一代又一代人经过不断地修正、完善而成，这体现了我国古人严谨认真的态度。我们每一个人都应该保持严谨认真的态度对待学习、生活和工作。

本项目要求编写一个程序，实现如图 4-1 所示的九九乘法表。

```
1×1=1
1×2=2    2×2=4
1×3=3    2×3=6    3×3=9
1×4=4    2×4=8    3×4=12   4×4=16
1×5=5    2×5=10   3×5=15   4×5=20   5×5=25
1×6=6    2×6=12   3×6=18   4×6=24   5×6=30   6×6=36
1×7=7    2×7=14   3×7=21   4×7=28   5×7=35   6×7=42   7×7=49
1×8=8    2×8=16   3×8=24   4×8=32   5×8=40   6×8=48   7×8=56   8×8=64
1×9=9    2×9=18   3×9=27   4×9=36   5×9=45   6×9=54   7×9=63   8×9=72   9×9=81
```

图 4-1　九九乘法表

## 知识准备

### 4.1　流程图

在 C 语言开发中，一些业务的逻辑有时会非常复杂，单靠语言描述的逻辑去实现非常困难。为此，C 语言提供了流程图，在逻辑复杂的业务中，通常使用流程图去描述业务流程，然后根据流程图实现程序代码。

理论微课 4-1：
流程图

流程图是描述问题处理步骤的一种常用图形工具，它由一些图框和流程线组成，使用流程图描述问题的处理步骤形象直观、便于阅读。画流程图时必须按照功能选用相应的流程图符号，常用的流程图符号如图 4-2 所示。

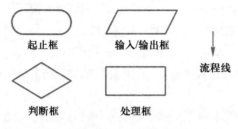

图 4-2 流程图符号

关于图 4-2 中的流程图符号，具体说明如下。

● 起止框用于表示流程的开始或结束。

● 输入/输出框用平行四边形表示，在平行四边形内可以写明输入或输出的内容。

● 判断框用菱形表示，它的作用是对条件进行判断，根据条件是否成立来决定如何执行后续的操作。

● 处理框用矩形表示，它代表程序中的处理功能，如算术运算和赋值等。

● 流程线用实心单向箭头表示，可以连接不同位置的图框，流程线的标准走向是从左到右和从上到下，可用流程线指示流向。

通过上述讲解，读者对流程图符号有了简单的认识，下面先来看一个简单的流程图，如图 4-3 所示。

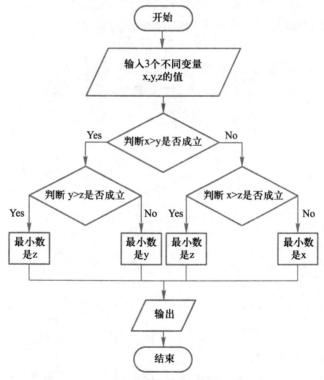

图 4-3 计算 3 个数中的最小值

图 4-3 描述的是计算 3 个数中最小值的流程图，具体如下。

① 程序开始。

② 进入输入/输出框，输入 3 个变量 x、y、z 的值。

③ 进入判断框，判断 x>y 是否成立，如果成立，则进入左侧下方的判断框，继续判断 y>z 是否成立；否则进入右侧下方的判断框，判断 x>z 是否成立。

④ 进入下一层判断框。如果进入的是左侧下方的判断框，判断 y>z 是否成立，如果成立，则进入左侧下方的处理框，得出最小值是 z；如果不成立，则进入右侧下方的处理框，得出最小值为 y。

如果步骤③后面进入的是右侧下方的判断框，则判断 x>z 是否成立，如果成立，则进入左侧下方的处理框，得出最小值是 z；如果不成立，则进入右侧下方的处理框，得出最小值是 x。

⑤ 进入输出框，输出结果。

⑥ 进入结束框，程序运行结束。

学习画流程图可以有效地进行结构化程序设计，C 语言基本的流程结构有 3 种：顺序结构、选择结构和循环结构，它们可以编写各种复杂程序，本项目将重点介绍这 3 种基本流程结构。

## 4.2 顺序结构语句

前面章节讲解的程序都有一个共同的特点，即程序中的所有语句都是从上到下逐条执行的，这样的程序结构称为顺序结构。顺序结构是程序开发中最简单常见的一种结构，它可以包含多种语句，如变量的定义语句、输入输出语句、赋值语句等。顺序结构流程图如图 4-4 所示。

顺序结构是程序中最简单的一种结构，它的语句从上至下一句一句地执行。下面通过打印"我爱 C 语言"这句话为例来讲解顺序结构，见例 4-1。

例 4-1 打印"我爱 C 语言"。

linear.c

理论微课 4-2：
顺序结构语句

图 4-4 顺序语句流程图

```
1    #include <stdio.h>
2    int main()
3    {
4        printf("我\n");
5        printf("爱\n");
6        printf("C\n");
7        printf("语\n");
8        printf("言\n");
9        return 0;
10   }
```

例 4-1 运行结果如图 4-5 所示。

在例 4-1 中，第 4 行～第 8 行代码使用了 5 条 printf()语句，从上往下依次输出字符"我、爱、C、语、言"。从运行结果可以看出，程序是按照语句的先后顺序依次执行的，这就是一个顺序结构的程序。

图 4-5 例 4-1 运行结果

## 4.3 选择结构语句

在实际生活经常需要对一些情况做出判断，例如，开车来到一个十字路口，需要对红绿灯进行判断，如果前面是红灯，就停车等候；如果是绿灯，就通行。同样，在 C 语言中也经常需要对一些条件做出判断，从而决定执行哪一段代码，这就需要使用选择结构语句。选择结构语句又可分为 if 选择结构语句和 switch 选择结构语句，本节将对它们进行详细讲解。

### 4.3.1 if 选择结构语句

if 选择结构语句分为 if、if…else、if…else if…else 3 种语法格式，每一种格式都有其自身的特点，下面分别对这 3 种 if 选择结构语句进行讲解。

理论微课 4-3：
if 选择结构语句

1. if

if 选择结构语句是指如果满足某种条件，就进行相应的处理。例如，小明妈妈跟小明说"如果你考试得了 100 分，星期天就带你去游乐场玩"，这句话可以通过下面一段伪代码来描述。

如果小明考试得了 100 分
妈妈星期天带小明去游乐场

在上述伪代码中，"如果"相当于 C 语言中的关键字 if，"小明考试得了 100 分"是判断条件，需要用()括起来，"妈妈星期天带小明去游乐场"是执行语句，需要放在{}中。修改后的伪代码如下。

if(小明考试得了 100 分)
{
　　妈妈星期天带小明去游乐场
}

上述例子描述了 if 选择结构语句的用法，在 C 语言中，if 选择结构语句的具体语法格式如下。

if(判断条件)
{
　　执行语句
}

上述语法格式中，判断条件的值只能是 0 或非 0，若判断条件的值为 0，按"假"处理，若判断条件的值为非 0，按"真"处理，执行{}中的语句。if 选择语句的执行流程如图 4-6 所示。

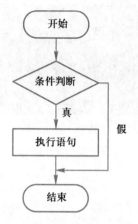

图 4-6  if 选择结构语句流程图

为了让读者更好地掌握 if 选择结构语句，下面通过一个案例演示 if 选择结构语句的使用。

例 4-2  选拔篮球队员。

篮球是比较受欢迎的一项体育运动，它需要全队的协作，每个队员都必须承担自己的责任并与队友共同协作，这有助于培养团队精神。在科技如此发达的现代社会，更要求每个人都具有团队合作意识，都要培养自己的团队责任与团队精神。

假如某学校要选拔学生组成一个篮球队，参加学校要举办的运动会，入选篮球队的学生身高要大于或等于 178 cm。本案例要求编写一个程序，从控制台输入学生身高，如果身高大于或等于 178 cm，则提示入选。案例具体实现如下。

max.c

```
1    #define _CRT_SECURE_NO_WARNINGS
2    #include <stdio.h>
3    #include <stdlib.h>
4    int main()
5    {
6        float height;                        // 学生身高
7        printf("请输入学生身高(cm)：");
8        scanf("%f", &height);                // 调用 scanf()函数输入学生身高
9        if (height >= 178)                   // 判断学生身高是否大于或等于 178 cm
10           printf("入选\n");
11       return 0;
12   }
```

运行例 4-2，输入学生身高大于或等于 178 cm，运行结果如图 4-7 所示。

图 4-7  例 4-2 运行结果

在例 4-2 中，第 6 行代码定义了一个 float 类型的变量 height，用于表示学生身高。第 8 行代码调用 scanf()函数从控制台输入学生身高。第 9 行和第 10 行代码使用 if 选择结构语句判断输入的身高是否大于等于 178 cm，如果是，则提示"入选"。由图 4-7 可知，当输入学生身高为 182 cm 时，程序输出了"入选"。

2. if…else

if…else 选择结构语句是指如果满足某种条件，就进行相应的处理，否则就进行另一种处理。if…else 选择结构语句的具体语法格式如下。

```
if(判断条件)
{
        执行语句 1
}
else
{
        执行语句 2
}
```

上述语法格式中，判断条件的值只能是 0 或非 0，若判断条件的值为非 0，按"真"处理，if 后面{}中的执行语句 1 会被执行，若判断条件的值为 0，按"假"处理，else 后面{}中的执行语句 2 会被执行。if…else 选择结构语句的执行流程如图 4-8 所示。

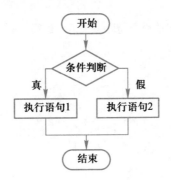

图 4-8　if…else 选择结构语句流程图

下面通过一个案例演示 if…else 选择结构语句的用法。

例 4-3　判断奇偶。要求从控制台输入一个整数，判断该整数是奇数还是偶数，具体实现如下。

if_else.c

```
1    #define _CRT_SECURE_NO_WARNINGS              //关闭安全检查
2    #include <stdio.h>
3    int main()
4    {
5        int num;
6        printf("请输入一个整数：");
7        scanf("%d", &num);                       //调用 scanf()函数从控制台输入数据
8        if(num % 2 == 0)
9        {
10            printf("数字%d 是一个偶数\n", num);
11        }
```

```
12          else
13          {
14              //判断条件不成立
15              printf("数字 num%d 是一个奇数\n", num);
16          }
17          return 0;
18      }
```

例 4-3 运行结果如图 4-9 所示。

图 4-9 例 4-3 运行结果

在例 4-3 中，第 7 行代码调用 scanf()函数从控制台读取一个整数；第 8 行～第 16 行代码，在 if 语句中判断 num 被能否被 2 整除，若能被 2 整除，则打印"偶数"，否则打印这个数是"奇数"。由图 4-9 的运行结果可知，当输入数据 10 时，输出结果为 10 是一个偶数。

### 3. if…else if…else

if…else if…else 选择结构语句适用于需对多个条件进行判断，进而执行不同操作的情景中。if… else if…else 选择结构语句的具体语法格式如下。

```
if(判断条件 1)
{
    执行语句 1
}
else if(判断条件 2)
{
    执行语句 2
}
……
else if(判断条件 n)
{
    执行语句 n
}
else
{
    执行语句 n+1
}
```

上述语法格式中，若判断条件 1 的值为非 0，按"真"处理，if 后面{}中的执行语句 1 会被执行；若判断条件 1 的值为 0，按"假"处理，对判断条件 2 进行判断；如果判断条件 2 非 0，则执行语句 2。以此类推，如果所有判断条件的值都为 0，意味着所有条件都不满足，else 后面{}中的执行语句 n+1 会被执行。if…else if…else 选择语句的执行流程如图 4-10 所示。

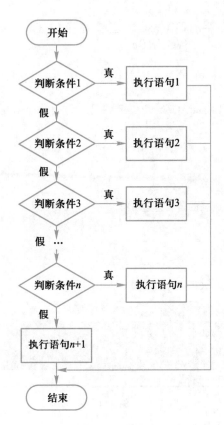

图 4-10 if…else if…else 选择结构语句执行流程图

下面通过一个案例来演示 if…else if…else 语句的用法。

例 **4-4** 成绩等级标准。在对学生学习情况进行评估时，学校一般会制定严谨的成绩等级标准。学生成绩等级标准的制定需要考虑到公正公平，使得每个学生都能够在公平的基础上得到合理的评价，这有助于培养学生的公正公平意识。

本案例要求制定一个学生成绩等级标准，从键盘输入学生成绩，并对学生考试成绩进行等级划分的代码，如果学生的分数大于或等于 80 分，等级为优；如果分数小于 80 分且大于或等于 70 分，等级为良；如果分数小于 70 分且大于或等于 60 分，等级为中；否则，等级为差。案例具体实现如下。

grade.c

```
1    #define _CRT_SECURE_NO_WARNINGS        //关闭安全检查
2    #include <stdio.h>
3    int main()
4    {
5        float grade;
6        printf("请输入学生成绩: ");
7        scanf("%f", &grade);               //以%f 格式读取输入数据
8        if(grade >= 80.0)
9        {
10           //满足条件  grade >= 80
11           printf("该成绩的等级为优\n");
12       }
13       else if(grade >= 70.0)
14       {
```

```
15              //不满足条件 grade >= 80 ，但满足条件 grade >= 70
16              printf("该成绩的等级为良\n");
17          }
18          else if(grade >= 60.0)
19          {
20              //不满足条件 grade >= 70 ，但满足条件 grade >= 60
21              printf("该成绩的等级为中\n");
22          }
23          else
24          {
25              //不满足条件 grade >= 60
26              printf("该成绩的等级为差\n");
27          }
28          return 0;
29      }
```

例 4-4 运行结果如图 4-11 所示。

图 4-11　例 4-4 运行结果

在例 4-4 中，第 7 行代码调用 scanf()函数从键盘读取 grade 的值，第 8 行～第 27 行代码使用 if…else if…else 语句判断 grade 的值符合哪一个条件，然后输出对应的成绩等级。由图 4-11 所示的运行结果可知，当输入 89.5 时，显示其成绩等级为优。

### 4.3.2　switch 选择结构语句

switch 选择结构语句也是一种很常用的选择结构语句，和 if 选择结构语句不同，它针对某个表达式的值做出判断，从而决定程序执行哪一段代码。例如，在程序中使用数字 1～7 来表示星期一到星期日，如果想根据某个输入的数字来输出对应中文格式的星期值，可以通过下面一段伪代码来描述。

理论微课 4-4：
switch 选择语句

```
用于表示星期的数字
    如果等于 1,则输出星期一
    如果等于 2,则输出星期二
    如果等于 3,则输出星期三
    如果等于 4,则输出星期四
    如果等于 5,则输出星期五
    如果等于 6,则输出星期六
    如果等于 7,则输出星期日
    如果不是 1～7,则输出此数字为非法数字
```

上述伪代码可以使用 C 语言中的 switch 选择结构语句来实现。在 switch 选择结构语句中，switch 关键字后面有一个表达式，case 关键字后面有目标值，当表达式的值和某个目标值匹配时，会执行对应 case 下的语句。switch 选择结构语句的基本语法格式如下。

```
switch(表达式)
{
    case  目标值 1:
        执行语句 1;
        break;
    case  目标值 2:
        执行语句 2;
        break;
    …
    case  目标值 n:
        执行语句 n;
        break;
    default:
        执行语句 n+1;
        break;
}
```

在上述语法格式中，switch 选择结构语句将表达式的值与每个 case 中的目标值进行匹配，如果找到了匹配的值，就会执行相应 case 后的语句，直到遇到 break 时退出当前代码块。break 可以省略不写，如果 break 省略不写，则表达式的值将会不断与后边的目标值进行比较。default 用于匹配所有目标值都不匹配的情况，default 也可以省略不写，如果 default 省略不写，则所有目标值都不匹配时，直接跳出 switch 选择语句。

下面通过一个案例演示 switch 选择结构语句的用法。

**例 4−5**  安全生产。安全生产在我国非常重要，关系人民的切身安全。对于个人来说，安全是人类最重要、最基本的需求，是人的生命与健康的基本保证。对于企业来说，安全生产是企业发展的重要保障，这是我们在生产经营中贯彻的一个重要理念。企业是社会大家庭中的一个细胞，只有抓好自身安全生产，才能促进大环境的稳定，进而为企业创造良好的发展环境。因此每个人都要提高自己的安全意识。

本案例要求为企业编写一个安全监测程序，企业的安全级别系数有 4 个，用 1～4 整数表示，各级别含义如下。

- 1：正常。
- 2：警告。
- 3：危险。
- 4：立即停产。

当程序监测到数字为 1 时，提示"生产安全"；当程序监测到数字为 2 时，提示"警告！请检修设备"；当程序监测到数字 3 时，提示"危险！！请立即查看"；当程序监测到数字 4 时，提示"危险操作！！！已自动停产"。

案例具体实现代码如下。

switch.c

```
1    #define _CRT_SECURE_NO_WARNINGS
2    #include <stdio.h>
3    int main()
4    {
5        int num;
```

```
6              printf("请输入安全级别系数：");
7              scanf("%d", &num);
8              switch (num)
9              {
10             case 1:
11                 printf("生产安全\n");
12                 break;
13             case 2:
14                 printf("警告！请检修设备\n");
15                 break;
16             case 3:
17                 printf("危险！！请立即查看\n");
18                 break;
19             case 4:
20                 printf("危险操作！！！已自动停产\n");
21                 break;
22             default:
23                 printf("监控到参数错误\n");
24                 break;
25             }
26             return 0;
27         }
```

运行例 4-5，当输入数字 4 后，结果如图 4-12 所示。

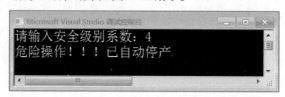

图 4-12    例 4-5 运行结果

在例 4-5 中，第 8 行～第 25 行代码使用 switch 选择结构语句匹配生产级别系数，给出相应提示。由图 4-12 可知，当监控到生产级别系数为 4 时，程序自动停产并输出警告信息。

在使用 switch 选择结构语句的过程中，如果多个 case 条件后面的执行语句是一样的，则该执行语句书写一次即可，这是一种简写的方式。例如，使用数字 1～7 来表示星期一到星期日，当输入的数字为 1、2、3、4、5 时视为工作日，否则视为休息日，这时如果需要判断一周中的某一天是否为工作日，就可以采用 switch 语句的简写方式，示例代码如下。

```
switch(week)
{
case 1:
case 2:
case 3:
case 4:
case 5:
    //当 week 满足值 1、2、3、4、5 中任意一个时，处理方式相同
    printf("今天是工作日\n");
    break;
case 6:
case 7:
```

```
    //当 week 满足值 6、7 中任意一个时，处理方式相同
    printf("今天是休息日\n");
    break;
default:
    printf("输入的数字不正确...");
    break;
}
```

上述示例代码中，当变量 week 的值为 1、2、3、4、5 中任意值时，处理方式相同，都会输出"今天是工作日"。同理，当变量 week 值为 6、7 中任意值时，输出"今天是休息日"。

## 4.4 循环结构语句

在实际生活中经常会将同一件事情重复做很多次，如走路会重复使用左右脚、打乒乓球会重复挥拍的动作等。同样，在 C 语言中，也经常需要重复执行同一代码块，这时就需要使用循环结构语句。循环结构语句分为 while 循环结构语句、do…while 循环结构语句和 for 循环结构语句 3 种。本节将针对这 3 种循环语句进行详细讲解。

### 4.4.1 while 循环结构语句

while 循环结构语句和 4.3 节的 if 选择结构语句有些相似，都是根据判断条件来决定是否执行大括号内的执行语句。区别在于，while 循环结构语句会反复地进行条件判断，只要条件成立，大括号中的语句就会一直执行。while 循环结构语句的具体语法格式如下。

理论微课 4-5: while 循环结构语句

```
while(循环条件)
{
    执行语句
}
```

在上面的语法格式中，{}中的执行语句被称作循环体，循环体是否执行取决于循环条件，当循环条件为真时，循环体就会被执行。循环体执行完毕时会继续判断循环条件，直到循环条件的值为假，整个循环过程才会结束。

while 循环结构语句的执行流程如图 4-13 所示。

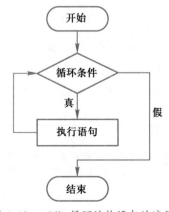

图 4-13  while 循环结构语句的流程图

为了让读者更好地掌握 while 循环结构语句，下面通过一个案例演示 while 循环结构语句的使用。在本案例中，使用 while 循环结构语句计算 1～100 的整数和。关于计算 1～100 的整数和，有一个非常有名的典故，数学家高斯在 10 岁时，他的老师出了一道算术题：1+2+3+…+100 的和是多少。

刚学算术的大多数学生都感到比较难，在一个数一个数地进行加法运算，但很快，一个学生就公布了答案为 5050，这个学生就是高斯。老师对于高斯这样快速计算出结果而感到吃惊，问其算法，原来高斯经过仔细观察，找到了一个规律，他发现 1+100、2+99、3+98、4+97…每次相加的和都为 101，100 个数正好 50 组 101，于是他得出 101*50=5050，而高斯发现的这个规律正是等差级数的对称性。

**例 4-6** 使用 while 循环结构语句计算 1～100 的整数和，案例具体实现如下。

while.c

```
1   #define _CRT_SECURE_NO_WARNINGS
2   #include <stdio.h>
3   int main()
4   {
5       int num = 1, sum = 0;
6       while (num <= 100)                      //循环条件为 num <= 100
7       {
8           sum += num;                          //累加
9           num++;                               //累加之后，num 自增
10      }
11      printf("1 到 100 的和为：%d\n", sum);
12      return 0;
13  }
```

例 4-6 运行结果如图 4-14 所示。

图 4-14 例 4-6 运行结果

在例 4-6 中，第 5 行代码定义了整型变量 num 和 sum，num 初始为 1，用于表示 1～100 的整数，sum 初始值为 0，用于存储累加的结果和。第 6 行～第 10 行代码使用 while 循环结构语句循环获取 1～100 整数，每次获取一个整数就累加到 sum 中，累加之后，num 自增，进行下一次循环。第 11 行代码调用 printf()函数输出最后的累加结果。由图 4-14 可知，1～100 的整数和结果为 5050。

**注意：**

例 4-6 中的第 9 行代码用于在每次循环时改变变量 num 的值，直到循环条件不成立，如果没有这行代码，整个循环会进入无限循环的状态，永远不会结束，因为 num 的值一直都会是 1，永远满足 num<=100 的条件。

脚下留心：语句后的分号 ";"

在使用 while 循环语句时，一定要记得不能在()后面加分号，这样就造成了循环条件与循环体的分离，具体如下。

```
while(1);
{
    printf("无限循环");
}
```

上述代码在 while()循环条件后加了分号，会造成无限循环的错误， "while(1);"后边的语句不会执行，而且这种小错误在排查时很难发现，读者在编写程序时要留心。

### 4.4.2 do…while 循环结构语句

do…while 循环结构语句和 while 循环结构语句功能类似，两者的不同之处在于，while 循环结构语句先判断循环条件，再根据判断结果来决定是否执行大括号中的执行语句，而 do…while 循环结构语句先要执行一次循环体的执行语句再判断循环条件，其具体语法格式如下。

理论微课 4-6:
do…while 循环结
构语句

```
do
{
    执行语句
} while(循环条件);
```

在上面的语法格式中，关键字 do 后面{}中的执行语句是循环体。do…while 循环结构语句将循环条件放在了循环体的后面。这也就意味着，循环体会无条件执行一次，然后再根据循环条件来决定是否继续执行。

do…while 循环结构语句的执行流程如图 4-15 所示。

图 4-15   do…while 循环结构语句的执行流程图

为了让读者更好地掌握 do…while，下面通过一个案例演示 do…while 循环结构语句的使用。

例 4-7   在例 4-6 中使用 while 循环结构语句实现了 1～100 的整数求和,本案例使用 do…while 循环结构语句实现 1～100 整数求和。案例具体实现如下。

dowhile.c

```
1    #define _CRT_SECURE_NO_WARNINGS
2    #include <stdio.h>
3    #include <stdlib.h>
4    int main()
5    {
6        int num = 1, sum = 0;
7        do
8        {
9            sum += num;                          //累加
10           num++;                               //累加之后，num 自增
11       } while (num <= 100);                     //循环条件，num <= 100
12       printf("1 到 100 的和为：%d\n", sum);
13       return 0;
14   }
15
```

例 4-7 运行结果如图 4-14 所示。

在例 4-7 中，第 7 行～第 11 行代码使用 do…while 循环结构语句获取 1～100 的整数，并将其累加到 sum 变量中，每次累加之后，num 变量都会自增。do…while 循环结构语句与 while 循环结构语句逻辑思路是类似的，只是 do…while 循环结构语句先执行了一次 sum 累加和 num 自增，再判断循环条件。由图 4-14 可知，使用 do…while 循环结构语句也成功计算出 1～100 的整数和为 5050。

### 4.4.3  for 循环结构语句

理论微课 4-7：
for 循环结构语句

for 循环语句通常用于循环次数已知的情况，具体语法格式如下。

```
for(初始化表达式; 循环条件; 操作表达式)
{
    执行语句
}
```

在上面的语法格式中，for 关键字后面()中包括了初始化表达式、循环条件和操作表达式 3 部分内容，它们之间用";"分隔，{}中的执行语句为循环体。

接下来分别用"①"表示初始化表达式、"②"表示循环条件、"③"表示操作表达式、"④"表示执行语句，通过序号来分析 for 循环语句的执行流程，具体如下。

```
for(① ; ② ; ③)
{
    ④
}
```

第 1 步：执行①。

第 2 步：执行②，如果判断条件的值非 0，执行第 3 步；如果判断条件的值为 0，退出循环。

第 3 步：执行④。

第 4 步：执行③，然后继续执行第 2 步。

第 5 步：退出循环。

for 循环语句的流程图如图 4-16 所示。

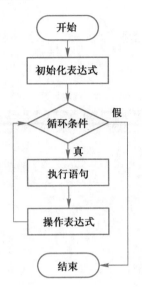

图 4-16　for 循环语句流程图

下面通过一个案例演示 for 循环的用法。

例 **4-8**　例 4-6 和例 4-7 分别使用 while 循环结构语句和 do…while 循环结构语句实现了 1～100 的整数求和，本案例要求使用 for 循环实现自然数 1～100 求和，案例的具体实现如下。

for.c

```
1    #include <stdio.h>
2    int main()
3    {
4        int sum = 0;
5        for(int i = 1; i <= 100; i++)          //i 的值会在 1～100 之间变化
6        {
7            sum += i;                          //实现 sum 与 i 的累加
8        }
9        printf("sum = %d\n", sum);
10       return 0;
11   }
```

例 4-8 运行结果如图 4-17 所示。

图 4-17　例 4-8 运行结果

在例 4-8 中，第 4 行代码定义变量 sum 并初始化为 0，用于存储累加和；第 5 行～第 8 行代码使用 for 循环实现数据累加。在 for 循环中定义并初始化变量 i 的值为 1，i=1 语句只会执行这一次。接下来判断循环条件 i<=100 是否成立，条件成立，则执行循环体 sum+=i，执行完

毕后，执行操作表达式 i++，i 的值变为 2，然后继续进行条件判断，i<=100 成立，开始下一次循环…，直到 i=101 时，条件 i<=100 不成立，结束循环，执行 for 循环后面的第 9 行代码，打印 "sum=5050"。

为了让读者能熟悉循环的执行过程，现以表格形式列举循环中变量 sum 和 i 的值的变化情况，具体见表 4-1。

表 4-1　循环中 sum 和 i 的值

| 循环次数 | i | sum |
| --- | --- | --- |
| 第 1 次 | 1 | 1 |
| 第 2 次 | 2 | 3 |
| 第 3 次 | 3 | 6 |
| 第 4 次 | 4 | 10 |
| … | … | … |
| 第 100 次 | 100 | 5050 |

### 4.4.4　循环嵌套

有时为了解决一个较为复杂的问题，需要在一个循环中再定义一个循环，这样的方式被称为循环嵌套。在 C 语言中，while、do…while、for 循环语句都可以进行嵌套，其中，for 循环嵌套是最常见的循环嵌套，其格式如下。

理论微课 4-8：循环嵌套

```
for(初始化表达式; 循环条件;操作表达式)
{
    for(初始化表达式; 循环条件; 操作表达式)
    {
        执行语句;
    }
}
```

在 for 循环嵌套中，外层循环每执行一次，内层循作为外层循环体中的语句会完全执行一次。下面通过一个案例演示 for 循环嵌套的使用。

例 4-9　for 循环嵌套。

loopNest.c

```
1    #include <stdio.h>
2    int main()
3    {
4        for(int i = 1; i <= 3; i++)
5        {
6            printf("执行第%d 次外层次循环:\n", i);      //每一次外层循环都输出 i 的值
7            for(int j = 1; j <= 4; j++)
8            {
9                printf("%3d", j);                      //内层循环输出 j 的值，输出宽度为 3
10           }
11           printf("\n");                              //每一次外层循环结束后就换行
```

```
12          }
13          return 0;
14     }
```

例 4-9 的运行结果如图 4-18 所示。

图 4-18　例 4-9 的运行结果

在例 4-9 中，第 5 行代码控制外层循环，变量 i 可取 1、2、3 这 3 个值；第 6 行代码输出外层循环执行次数；第 7 行代码控制内层循环，变量 j 可取 1、2、3、4 这 4 个值；第 9 行代码输出变量 j 的取值。由图 4-18 可知，外层循环每执行 1 次，内层循环就执行 4 次，即外层循环每取一个 i 的值，j 都要从 1～4 循环执行一遍，其循环过程可用图 4-19 表示。

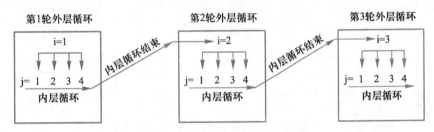

图 4-19　双层 for 循环过程

在图 4-19 中，第 1 轮外层循环中，i=1，j 取 1、2、3、4，根据这 4 个值执行 4 次内层循环，当 j 结束循环时，该轮内层循环结束，外层循环执行 i++ 操作，进入第 2 轮外层循环，以此类推，直到外层循环条件不成立时结束循环。

理解了循环嵌套的执行过程，下面再通过一个案例巩固练习 for 循环嵌套的应用。

例 4-10　百钱百鸡。张丘建是我国北魏时期的著名数学家，他著作的《张丘建算经》中有一道著名的百钱百鸡问题，题目如下：鸡翁一，值钱五；鸡母一，值钱三；鸡雏三，值钱一；百钱买百鸡，则翁、母、雏各几何？该题目的含义是，公鸡 5 元 1 只，母鸡 3 元 1 只，小鸡 1 元 3 只，100 元买 100 只鸡，则公鸡、母鸡、小鸡各多少只？

针对百钱百鸡问题，《张丘建算经》使用了三元一次不定方程进行解答，而本案例要求，编写一个程序求解百钱百鸡问题。

对案例进行分析，如果用 100 元只买一种鸡，那么，公鸡最多 20 只，母鸡最多 33 只，小鸡最多 300 只。但题目要求买 100 只，所以公鸡数量在 0～20 之间，母鸡数量在 0～33 之间，小鸡的数量在 0～100 之间。如果把公鸡，母鸡和小鸡的数量分别设为 cock、hen、chick，通过上述分析可知：

① 0<=cock<=20。

② 0<=hen<=33。

③ 0<=chick<=100。

④ cock+hen+chick=100。

⑤ 5*cock+3*hen+chick/3=100。

由于公鸡、母鸡和小鸡的数量相互限制，所以可以使用三层循环嵌套来解决此问题。案例设计步骤具体如下。

① 定义 3 个整型变量 cock、hen、chick 分别表示公鸡、母鸡和小鸡的数量。

② 第 1 层 for 循环语句控制公鸡的数量，第 2 层 for 循环语句控制母鸡的数量，第 3 层 for 循环语句控制小鸡的数量。

③ 在三层 for 循环语句中，cock、hen 和 chick 需要满足以下两个条件。

● cock+hen+chick=100。

● 5*cock+3*hen+chick/3=100。

案例的具体实现如下。

chick.c

```
1    #define _CRT_SECURE_NO_WARNINGS
2    #include <stdio.h>
3    int main()
4    {
5        int cock, hen, chick;
6        for (cock = 0; cock <= 20; cock++)              //控制公鸡的数量
7            for (hen = 0; hen <= 33; hen++)             //控制母鸡的数量
8                for (chick = 0; chick <= 100; chick++)  //控制小鸡的数量
9                {
10                   //将满足条件的方案，直接输出到控制台上
11                   if ((5 * cock + 3 * hen + chick / 3.0 == 100) &&
12                       (cock + hen + chick == 100))
13                       printf("公鸡=%2d,母鸡=%2d,小鸡=%2d\n", cock, hen, chick);
14               }
15       return 0;
16   }
```

例 4-10 的运行结果如图 4-20 所示。

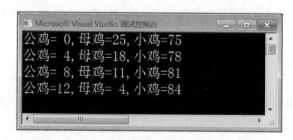

图 4-20　例 4-10 的运行结果

在例 4-10 中，第 6 行～第 8 行代码使用三层 for 循环嵌套控制公鸡、母鸡、小鸡的数量，在

最内层循环中，第 11 行～第 12 行代码使用 if 选择结构语句判断，公鸡、母鸡、小鸡的数量和所花费的钱数是否同时为 100，如果满足条件，则第 13 行代码输出公鸡、母鸡、小鸡的数量。由图 4-20 输出结果可知，百钱百鸡共有 4 种解决方案。

## 4.5 跳转语句

跳转语句的作用是使程序跳转到其他部分执行，在 C 语言中，常用的跳转语句有 break 和 continue 两种，它们常用于实现循环结构、选择结构程序流程的跳转。本节将针对这两种跳转语句进行详细讲解。

### 4.5.1 break

理论微课 4-9：break

在 switch 选择结构语句和循环结构语句中都可以使用 break 语句。当它出现在 switch 选择结构语句中时，作用是终止某个 case 并跳出 switch 结构。当它出现在循环语句中，作用是结束循环，执行循环后面的代码。

break 在 switch 选择结构语句中的使用已经学习过，此处不再赘述。下面通过一个案例讲解break 语句在循环结构语句中的使用。

例 4-11　本例要求在控制台输出小写英文字母，当遇到字母 t 时停止输出。具体实现如下。

break.c

```
1    #include <stdio.h>
2    int main()
3    {
4        char ch = 'a';
5        while(ch <= 122)              //while 循环条件为 num<=122,122 为字符 z 的 ASCII 码表
6        {
7            printf("%2c", ch);       //满足条件，输出 ch 的值，输出宽度为 2
8            if (ch == 116)           //终止条件：ch 的 ASCII 码值为 116，即字符 t
9            {
10               break;               //跳出循环
11           }
12           ch++;                    //如果不满足终止条件，循环要继续，则 ch 需自增
13       }
14       printf("\n 循环之后的代码\n");          //break 跳出循环会继续执行循环后面的代码
15       return 0;
16   }
```

例 4-11 的运行结果如图 4-21 所示。

图 4-21　例 4-11 的运行结果

在例 4-11 中，第 4 行代码定义了字符类型变量 ch，第 5 行代码进入 while 循环，循环条件为 ch<=122，小写字母的 ASCII 码值范围为 97～122，比较字符可以通过比较字母的 ASCII 码值实现。第 8 行代码通过 if 条件语句判断 ch 变量的值是否是字母 t，如果是，则第 10 行代码调用 break 终止循环。终止循环之后，程序会接着执行 while 循环体后面的代码。

由图 4-21 可知，程序输出了 a～t 的字母，从字母 t 终止循环后，程序又执行循环后面的第 14 行代码，输出了"循环之后的代码"信息。

## 4.5.2 continue

理论微课 4-10：continue

continue 跳转语句只适用于循环语句，其作用是结束本次循环，并跳转到下一次循环继续执行循环体的内容。continue 与 break 的区别有以下两点。

① continue 终止本次循环，继续执行下一次循环；而 break 终止当前循环，执行循环体外的语句。

② break 语句可以用于 switch 选择结构语句，而 continue 不可以。

**例 4-12** 对例 4-11 进行修改，ch 变量初始化为 96（ASCII 码表中字符 'a' 的前一个字符），进入 while 循环，先进行 ch 自增运算，判断是否满足循环终止条件，如果满足，则跳出本次循环，继续执行下一次循环，具体实现如下。

continue.c

```
1   #include <stdio.h>
2   int main()
3   {
4       char ch = 96;                   //从字母 a 前一个字母开始
5       while (ch < 122)
6       {
7           ch++;                       //ch 自增
8           if (ch == 116)              //终止条件：ch 的 ASCII 码值为 116，即字符 t
9           {
10              continue;               //跳出本次循环
11          }
12
13          printf("%2c", ch);          //满足条件，输出 ch 的值，输出宽度为 2
14      }
15      printf("\n 循环之后的代码\n");    //break 跳出循环会继续执行循环后面的代码
16      return 0;
17  }
```

例 4-12 运行结果如图 4-22 所示。

图 4-22 例 4-12 运行结果

在例 4-12 中，第 4 行代码定义了变量 ch 并初始化其值为 96；第 5 行～第 14 行代码通过 while

循环输出除字母 t 之外的其他小写英文字母。第 7 行代码执行 ch++；第 8 行～第 11 行代码通过 if 语句判断 ch==116 是否成立，如果条件成立，则执行第 10 行代码，通过 continue 语句结束本次循环，继续下一次循环；如果条件不成立，则执行第 13 行代码，调用 printf()函数输出 ch 的值。如此循环，直到 ch<=122 条件不成立，结束 while 循环。由图 4-22 可知，程序输出了除字母 t 之外的所有字母，然后又执行了循环之外的代码。

📖 多学一招：goto 语句

break 和 continue 语句一般在循环中使用，用于跳出本层循环。在某些情况下，开发人员可能需要程序从当前位置跳转到某一指定位置，此时可使用 goto 语句。goto 语句也称为无条件跳转语句，其语法格式如下。

```
goto 语句标记;
```

以上格式中的语句标记是遵循标识符规范的符号，语句标记后跟冒号（:），语句标记放在要跳转执行的语句之前，作为 goto 语句跳转的标识。具体示例如下。

```
hello:                          //hello 是语句标记，其后跟冒号
printf("hello world!\n");
goto hello;                     //跳转到 hello 标记处执行代码
```

以上示例中的"hello"为语句标记，当代码顺序执行到第 3 条语句"goto hello;"时，会根据语句标记"hello"跳转回第 1 行，并自此顺序向下执行。

虽然 goto 语句可随心所欲地更改程序流程，但它不符合模块化程序设计思想，且滥用该语句会降低程序可读性，所以程序开发中应尽量避免使用该语句。

## 项目设计

分析图 4-1 中的九九乘法表可以得出规律：第 1 行有 1 列，第 2 行有 2 列……第 9 行有 9 列，则行与列有相互作用的关系，即第 $n$ 行，需要循环输出 $n$ 列。

在编程输出九九乘法表时，行列都需要循环，因此需要使用两次循环。又由于列与行有对应关系，列的循环受到行的限制，所以列循环需要嵌套在行循环之内。

本项目要实现九九乘法表，通过对项目分析，可以按照下列思路实现。

① 设定外层为行，内层为列，则外层循环 1～9，内层循环 1～9，可以用 for 循环语句嵌套实现。

② 使用变量 i 控制行数，则 i 的初始值为 1，循环条件为 i<=9。

③ 使用变量 j 控制列数，则 j 的初始值为 1，循环条件为 j<=9。但由于每一行中，列数小于等于行数，因此其循环条件应当为 j<=i。

④ 为了让九九乘法表呈现三角形状，在每一次内层循环结束时换行。

⑤ 为让每列之间保持间距，在内层循环的输出语句后加上'\t'调整列间距。

## 项目实施

在 Visual Studio 2022 中新建 Haskell 项目，在 Haskell 项目中添加源文件

实操微课 4-2：项目设计与实施

haskell.c，在 haskell.c 文件中实现项目代码，具体实现如下。

haskell.c

```
1    #define _CRT_SECURE_NO_WARNINGS
2    #include <stdio.h>
3    int main()
4    {
5        int i, j;
6        for (i = 1; i <= 9; i++)               //控制行循环
7        {
8            for (j = 1; j <= i; j++)           //控制列循环
9            {
10               printf("%d×%d = %3d\t", j, i, i * j);
11           }
12           printf("\n");
13       }
14       return 0;
15   }
```

上述代码运行结果如图 4-23 所示。

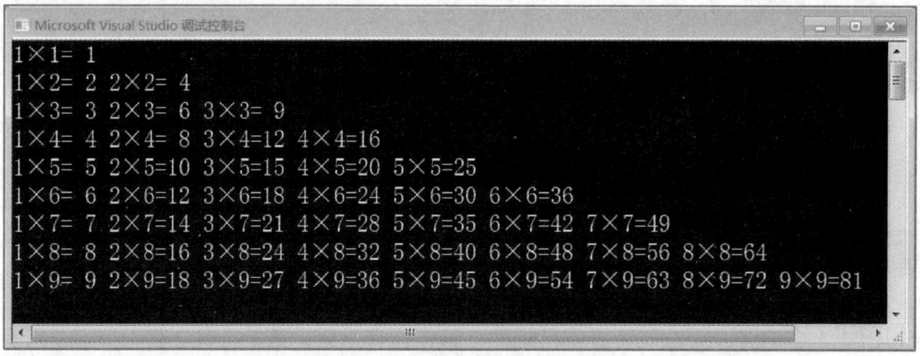

图 4-23　项目 4 运行结果

## 项目小结

在实现本项目的过程中，主要为读者讲解了结构化程序设计相关知识。首先讲解了流程图和顺序结构语句，然后讲解了选择结构语句，包括 if 选择结构语句与 switch 选择结构语句；最后讲解了循环结构语句，包括 while 循环结构语句、do…while 循环结构语句、for 循环结构语句、循环嵌套。通过本项目的学习，读者能够掌握流程图、顺序结构语句、选择结构语句、循环结构语句的使用。

## 习题

一、填空题

1. 流程图中的菱形表示_____。

2. 程序中的所有语句从上至下逐条执行的结构称为_____结构。

3. 可以终止 switch 语句的关键字为_____。

4. 无论条件是否成立，至少执行一次循环的循环结构语句为_____。

5. 终止本次循环，继续执行下一次循环的跳转语句为_____。

6. 请阅读下列代码：

```
for (int i = 5; i; i--)
    for (int j = 0; j < 4; j++)
        {}
```

执行程序，程序执行的循环次数为_____。

二、判断题

1. 流程图中的处理框用平行四边形表示。　　　　　　　　　　　　（　　）

2. 在 switch 语句中，如果多个 case 后面执行语句一样，则执行语句可以只写一次。（　　）

3. do…while 循环不能进行循环嵌套。　　　　　　　　　　　　（　　）

4. break 语句直接跳出循环，不再执行循环。　　　　　　　　　（　　）

5. switch 选择结构语句只能判断数字类型的条件。　　　　　　　（　　）

三、选择题

1. 请阅读下列代码：

```
int y = 9;
for (; y > 4; y--)
    if (y % 3 == 0)
        printf("%d ", --y);
```

运行上述程序，程序执行结果为（　　）。

A. 3 6 　　　　　　　　　　　　　　B. 8 5

C. 6 9 　　　　　　　　　　　　　　D. 9 8

2. 请阅读下列代码：

```
int k;
for (k = 2; k < 6; k++, k++)
    printf("%d\n", k);
```

运行程序，其结果为（　　）。

A. 2 4 　　　　　　　　　　　　　　B. 2 6

C. 2 3 4 5 　　　　　　　　　　　　D. 2 4 6

3. 请阅读下列代码：

```
int k = 0;
while (k = 1)
    k++;
```

循环执行的次数是（　　）。

A. 0 　　　　　　　　　　　　　　B. 1

C. 无限循环 　　　　　　　　　　　D. 程序报错

4. 关于 for 循环结构语句，下列说法中正确的是（　　　）。

　　A. for 循环结构语句只能用于循环次数已知的情况

　　B. for 循环结构语句中的循环体不能是空语句

　　C. for 循环结构语不能使用 break 语句跳出

　　D. for 循环结构语句可以嵌套使用

5. 请阅读下列代码：

```
int a, b;
for (a = 1, b = 1; a <= 100; a++)
{
    if (b >= 20)
        break;
    if (b % 3 == 1)
    {
        b += 3;
        continue;
    }
    b -= 5;
}
printf("%d\n", a);
```

程序运行结果为（　　　）。

　　A. 7　　　　　　　　　　　　　　　　B. 8

　　C. 9　　　　　　　　　　　　　　　　D. 10

6. 请阅读下列代码：

```
int a, b;
for (a = 1, b = 1; a <= 100; a++)
{
    if (b >= 10)
        break;
    if (b % 5 == 1)
    {
        b += 5;
        continue;
    }
}
printf("%d\n", a);
```

程序运行结果为（　　　）。

　　A. 101　　　　　　　　　　　　　　　B. 6

　　C. 4　　　　　　　　　　　　　　　　D. 3

7. 请阅读下列代码：

```
int x = 3;
do
{
```

```
    printf("%d\n", x -= 2);
} while (!(--x));
```

程序运行结果是（      ）。

A. 1                               B. 1-2

C. 3 0                             D. 死循环

四、简答题

1. 请简述流程图有哪些框图及其含义。

2. 请简述 break 语句与 continue 语句的作用与区别。

五、编程题

1. 请编写一个程序实现闰年的判断，具体要求如下。

① 从控制台输入一个年份。

② 判断输入的年份是否为闰年，如果是闰年，则输出该年是闰年，否则输出该年不是闰年。

提示：闰年的规律如下。

● 普通年份：能被 4 整除，但不能被 100 整除，该年为闰年，如 2004 年就是闰年。

● 世纪年份：能被 400 整除，该年为闰年，如 2000 年为闰年，1900 年不是闰年。

2. 在数中，有一类 3 位数称为水仙花数，其特点是，每个位上的数字的三次方相加之和，等于该数本身，例如，$153=1^3+5^3+3^3$。请编写一个程序，在控制台输出显示所有的水仙花数。

3. 如果有两个数的所有真因子之和等于彼此，这样的两个数称为亲密数。例如，有两个数 a 和 b，a 的所有真因子之和等于 b，而 b 的所有真因子之和正好等于 a，则 a 和 b 就是一对亲密数。请编写一个程序查找出 10000 以内的所有亲密数。

# 项目 5

## 万年历

PPT：项目5 万年历

教学设计：项目5 万年历

- 了解函数的概念，并掌握函数的作用。
- 掌握函数的定义，能够通过定义函数实现功能的封装。
- 掌握函数的调用过程和调用方式，能够以不同的方式调用函数。
- 了解函数三要素，并掌握函数名、参数列表、返回值类型的作用。
- 掌握递归函数的定义与调用，能够通过递归函数解决特定的数学问题。
- 掌握局部变量与全局变量的定义与调用，能够定义局部变量与全局变量实现不同作用域的数据描述。
- 掌握数组作为函数参数的应用方法，能够使用数组传递多个数据。
- 了解多个文件之间的变量引用与多个文件之间的函数调用方法，能够跨文件引用变量、调用函数。

通过前面学习，读者已会编写一些简单的 C 语言程序，但是，随着程序功能的增多，main() 函数中的代码也会越来越多，导致 main() 函数中的代码繁杂、可读性太差，维护也变得很困难。此时，可以将功能相同的代码提取出来，将这些代码模块化，在程序需要的时候直接调用。C 语言的函数类似于机器的组装部件，它用于实现某些特定的功能，本项目将针对函数的相关知识进行详细讲解。

## 项目导入

万年历是我国古代流传下来最古老的一部太阳历书。它以简便直观的方式记载时光轴变换，提供公历和农历日期，方便人们查询。万年历是中华民族传统文化的重要组成部分，它不仅记录着农历、节气等时间信息，也承载了中华民族丰富多彩的传统文化。

实操微课 5-1：项
目导入

以前的万年历都是以纸质作为载体，随着科技的发展，万年历的载体也变得多样，计算机、手机、平板电脑、手表等都可以显示万年历。电子产品中的万年历都是以程序实现的，本项目要求编写程序实现一个简单的万年历。具体要求如下。

① 从键盘输入具体的年月。

② 控制台输出显示本月的日历。

例如，从键盘输入 2022 12，控制台输出结果如图 5-1 所示。

```
请输入年/月：2022 12
                     万年历
*****************************************************
一        二        三        四        五        六        日
                                      1         2         3         4
5         6         7         8         9         10        11
12        13        14        15        16        17        18
19        20        21        22        23        24        25
26        27        28        29        30        31
*****************************************************
```

图 5-1　控制台输出结果

## 知识准备

## 5.1　初识函数

### 5.1.1　函数的概念

理论微课 5-1：函
数的概念

在日常生活中解决实际问题时，经常把一个大任务分解为多个较小任务，由多人分工协作完成。用 C 语言编写程序时也采用类似的方法，当要完成的任务需要编写成千上万行代码时，一般先将任务划分为若干程序模块，每个模块用来实现一个特定的功能，然后再分别实现各个模块，最后将实现的所有模块组成一个完整的程序。这样的思路不仅易于理解、便于操作，而且"好"的模块便于重复使用，可以大量减少编写重复代码的工作量，提高编程效率。

例如，战斗类游戏程序，需要多次发射炮弹、转换方向、统计战绩，那么设计程序时，可以考虑模块化设计，将发射炮弹功能、转向功能、统计战绩功能分别看成是对一个模块进行设计，并编写代码实现对应的功能。

如果发射炮弹的动作需要编写 100 行的代码，在每次实现发射炮弹的地方重复编写这 100 行代码，程序会变得很"臃肿"，可读性也非常差。为了解决代码重复编写的问题，可以将发射炮弹的代码提取出来放在一个{}中，并为这段代码起个名字，这样每次发射炮弹时只需通过这个名字调用发射炮弹的代码即可。上述过程中提取出来用于实现某项特定功能的代码可以视为是程序中定义的一个函数。

在 C 语言中，函数是最简单的程序模块。函数被视为程序设计的基本逻辑单位，一个 C 程序是由一个 main()函数和若干个其他函数组成的。程序执行从 main()函数开始，由 main()函数调用其他函数实现相应功能，直到程序结束。

C 语言中的函数可分为库函数与自定义函数。库函数由系统提供，在文件头部包含相应的库之后就可以直接调用库中的函数，例如，前面学习的格式化输出、输入函数 printf()与 scanf()，这两个函数就是库函数，它们定义在标准库 stdio.h 中。如果文件头部包含 stdio.h 标准库，那么该文件就可以直接调用库中的函数。自定义函数是用户自行定义的函数，是为了解决用户自己的业务问题。

在 C 语言中，定义和调用函数时，要注意以下几个问题。

① C 程序的执行是从 main()函数开始的。

② 一个 C 程序由一个或多个程序模块组成，每一个程序模块都是一个源程序文件。一个源程序文件由一个或多个函数以及其他有关内容（如指令、数据声明与定义等）组成。

③ 所有函数都是平行的，即函数定义是互相独立的。一个函数并不从属于另一个函数，即函数不能嵌套定义。

### 5.1.2 函数的定义

在 C 语言中，定义一个函数的具体语法格式如下。

理论微课 5-2：函数的定义

```
返回值类型 函数名(参数类型 参数名 1,参数类型 参数名 2,……,参数类型 参数名 n)
{
    …
    return 返回值;
}
```

上述语法格式中，各项的含义具体如下。

- 返回值类型：用于限定函数返回值的数据类型。例如，当函数返回一个 int 类型的数据时，返回值类型就是 int。
- 函数名：表示函数的名称，该名称可以根据标识符命名规范来定义。
- 参数类型：用于限定函数调用时传入函数中的参数数据类型。
- 参数名：函数被调用时，用于接收传入的数据，参数名可以根据标识符命名规范来定义。
- return 关键字：用于结束函数，将函数的返回值返回到函数调用处。
- 返回值：被 return 语句返回的值，该值会返回给函数调用者。

根据上述函数定义格式，下面定义一个函数，用于实现两个 int 类型数据的求和功能，示例代码如下。

```
int add(int a, int b)
{
    int sum;
    sum = a + b;
    return sum;
}
```

上述代码中，add()函数的返回值类型为 int，参数 a 和 b 都是 int 类型。在函数体内，首先定义了一个 int 类型的变量 sum，然后将参数 a 与 b 相加的结果赋值给 sum，最后使用 return 关键字将 sum 返回。

下面通过一个案例演示函数的定义与调用。

例 5-1　国庆祝福语。在国庆节来临时，我们编写小程序庆祝祖国生日，在小程序中需要输出如下祝福语。

```
********************************
        祝福祖国生日快乐！
********************************
```

本案例要求使用 C 语言完成上述祝福语模块的编写。祝福语模块很容易实现，几条 printf()语句就可以实现，但如果在每次需要输出祝福语的地方都把相同的代码重复一遍，会使代码显得臃肿且不易阅读，并且也不专业。在此可以使用函数实现祝福语模块的编写。案例具体实现如下。

wish.c

```
1    #define _CRT_SECURE_NO_WARNINGS
2    #include <stdio.h>
3    #include <stdlib.h>
4    //定义函数 blessing()
5    void blessing()
6    {
7        printf("**********************************\n");
8        printf("\t 祝福祖国生日快乐！\n");
9        printf("**********************************\n");
10   }
11   int main()
12   {
13       blessing();              //调用 blessing()函数
14       return 0;
15   }
```

例 5-1 运行结果如图 5-2 所示。

图 5-2　例 5-1 运行结果

在例 5-1 中，第 5 行～第 10 行代码定义了 blessing()函数，用于输出祝福语。第 13 行代码在 main()函数中调用 blessing()函数。由图 5-2 可知，main()函数成功调用了 blessing()函数，输出了祝福语。

---

💡 注意：

函数不能嵌套定义，即不能在一个函数中再定义另外的函数，错误示例代码如下。

---

```
int add(int a, int b)              // 定义 add()函数
{
    int sum;
    sum = a + b;
    return sum;
    char sub(int x, int y)         // 在 add()函数内部定义 sub()函数，错误
    {
        int sum = x - y;
        return sum;
    }
}
```

另外，函数的"定义"与"声明"并不是一个意思，"定义"是指对函数功能的确立，函数的定义是一个完整的、独立的函数单位。函数的声明则是把函数名、参数列表、返回值类型通知编译系统，以便在调用时系统按照此声明进行对照检查。通俗的说法，函数定义有函数体，函数声明没有函数体。

在 C 语言中，函数声明有两种形式，具体如下。

返回值类型 函数名(参数类型 1 参数名 1,参数类型 2 参数名 2,...参数类型 n 参数名 n);
返回值类型 函数名(参数类型 1,参数类型 2,...参数类型 n);

上述两种方式都可以声明函数，第 1 种声明方式，参数列表有参数类型和参数名；第 2 种声明方式，参数列表中只有参数类型，没有参数名。有些编程人员喜欢用第 2 种形式，格式精炼；有些人则更愿意用第 1 种形式，不易出错，并且用有意义的参数名增加了代码的可读性。

例如，add()函数的两种声明方式，示例代码如下。

int add(int a,int b);
int add(int, int);

## 5.2 函数三要素

当用户调用函数时，都要确定函数名、参数列表、返回值类型三部分内容，这 3 个部分也称为函数三要素。自定义函数时，同样需要先确定这 3 个部分。本节将针对函数三要素进行详细讲解。

### 5.2.1 函数名

函数名是一个标识符，根据标识符的命名规范定义。在 C 语言中，函数名不仅仅是一个标识符，它还记录了函数代码在内存中的地址。函数代码存储在内存代码区，函数代码的起始地址就是函数的入口地址，这个入口地址就保存在函数名当中。当有调用者调用函数时，函数名负责告诉调用者函数的入口地址，实现函数的调用。

理论微课 5-3：函数名

例 5-1 定义了函数 blessing()，输出 blessing()函数的函数名，其结果是一个地址，示例代码如下。

```
printf("%p\n", blessing());        //输出 blessing()函数代码的存储地址
```

函数名是记录函数入口地址的指针常量，有些操作对函数名是非法的，例如，给函数名赋值、比较两个函数名大小、使用 sizeof 运算符计算函数大小等。在 C 语言实际开发中，除了调用函数，一般不会将函数名用于其他操作，这里，读者只要了解函数名保存了函数的入口地址即可。

---

📝 小提示：函数名后面的小括号

　在书面用语中，函数名后面的小括号不能丢失，例如，blessing()函数不能写成 blessing 函数。

---

### 5.2.2　参数列表

在函数的定义格式中，函数中的"(参数类型　参数名 1,参数类型　参数名 2,...,参数类型　参数名 n)"被称为参数列表，它用于描述函数在被调用时需要接收的参数。如果函数不需要接收任何参数，则参数列表为空，这样的函数被称为无参函数。相反，参数列表不为空的函数就是有参函数。下面分别讲解这两种函数。

理论微课 5-4：参数列表

#### 1. 无参函数

在 C 语言中，无参函数的定义很简单，先来看一个定义无参函数的示例代码，具体如下。

```
void func()
{
    printf("这是一个无参函数！\n");
}
```

上述示例代码中，func()函数就是一个无参函数，参数列表为空。要想执行这个函数，只需要在 main()函数中调用它，具体如例 5-2 所示。

例 **5-2**　在 main()函数中调用无参函数。

noPra.c

```
1    #include <stdio.h>
2    void func()
3    {
4        printf("这是一个无参函数！\n");
5    }
6    int main()
7    {
8        func();
9        return 0;
10   }
```

例 5-2 运行结果如图 5-3 所示。

图 5-3　例 5-2 运行结果

在例 5-2 中，第 2 行～第 5 行代码定义了一个无参函数 func()；第 3 行～第 5 行代码是 func()函数的函数体；第 8 行代码在 main()函数中调用该无参函数。从图 5-3 可以看出，func()函数被成功调用了。

定义无参函数时，即便函数参数列表为空，函数名后面的小括号也不能省略。小括号是函数的标识，没有小括号，编译器会报错。错误示例代码如下。

```
void func                          //错误，func 后面缺少()
{
    printf("这是一个无参函数！\n");
}
```

上述代码中，定义 func()函数时省略了小括号，编译器不认为 func 是一个函数，会提示在后面添加小括号。

### 2. 有参函数

与无参函数相比，定义有参函数时，需要在函数名称后面的括号中填写参数，所谓的参数就是一个变量，用于接收调用者传入的数据。但是，函数参数在定义时只是一个形式上的变量，并不真实存在，即编译器不会为其分配内存，因此参数列表中的参数名被称为形式参数，简称形参。调用有参函数时，调用者会向函数传入具体的数据，这些数据是实际存在的，也被称为实际参数，简称为实参。

为了让读者更好地掌握有参函数，下面通过一个案例演示有参函数的定义与调用。

例 5-3　简易计算器。本案例要求编写一个程序实现一个简易的计算器，能够进行简单的整数加、减、乘、除运算，具体要求如下。

① 从键盘输入一个表达式，如 12+3。

② 根据表达式选择相应的函数，完成表达式的运算，并将结果输出到控制台。

本案例模拟一个简单的计算器，实现基础的四则运算，每一个运算可以定义一个功能函数。程序应实现与普通计算机相同的输入与输出，因此计算器应能判断用户要求执行的为哪种操作。可以使用一个字符变量记录用户输入的运算符，将运算符传递到 switch 选择结构语句中，让程序判断选择要使用的函数。因为在进行运算时需要操作数，所以每个函数的参数列表设置两个形式参数，用来接收用户输入的两个操作数。计算器在打开之后应能一直进行操作，可以使用 while 循环结构语句使程序循环执行。

案例的具体实现如下。

swap.c

```
1    #define _CRT_SECURE_NO_WARNINGS
2    #include <stdio.h>
3    #include <stdlib.h>
4    int sum;                        //全局变量，记录计算结果
5    //加法函数
6    void add(int op1, int op2)
7    {
8        sum = op1 + op2;
9        printf("相加结果为：%d\n", sum);
10   }
```

```
11    //减法函数
12    void sub(int op1, int op2)
13    {
14        sum = op1 - op2;
15        printf("相减结果为：%d\n", sum);
16    }
17    //乘法函数
18    void mult(int op1, int op2)
19    {
20        sum = op1 * op2;
21        printf("相乘结果为：%d\n", sum);
22    }
23    //除法函数
24    void div(int op1, int op2)
25    {
26        if (op2 == 0)
27            printf("被除数不能为 0！ ");
28        else
29        {
30            sum = op1 / op2;
31            printf("相除结果为：%d\n", sum);
32        }
33    }
34    //主函数
35    int main()
36    {
37        int op1, op2;                //定义两个操作数变量
38        char ch;                     //定义一个运算符
39        printf("请输入运算表达式：\n");
40        while (1)
41        {
42            scanf("%d%c%d", &op1, &ch, &op2);
43            switch (ch)
44            {
45            case '+':
46                add(op1, op2);
47                break;
48            case '-':
49                sub(op1, op2);
50                break;
51            case '*':
52                mult(op1, op2);
53                break;
54            case '/':
55                div(op1, op2);
56                break;
57            default:
58                break;
```

```
59              }
60          }
61          return 0;
62      }
```

上述代码运行之后，输入运算表达式，结果如图 5-4 所示。

图 5-4　例 5-3 运行结果

在例 5-3 中，第 6 行～第 10 行代码定义了 add()函数用于实现加法运算，该函数有两个 int 类型的参数，第 8 行和第 9 行代码计算两个参数的和，并将结果输出。第 12 行～第 16 行代码定义了 sub()函数用于实现减法运算，该函数有两个 int 类型的参数，第 14 行和第 15 行代码计算两个参数相减的结果并输出。

第 18 行～第 22 行代码定义了 mult()函数用于实现乘法运算，该函数有两个 int 类型的参数，第 20 行和第 21 行代码计算两个参数相乘的结果并输出。第 24 行～第 33 行代码定义 div()函数用于实现除法运算，第 26 行和第 27 行代码使用 if 选择结构语句判断，如果除数为 0，则给出提示信息；第 28 行～第 32 行代码如果除数不为 0，则计算两个参数相除的结果并输出。

第 37 行代码定义了两个 int 类型变量 op1、op2，用于表示两个操作数；第 38 行代码定义了字符类型变量 ch，用于表示运算符。第 40 行～第 60 行代码使用 while(1)无限循环执行计算器。

第 42 行代码调用 scanf()函数从控制台输入表达式。第 43 行～第 59 行代码使用 switch 选择结构语句判断 ch 的值，如果 ch 为'+'，就调用 add()函数实现加法运算；如果是'-'，就调用 sub()函数实现减法运算；如果是'*'，就调用 mult()函数实现乘法运算；如果是'/'，就调用 div()函数实现除法运算。

由图 5-4 可知，当输入不同运算表达式时，程序都正确计算出了结果。

### 5.2.3　返回值类型

通过前面的讲解可知，函数的返回值是指函数被调用之后，返回给调用者的值。函数的返回值具体语法格式如下。

理论微课 5-5：返回值类型

```
return 表达式;
```

return 后面表达式的结果值类型和函数定义返回值的类型应保持一致。如果不一致，就有可能会报错。如果函数没有返回值，可以直接在 return 语句后面加分号或省略 return 语句。需要注意的是，如果函数没有返回值，函数返回值类型要定义为 void。

return 语句将函数调用结果返回给调用者，函数调用就结束了，因此 return 语句的深层含义就是结束函数的执行。在函数体内，无论代码实现多么复杂，只要函数在执行时遇到 return 语句，函数执行就会立即结束，return 语句后面的代码不再执行。

下面通过一个案例演示 return 语句的作用。

例 5-4　数据比较。要求定义一个函数，用于比较两个整数大小并返回较大的数据，如果两个整数相等，则返回 0，具体如下。

return.c

```
1    #define _CRT_SECURE_NO_WARNINGS
2    #include <stdio.h>
3    int compare(int x, int y)                    //定义 compare()函数
4    {
5        if (x > y)
6            return x;                            //调用 return 语句
7        else if (x < y)
8            return y;                            //调用 return 语句
9        else
10           return 0;                            //调用 return 语句
11   }
12   int main()
13   {
14       int a, b,ret;
15       printf("请输入两个整数：");
16       scanf("%d%d", &a, &b);
17       ret = compare(a, b);
18       if (ret == 0)
19           printf("两个数相等\n");
20       else
21           printf("较大的数为：%d\n", ret);
22       return 0;
23   }
```

例 5-4 运行结果如图 5-5 所示。

图 5-5　例 5-4 运行结果

在例 5-4 中，第 3 行～第 11 行代码实现了比较两个整数大小的 compare()函数,该函数通过 if…else if…else 选择结构语句比较两个整数大小,如果满足条件就通过 return 语句返回结果。第 14 行～第 16 行代码,定义了程序需要的变量,并调用 scanf()函数从键盘输入两个整数并赋值给变量 a、b;第 17 行～第 21 行代码调用 compare()函数比较 a 和 b 的大小,将返回结果赋值给 ret 变量,并调用printf()函数输出 ret 的值。

由图 5-5 可知,当从键盘输入 12 和 8 时,返回结果为 12。在 compare()函数调用过程中,会

先执行第 5 行代码，满足条件之后执行第 6 行代码，通过 return 语句返回较大值，函数调用结束，后面第 7 行～第 10 行代码不再执行。

## 5.3　函数调用

在 C 语言中，一个良好的应用程序不应在一个函数中实现所有的功能，通常程序由若干功能不同的函数组成，函数之间会存在互相调用的情况。本节将针对函数的调用过程和调用方式进行详细讲解。

### 5.3.1　函数调用过程

程序在编译或运行时调用某个函数以实现某种功能的过程称为函数调用。在 C 语言程序中，遇到一个函数调用，系统就会跳转到函数内部执行这个函数，执行完毕后再跳转回来接着执行下一条指令。系统在函数调用之前可以保护好当前程序的执行"现场"，去执行函数，函数执行完毕后，再恢复当前程序的执行"现场"，这个过程类似于视频软件中的暂停与播放。

理论微课 5-6：函数调用过程

例如，定义一个函数 func()，代码如下。

```
int func(int x, int y)
{
    return x+y;
}
```

如果在 main()函数中调用 func()函数，传入实参 3 和 5，则 func()函数的调用过程可使用图 5-6 描述。

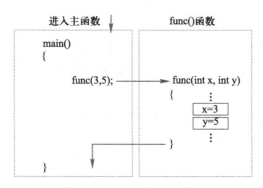

图 5-6　func()函数调用过程

图 5-6 描述了 func()函数的调用过程，在这个调用过程中，编译器在背后做了很多工作，func() 函数代码存储在代码区，编译器根据函数名找到函数入口地址，读取函数代码，根据函数代码在栈上分配相应的内存空间，将函数中的变量、数据、指令等存储在相应的内存区域中，例如 func()函数中的形参 x 和 y，编译器会在栈上为 x 与 y 分配相应的内存空间。调用者传入的具体的数据"3"和"5"分别被存储到 x 和 y 标识的内存块中，即在函数调用时，形参获取实参的数据，该数据在本次函数调用中有效，一旦调用函数执行完毕，形参的值占用的内存空间就会自动释放。

如果函数中有其他数据、指令等，编译器也会根据上下文环境为其分配适当的内存空间完成计算。函数所有代码执行完毕之后，编译器会收回为函数代码分配的空间，并清理现场，将函数返回结果通过指定的寄存器返回给调用者，调用者获取结果之后继续执行程序。

上面所述只是函数调用的大致过程，函数的调用过程非常复杂，涉及内存管理、汇编、硬件等很多知识，在这里读者只需要了解函数调用大致过程即可，有兴趣的读者可以阅读程序运行原理相关书籍。

### 5.3.2 函数调用方式

理论微课 5-7：函数调用方式

函数可以被 main() 函数调用，也可以被其他函数调用。在调用函数时，要求实参与形参必须满足个数相等、顺序对应、类型匹配 3 个条件。

根据函数在程序中出现的位置，其调用方式可以分为以下 4 种。

（1）将函数作为表达式调用

将函数作为表达式调用时，函数的返回值参与表达式的运算，此时要求函数必须有返回值，示例代码如下。

```
int a = max(10,20);
```

上述代码中，函数 max() 为表达式的一部分，max() 函数的返回值被赋给整型变量 a。

（2）将函数作为语句调用

函数以语句的形式出现时，可以将函数作为一条语句进行调用，示例代码如下。

```
printf("hello world!\n");
```

上述代码调用了输出函数 printf()，此时不要求函数有返回值，只要求函数完成一定的功能。

（3）将函数作为实参调用

将函数作为实参调用时，其实就是将函数返回值作为函数参数，此时要求函数必须有返回值，示例代码如下。

```
printf("%d\n",max(10,20));
```

上述代码将 max() 函数的返回值作为 printf() 函数的实参来使用。

（4）函数嵌套调用

C 语言中函数的定义是独立的，即不能在一个函数中定义另一个函数。但在调用函数时，可以在一个函数中调用另一个函数，这就是函数的嵌套调用。

函数嵌套调用的示例代码如下。

```
int add(int a, int b)
{
    return a + b;
}
void func()
{
    //…
    add(3, 5);        //函数嵌套调用
    //…
}
```

## 5.4　函数参数传递

调用有参数函数时，最重要的就是参数传递，函数的参数可以是任何类型的数据。函数的参数也可以被关键字修饰。本节将针对函数参数的传递进行详细讲解。

### 5.4.1　参数传递

调用函数时，如果函数是有参函数，则需要向函数传递参数。参数传递就是将实际参数的值传递给形式参数的过程。参数传递可以分为值传递和址传递，址传递将在项目 7 中介绍。本项目只学习值传递，值传递就是将实际参数复制一份副本传递到函数中，在函数内部修改参数，函数外面的实际参数不会受到影响。

理论微课 5-8：参数传递

下面通过一个案例演示函数参数的值传递。

例 5-5　定义一个函数 func()，func()函数具有两个 int 类型的参数，在 func()函数内部修改参数的值。在 main()函数中调用 func()函数，观察 func()函数中的参数被修改之后，main()函数中的实际参数是否受影响。

案例具体如下。

value.c

```
1    #include <stdio.h>
2    void func(int a,int b )                           //函数功能：让参数自增
3    {
4        a += 1;
5        b += 1;
6        printf("func()函数中：a = %d b = %d\n", a, b);  //输出自增后的参数值
7    }
8    int main()
9    {
10       int x = 10, y = 20;                            //定义实际参数
11       func(x, y);                                    //调用 func()函数
12       printf("main()函数中：x = %d y = %d\n", x, y);  //输出 main()函数实际参数值
13       return 0;
14   }
```

例 5-5 运行结果如图 5-7 所示。

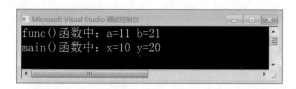

图 5-7　例 5-5 运行结果

在例 5-5 中，第 2 行～第 7 行代码定义了 func()函数，该函数的功能是使数据自增 1。第 10 行代码在 main()函数中定义了两个 int 类型的变量 x 和变量 y，初始值分别为 10 和 20。第 11 行代码调用 func()函数，将变量 x 和变量 y 传递给 func()函数，第 12 行代码输出变量 x 和变量 y 的值。由

图 5-7 可知，func()函数中的参数 a 和参数 b 值分别为 11 和 21，而 main()函数中的实际参数 x 和 y 值依旧为 10 和 20，表明在函数内部修改参数，函数外面的实际参数不会受到影响。

在参数传递过程中，实际参数在内存中有独立的空间，形式参数在内存中也有独立的空间，将实际参数传递给形式参数，就是用实际参数的值初始化形式参数，在形式参数内存中改变这个数值，实际参数不会受到影响。

例如，在例 5-5 中，调用 func()函数时，编译器会在内存中为形式参数 a 和 b 分别分配一块内存空间，然后用实际参数 x 和 y 的值初始化 a 和 b，在 func()函数内部让形式参数 a 和 b 自增，实际参数 x 和 y 的值并不受影响。形式参数 a 和 b 与实参参数 x 和 y 在内存中的状态如图 5-8 所示。

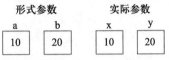

图 5-8 形式参数 a 和 b 与实参参数 x 和 y 在内存中的状态

由图 5-8 可知，形式参数 a 和 b 占有独立的内存空间，在独自的内存空间进行自增，实际参数 x 和 y 并不受影响。

### 5.4.2 const 修饰参数

有时在定义函数时，在函数内部，只想让参数参与某种运算，不想改变参数的值，这时可以使用 const 关键字修饰形式参数。例如，定义一个函数 even(int num)，用于判断传入的整数是否是偶数，但在函数内部并不想参数 num 发生任何改变，这时可以使用 const 关键字修饰 num。

理论微课 5-9：const 修饰参数

下面通过一个案例演示 const 修饰参数的使用。

例 5-6　判断奇偶。定义一个函数 even()，用于判断一个整数是奇数还是偶数。在 even()函数中，只对参数进行判断，而不能修改参数。案例具体如下。

const.c

```
1    #define _CRT_SECURE_NO_WARNINGS        //关闭安全检查
2    #include <stdio.h>
3    void even(const int num )               //使用 const 修饰 num
4    {
5        if (num % 2 == 0)
6            printf("%d 是偶数！",num);
7        else
8            printf("%d 是奇数!",num);
9    }
10   int main()
11   {
12       int n;
13       printf("请输入一个整数：");
14       scanf("%d", &n);
15       even(n);
16       return 0;
17   }
```

运行上述程序，根据提示输入一个整数（如 100），结果如图 5-9 所示。

在例 5-6 中，第 3 行～第 9 行代码定义了 even()函数，用于判断传入的数据是奇数还是偶数；

第 12 行～第 14 行代码定义整型变量 n，并调用 scanf()函数从键盘读取数据赋值给变量 n；第 15 行代码调用 even()函数，将 n 作为参数传入函数。由图 5-9 可知，当输入 100 时，even()函数判断 100 是偶数。

图 5-9　例 5-6 运行结果

在 even()函数中，参数 num 被 const 关键字修饰，则 num 在 even()函数内部不能被更改，否则编译器会报错。如果在 even()函数中修改 num 的值，示例代码如下。

```
void func(const int num )                 //使用 const 修饰 num
{
    num += 10;                            //修改 num 的值
    if (num % 2 == 0)
        printf("%d 是偶数！",num);
    else
        printf("%d 是奇数!",num);
}
```

再次在 main()函数中调用 even()函数，编译器会报错，如图 5-10 所示。

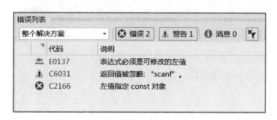

图 5-10　编译器报错

由图 5-10 可知，num 被 const 关键字修饰，在函数内部是不可更改的。

## 5.5　递归函数

在前面几节的学习中，函数调用一般都是借助 main()函数调用其他函数，或者其他函数相互调用。其实，函数也可以调用本身，函数直接或者间接调用函数本身，这样的函数称为递归函数。本节将针对递归函数进行详细讲解。

### 5.5.1　递归函数的概念

一种计算过程，如果其中每一步都要用到前一步或前几步的结果，这个计算就是可递归的。用递归过程定义的函数，称为递归函数。在数学运算中，经常会遇到计算多个连续自然数之间的和的情况，例如，要计算 1～n 之间自然

理论微课 5-10：
递归函数的概念

数之和，就需要先计算 1 加 2 的结果，用这个结果加 3 再得到一个结果，用新得到的结果加 4，以此类推，直到用 1～(n-1) 之间所有数的和加 n，就得到了 1～n 之间的自然数之和。

在程序开发中，要想完成上述功能，除了使用循环，还可以通过函数的递归调用实现，所谓递归调用就是函数内部调用本身的过程。定义计算 1～n 之间自然数之和的递归函数，示例代码如下。

```
int getsum(int n)
{
    int sum = 0;
    sum = getsum(n - 1);              //调用函数本身
    return sum + n;                   //返回 sum+n 结果，即 getsum(n-1)+n 结果
}
```

上述代码定义了 getsum() 函数，用于计算 1～n 自然数之和，在函数内部定义了变量 sum，并在函数内部调用了函数本身，将求和结果赋值给 sum。需要注意的是，getsum() 函数的参数为 n，在函数内部调用本身时，函数参数为n-1，它表明先计算 1～(n-1) 之间的自然数之和，最后将 ( sum+n ) 的结果返回，这就完成了 1～n 自然数求和。

定义好 getsum() 函数之后，在 main() 函数中调用，系统却抛出栈溢出异常，仔细分析程序发现，getsum() 函数是一个无止境的函数调用，即没有调用结束条件。例如，传入参数 4，计算 getsum(4)时，函数会先计算 getsum(3)；计算 getsum(3)时会先计算 getsum(2)，以此类推，该过程如图 5-11 所示。

由图 5-11 可知，getsum() 函数会从 4 开始递减，一直递归调用下去，因为函数调用开销较大，很快就会占满栈内存，造成栈内存溢出导致程序崩溃。程序是计算 1～n 之间的自然数之和，应当在 n 递减至 1 时就停止函数递归调用。如果没有停止条件，递归就是一个内存开销较大的无限循环。由此可以得出，递归函数要满足以下两个条件。

① 函数调用本身，且每一次调用本身时，必须是更接近于最终结果。

② 递归必须有结束条件。

具体如下。

例 5-7　修改 getsum() 函数的定义，添加终止条件。

getSum.c

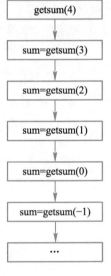

图 5-11　getsum(4)无
止境递归过程

```
1     #include <stdio.h>
2     int getsum(int n)
3     {
4         if (n == 1)                   //终止条件：n = 1
5             return 1;                 //n = 1 时，和为 1
6         int temp = getsum(n - 1);     //调用函数本身
7         return temp + n;              //返回 sum+n 结果，即 getsum(n-1)+n 结果
8     }
9     int main()
10    {
11        int sum = getsum(4);          //调用递归函数，获得 1～4 的和
12        printf("sum = %d\n",sum);     //打印结果
```

```
13          return 0;
14    }
```

例 5-7 运行结果如图 5-12 所示。

在例 5-7 中,第 2 行~第 9 行代码定义了 getsum() 函数;第 11 行代码调用 getsum()函数计算 1~4 之间的 自然数之和,并赋值给变量 sum。第 12 行代码调用 printf()函数输出 sum 的值。由图 5-12 可知,调用 getsum()函数计算的 1~4 之间的自然数之和为 10。

图 5-12　例 5-7 运行结果

在例 5-7 中,getsum()函数添加了递归结束条件: n = 1,当 n 从 4 递减至 1 时,函数递归结束。下面结合例 5-7 的代码分析 getsum(4)的递归调用过程。

① n = 4, getsum(4) = temp+4 = getsum(3)+4。

② n = 3, getsum(3) = temp+3 = getsum(2)+3。

③ n = 2, getsum(2) = temp+2 = getsum(1)+2。

④ n = 1, getsum(1) = 1, 即 temp 值为 1。

递归到 n = 1 时, getsum(1)值为 1, 将上述过程反推,具体如下。

① getsum(2) = getsum(1)+2 = 1+2 = 3。

② getsum(3) = getsum(2)+3 = 3+3 = 6。

③ getsum(4) = getsum(3)+4 = 6+4 = 10。

最终得出 1~4 之间的自然数之和为 10。由于函数的递归调用过程比较复杂,下面通过一个图例来分析整个调用过程,如图 5-13 所示。

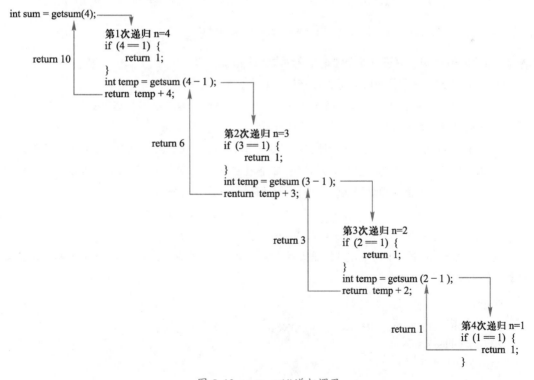

图 5-13　getsum(4)递归调用

图 5-13 描述了递归调用的过程，整个递归过程中 getsum()函数被调用了 4 次，每次调用时，n 的值都会递减。当 n 的值为 1 时，所有递归调用的函数都会以相反的顺序相继结束，所有的返回值会进行累加，最终得到的结果为 10。

### 5.5.2 递归函数的应用

理论微课 5-11：
递归函数的应用

递归在 C 语言开发中并不常用，但有些数学问题，使用递归解决非常简单方便。递归是建立在数学计算的基础上，要求本次计算结果与上一次计算结果相关联，数学中的连加、阶乘等问题，都可以使用递归解决。与循环相比，递归代码更简洁，但却难以理解，而且递归效率要低于循环。

为了增加读者对递归函数地理解与掌握，下面通过一个案例——汉诺塔，更深入地学习递归函数。

例 5-8　汉诺塔是一个可以使用递归解决的经典问题，有 3 根柱子，一根柱子从下往上按照从大到小的顺序摆着 64 个圆盘，把圆盘从下面开始按照从大到小的顺序重新摆放在另一根柱子上，并规定，在移动过程中，小圆盘上不能放大圆盘，3 根柱子之间一次只能移动一个圆盘。问：一共需要移动多少次，才能按照要求移完这些圆盘？3 根金刚柱子与圆盘摆放方式如图 5-14 所示。

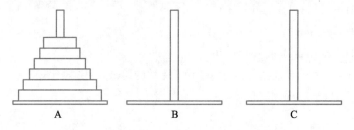

图 5-14　汉诺塔布局图

下面做一下推算，假设有 n 个圆盘，移动次数是 f(n)。

- 当 n = 1 时，只需要将圆盘从 A 座移动到 C 座，f(1) = 1；
- 当 n = 2 时，将上面的圆盘移动到 B 座，A 座上第 2 个圆盘移动到 C 座，B 座上的圆盘再移动到 C 座，则 f(2) = 3；
- 当 n = 3 时，将 A 座上第 1 个圆盘移动到 C 座，第 2 个圆盘移动到 B 座，C 座上的圆盘移动到 B 座，A 座上的圆盘移动到 C 座，B 座上的第 1 个圆盘移动到 A 座，第 2 个圆盘移动到 C 座，A 座上的圆盘移动到 C 座，一共移动了 7 次，f(3) = 7；
- ......

以此类推，可以得出规律：f(n+1) = 2*f(n)+1。

在汉诺塔移动过程中，每一次计算结果都与上一次计算结果有关，可以定义递归函数实现结果计算，代码如下。

hanoi.c

```
1    #define _CRT_SECURE_NO_WARNINGS          //关闭安全检查
2    #include <stdio.h>
3    int hanoi(int n)
4    {
5        //如果只有一个圆盘，那么只需移动一次即可
```

```
6          if(n == 1)
7              return 1;
8          else
9              return 2*hanoi(n-1)+1;              //当 n >= 2 时，f(n) = 2f(n-1)+1
10    }
11    int main()
12    {
13        int n, num;
14        printf("请输入汉诺塔的圆盘个数：");
15        scanf("%d", &n);
16        num = hanoi(n);
17        printf("%d 个圆盘共需移动 %d 次\n", n, num);
18        return 0;
19    }
```

运行例 5-8 程序，输入圆盘个数（如 20），运行结果如图 5-15 所示。

图 5-15　例 5-8 运行结果

在例 5-8 中，第 3 行～第 10 行代码定义了递归函数 hanoi()；第 13 行和第 14 行代码定义了两个变量 n 和 num，n 表示圆盘个数，num 表示移动 n 个圆盘的次数。第 15 行代码调用 scanf()函数从键盘输入一个整数赋值给变量 n；第 16 行代码调用 hanoi()函数，将变量 n 作为参数传递，计算 n 个圆盘的移动次数，并将结果赋值给变量 num。第 17 行代码调用 printf()函数输出 num 的值。由图 5-15 可知，当输入 20 时，20 个圆盘的移动次数为 1048575 次。这是一道典型的函数递归调用问题，推算出上下结果之间的规律，利用函数调用本身解决问题。汉诺塔的解法建立在一个严格的规则系统之上，每一步操作都必须符合规则才能成立。这强调了在复杂的任务中，系统和规则的设计和遵循对于成功至关重要的作用。这启示我们在日常生活中也要遵守秩序和规则，尊重法律和制度。

 注意:
　　如果输入的 n 大于 31 时，程序就会输出-1，这是由数据类型自身的局限性造成的，C 语言数据类型 int、long 等都有一定的取值范围，如果数据太大超出数据类型本身的取值范围，则数据会溢出，产生错误数据。

## 5.6　变量作用域

通过前面的学习可知，变量既可以定义在函数内，也可以定义在函数外。定义在不同位置的变量，其作用域也是不同的。C 语言中的变量，按作用域范围可分为局部变量和全局变量，本节将对局部变量和全局变量进行详细讲解。

### 5.6.1　局部变量

定义在函数内部的变量称为局部变量，这些变量的作用域仅限于函数内部，函数执行完毕之后，这些变量就失去作用。具体如下。

理论微课 5-12:
局部变量

```
int fun()
{
    int a = 10;                    //func()函数中的局部变量
    return a;
}
int main()
{
    int a = 5;                     //main()函数中的局部变量
    int b = fun();
    printf("a = %d,b = %d\n",a,b);
    return 0;
}
```

上述代码中，main()函数和 fun()函数中都有一个变量 a，这两个变量都是局部变量，main()函数中变量 a 的作用域为 main()函数范围，fun()函数中变量 a 的作用域为从 func()函数被调用处到调用结束。所以此段代码输出的结果为：a = 5，b = 10。

{}可以起到划分代码块的作用，假设要在某一个函数中使用同名的变量，可以用{}进行划分。例如，在 main()函数中定义了两个同名变量。

```
int main()
{
    //代码段 1
    {
        int a = 10;                //作用域在本代码块内，即它所属的{}范围
        printf("a = %d\n", a);
    }
    //代码段 2
    {
        int a = 5;                 //作用域在本代码块内，即它所属的{}范围
        printf("a = %d\n", a);
    }
    return 0;
}
```

上述代码中，变量 a 定义了两次，但是每次都定义在由大括号划分的代码段中，因此上述代码可以正常运行，输出的结果为：a = 10，a = 5。每个代码段中的 a 都从定义处生效，到本代码块的"}"处失效。

### 5.6.2  全局变量

在所有函数外部定义的变量称为全局变量，它不属于某个函数，而是属于当前程序，因此全局变量可以被程序中的所有函数共用，它的有效范围为从源程序定义开始处到源程序结束。

理论微课 5-13:
全局变量

若在同一个文件中，局部变量和全局变量同名，则全局变量会被屏蔽，在程序的局部使用局部变量保存数据，示例代码如下。

```
int a = 10;                                        //全局变量 a
int main()
{
```

```
    {
        int a = 5;                          //局部变量 a
        printf("a = %d",a);                 //全局变量 a 被屏蔽
    }                                       //局部变量 a 失效
    printf("a = %d\n",a);                   //全局变量 a 生效
    return 0;
}                                           //全局变量 a 失效
```

上述代码中，全局变量 a 从定义处开始生效，直到程序运行结束才失效，在 main()函数内部的
{}代码段中，全局变量 a 被 main()函数中的局部变量 a 屏蔽，局部变量 a 生效；在{}代码段外部，
全局变量 a 生效。

## 5.7 多文件之间变量引用与函数调用

前面关于变量的引用、函数的调用都是在同一个源文件中实现的，但是在实际开发中，项目功
能大多比较复杂，一个源文件不可能实现全部代码，大而复杂的项目通常划分成多个模块，在多个
源文件中实现。当一个程序由多个源文件组成时，避免不了要引用其他源文件中的变量、调用其他
源文件中的函数。本节将针对多文件之间的变量引用与函数调用进行详细讲解。

### 5.7.1 多文件之间的变量引用

局部变量是无法跨文件引用的，能跨文件引用的都是全局变量。在源文件
中定义一个全局变量，如果想要该变量可以被其他源文件引用，需要在前面加
上 extern 关键字，而引用该全局变量的源文件，在引用之前，需要使用 extern
关键字引入全局变量。例如，有一个程序中有两个源文件 demo.c 和 test.c，test.c 源文件中定义了一
个全局变量 a，可以被其他源文件引用，则 test.c 中定义全局变量 a 的代码如下。

理论微课 5-14:
多文件之间的变
量引用

```
extern int a = 100;                //全局变量 a 可以被其他源文件引用
```

demo.c 源文件要引用 test.c 源文件中的全局变量 a，则需要使用 extern 关键字引入变量 a，示
例代码如下。

```
extern a;                   //引入其他源文件中的全局变量 a
int main()
{
    printf("%d\n", a);      //使用变量 a
    return 0;
}
```

现在编译器默认源文件中的全局变量可以被其他源文件引用，因此在定义时可以不加 extern
关键字。test.c 源文件中的全局变量 a，可以省略 extern 关键字，示例代码如下。

```
int a = 100;                    //省略 extern 关键字，全局变量 a 默认可以被其他源文件引用
```

但是，有些情况下，在当前文件中定义的全局变量只是为了辅助完成本模块的功能，而不想让
其他源文件引用，这时可以使用 static 关键字修饰全局变量，这样其他源文件就无法引用该全局变
量了。例如，在 test.c 源文件中定义一个全局变量 count，count 只在当前文件中有效，不能被其他

源文件引用，示例代码如下。

```
static int count = 0;                 //count 为静态全局变量
```

test.c 源文件中的 count 被 static 修饰，称为静态全局变量。静态全局变量不能被其他源文件引用。在 demo.c 中引用 count，示例代码如下。

```
extern count;                         //引用 test.c 源文件中的静态全局变量 count
int main()
{
    printf("%d\n", count);            //输出 count 的值
    return 0;
}
```

在编译 demo.c 文件中的代码时，编译器会报错，错误提示如图 5-16 所示。

图 5-16　demo.c 引用静态全局变量 count 的错误提示

由图 5-16 中可知，demo.c 源文件中引用 test.c 源文件中的静态全局变量是非法的。static 除了保护全局变量不被其他源文件引用之外，还可以解决变量重名问题，如果有两个源文件都定义了全局变量 count，在 demo.c 源文件中使用 extern 引入 count，就会发生重名错误，而使用 static 修饰其中一个全局变量，就能很好解决重名问题。

### 5.7.2　多文件之间的函数调用

多文件之间也可以进行函数的相互调用，根据函数能否被其他源文件调用，可以将函数分为外部函数和内部函数，下面分别进行讲解。

理论微课 5-15：
多文件之间的函
数引用

#### 1. 外部函数

在实际开发中，一个项目的所有代码不可能在一个源文件中实现，而是把项目拆分成多个模块，在不同的源文件中分别实现，最终再把它们整合在一起。为了减少重复代码，一个源文件有时需要调用其他源文件中定义的函数。在 C 语言中，可以被其他源文件调用的函数称为外部函数。

外部函数的定义方式是在函数的返回值类型前面添加 extern 关键字，表明该函数可以被其他的源文件调用。当某个源文件要调用其他源文件中的外部函数时，需要使用 extern 关键字声明要调用的外部函数，示例代码如下。

```
extern int add(int x,int y);          //add()函数是定义在其他源文件中的外部函数
```

在上述示例代码中，编译器会通过 extern 关键字判定 add()函数是定义在其他文件中的外部函数。

为了帮助大家理解外部函数的概念，下面通过一个案例演示外部函数的调用。

例 5-9　本案例中有 first.c 与 second.c 两个源文件，first.c 文件中定义了一个外部函数 add()，second.c 文件中需要调用 add()函数，则 first.c 文件与 second.c 文件的代码分别如下。

first.c

```
1    extern int add(int x,int y)      //定义外部函数 add()
2    {
3        return x+y;
4    }
```

second.c

```
1    #include <stdio.h>
2    extern int add(int x,int y);      //使用 extern 关键字声明要调用的外部函数 add()
3    int main()
4    {
5        printf("%d",add(1,2));            //调用外部函数 add()
6        return 0;
7    }
```

例 5-9 运行结果如图 5-17 所示。

在例 5-9 中，first.c 文件使用 extern 关键字定义了外部函数 add()，表明 add() 函数可以被其他源文件调用。second.c 文件中，第 1 行代码使用 extern 关键字声明 add() 函数；第 4 行代码调用 add() 函数，并传入参数 1 和 2。由图 5-17 可知，程序成功输出结果 3。

图 5-17　例 5-9 运行结果

💡 注意：

在使用 extern 关键字声明外部函数时，函数的返回值类型、函数名与参数列表都需要与原函数保持一致。

上述内容是外部函数的标准定义与调用方式，但随着编译器的发展，编译器默认用户定义的函数都是外部函数，因此用户在定义函数时即使不写 extern 关键字，定义的函数也可以被其他源文件调用，调用外部函数的源文件也不必在本文件中使用 extern 关键字声明外部函数。例 5-9 中 first.c 文件中代码可以简化如下。

```
int add(int x,int y)          //编译器默认 add()函数为外部函数
{
    return x+y;
}
```

second.c 文件中代码可以简化如下。

```
int main()
{
    printf("%d",add(1,2));        //在 second.c 文件中可以直接调用 add()函数
    return 0;
}
```

2. 内部函数

在 C 语言程序中，只要在当前文件中声明一个函数，该函数就能够被其他文件调用。但是当

多人参与开发一个项目时，很有可能会出现函数重名的情况，这样，不同源文件中重名的函数就会互相干扰。此时，就需要一些特殊函数，这些函数只在它的定义文件中有效，不能被其他源文件调用，该类函数称为内部函数。

在定义内部函数时，需要在函数的返回值类型前面添加 static 关键字（又称为静态函数），被声明为静态函数后，函数只能在本文件中调用，内部函数定义示例代码如下。

```
static    void show(int x)                    //添加 static 关键字定义内部函数
{
    printf("%d",x);
}
```

为了让读者熟悉内部函数的作用，下面通过一个案例演示内部函数的用法。

**例 5-10**　本案例包含 first.c、second.c 和 main.c 这 3 个文件，在 first.c 和 second.c 文件中都定义了一个 show() 函数，只是 second.c 文件将 show() 函数声明为了内部函数。在 main.c 文件中调用 show() 函数。first.c、second.c 和 main.c 文件代码如下。

first.c

```
1    void show()
2    {
3        printf("%s \n","first.c" );
4    }
```

second.c

```
1    static void show()                      //show()函数为内部函数
2    {
3        printf("%s \n","second.c");
4    }
```

main.c

```
1    #include <stdio.h>
2    int main()
3    {
4        show();                             //调用 show()函数
5        return 0;
6    }
```

例 5-10 运行结果如图 5-18 所示。

在例 5-10 中，first.c 文件与 second.c 文件中分别定义了 show() 函数，second.c 文件中的 show() 函数被定义为静态函数。在 main.c 文件中调用 show() 函数，从图 5-18 可以看出，first.c 中的 show() 函数被调用成功，而

图 5-18　例 5-10 运行结果

second.c 文件中的 show() 函数未被调用，这说明内部函数只在 second.c 文件中有效，无法在其他文件中调用。

**脚下留心：多文件中的函数重名**

在例 5-10 中，如果将 second.c 中修饰 show()函数的关键字 static 删除，运行时程序会提示错误，如图 5-19 所示。

图 5-19　程序提示错误

从图 5-19 所示的错误结果可以看出，多个源文件中出现同名函数，在调用时会发生重定义错误。

## 项目设计

目前的万年历多是从 1900 年 1 月 1 日（星期一）开始，在制作万年历时，通常以 1900 年 1 月 1 日为基准，计算查询的日期距离 1900 年 1 月 1 日有多少天，用这个天数对 7 取余，可以计算出是周几，并输出本月日历。

实操微课 5-2：项目设计

计算要查询的日期距离 1900 年 1 月 1 日有多少天，可以定义一个函数 daySum()来实现该功能。在计算天数时，需要考虑闰年与平年问题，如果是闰年，则一年有 366 天，如果是平年，则一年有 365 天。判断是闰年还是平年的功能也可以封装成一个函数 leap()。

计算要查询的日期距离 1900 年 1 月 1 日的天数之后，需要将本月日历输出到控制台，可以分两部分输出。第一部分，输出日历台头，即周一到周日。第二部分输出本月日历。这两部分输出功能也可以封装为函数，输出日历台头封装为 printHead()函数，输出本月日历封装为 printCalendar()函数。

确定功能函数之后，还要准备一些数据，例如，定义数组存储每个月的天数，由于闰年的 2 月份有 29 天，平年的 2 月份有 28 天，所以需要定义两个月份数组，具体如下。

```
//闰年每月天数
int leap_year[12] = { 31, 29, 31, 30, 31, 30, 31, 31, 30, 31, 30, 31 };
//平年每月天数
int no_leap_year[12] = { 31, 28, 31, 30, 31, 30, 31, 31, 30, 31, 30, 31 };
```

此外，周一到周日需要作为日历台头输出，可以将周一到周日存储到一个二维数组中，具体如下。

```
char weekdays[7][10] = { "一", "二", "三", "四", "五", "六", "日" };
```

准备好数据之后，可以设计各个函数的实现思路，具体如下。

（1）leap()函数

leap()函数用于判断年份是否是闰年。中国古人用智慧总结了闰年的判断规律：四年一闰，百年不闰，四百年再闰。这条规律使用程序表达如下。

① 能被 4 整除，但不能被 100 整除，该年为闰年，如 2004 年就不是闰年。

② 能被 400 整除，该年为闰年，如 2000 年为闰年，1900 年不是闰年。

在实现 leap() 函数时，以输入的年份作为参数，在函数内部，对输入的年份进行判断，如果是闰年就返回 1，否则返回 0。

（2）daySum() 函数

daySum() 函数用于计算输入的日期距离 1900 年 1 月 1 日有多少天。它计算的是上个月（输入月份的上个月）最后一天距离 1900 年 1 月 1 日相差的天数。例如，输入年份与月份为 2023 年 4 月，则 sum 计算的是 2023 年 3 月 31 日距离 1900 年 1 月 1 日的天数。

实现的具体思路如下。

① 循环遍历 1900 年到输入的年份（不计本年），如果是闰年，加上 366 天；如果不是闰年，就加上 365 天。

② 循环遍历本年（输入的年份）1 月到输入的月份（不计本月），如果本年是闰年，就使用 leap_year 数组中的天数相加；如果本年是平年，就使用 no_leap_year 数组中的天数相加。

③ 返回相加后的总天数，这个相关的总天数是上个月（输入月份的上个月）最后一天距离 1900 年 1 月 1 日的天数。

（3）printHead() 函数

printHead() 函数用于输出日历台头，即输出周一到周日。使用 for 循环结构语句遍历输出 weekday 数组中的元素即可。

（4）printCalendar() 函数

printCalendar() 函数用于输出本月（输入的月份）日历。printCalendar() 函数实现思路具体如下。

① 使用 daySum() 函数的返回值对 7 进行模运算，即计算出上个月最后一天是周几，并使用 for 循环输出相应个格式符空出。例如，计算出上个月最后一天是周三，则本月 1 号从周四开始，周一到周三需要使用\t 空出。

② 调用 leap() 函数判断输入的年份是否是闰年，如果是闰年，就按 leap_year 数组中的月份天数输出日期；如果是平年，就按 no_leap_year 数组中的月份天数输出日期。

## 项目实施

在 Visual Studio 2022 中新建项目 Calendar，在 Calendar 项目中添加 calendar.c 源文件，在 calendar.c 源文件编写功能函数的实现代码。由于本项目封装了几个功能函数，下面分步骤讲解项目的实施过程。

实操微课 5-3：项目实施-准备数据

（1）准备数据

在实现函数之前准备需要的共用数据，如闰年、平年的月份数组，周数组以及需要包含的头文件等。准备的数据具体如下。

```
1    #define _CRT_SECURE_NO_WARNINGS
2    #include<conio.h>
3    #include<stdio.h>
4    #include<stdlib.h>
5    int year, month;                        //定义年、月变量
```

```
6        //闰年每月天数
7        int leap_year[12] = { 31, 29, 31, 30, 31, 30, 31, 31, 30, 31, 30, 31 };
8        //平年每月天数
9        int no_leap_year[12] = { 31, 28, 31, 30, 31, 30, 31, 31, 30, 31, 30, 31 };
10       //用二维数组存储一周
11       char weekdays[7][10] = { "一","二","三","四","五","六","日" };
```

（2）实现 leap()函数

在 calendar.c 源文件中实现 leap()函数。在 leap()函数中，通过 if…else 选择结构语句判断输入的年份是否是闰年，判断条件即为闰年的判断规律。leap()函数的具体实现如下。

实操微课 5-4：项目实施-leap()函数

```
1        int leap(int year)
2        {
3            if ((year % 4 == 0 && year % 100 != 0) || (year % 400 == 0))    //闰年
4                return 1;
5            else
6                return 0;                                                   //平年
7        }
```

在 calendar.c 源文件中定义 main()函数，在 main()函数中调用 leap()函数进行测试，测试代码如下。

```
1        int main()
2        {
3            //leap()函数测试代码
4            int year;
5            printf("请输入年份：");
6            scanf("%d", &year);
7            if (leap(year))
8                printf("%d 是闰年\n", year);
9            else
10               printf("%d 是平年\n", year);
11           return 0;
12       }
```

运行程序，从控制台输入年份，如 2000、2023，测试结果分别如图 5-20 和图 5-21 所示。

图 5-20  leap()函数测试结果（1）

图 5-21  leap()函数测试结果（2）

由图 5-20 和图 5-21 可知，leap()函数判断年份是否是闰年的功能实现成功。

（3）实现 daySum()函数

daySum()函数的实现思路如下：定义一个变量 sum，表示累计天数。使用循环结构语句遍历 1900 年至输入的年份，在循环结构语句中，使用选择结构语句判断遍历到的年份是否是闰年，是闰年，sum 就加 366，否则 sum 加 365。

实操微课 5-5：项目实施-daySum()函数

再使用一个循环结构语句遍历本年（输入的年份）1 月至本月（输入月份）的所有月份，将每月的天数加至 sum 变量中。在循环结构语句内部，使用选择结构语句判断输入的年份是否为闰年，如果是闰年，就使用 leap_year 数组中的月份天数，否则使用 no_leap_year 数组中的月份天数。

daySum()函数的具体实现如下。

```
1    int daySum(int year, int month, int run[], int ping[])
2    {
3        int i, sum = 0;
4        //计算年份天数，闰年加 366，平年加 365
5        for (i = 1900; i < year; i++)
6        {
7            if (leap(i) == 1)              //如果是闰年，这一年就是 366 天，sum 就加上 366
8                sum += 366;
9            else                          //如果是平年，这一年就是 365 天，sum 就加上 365
10               sum += 365;
11       }
12       for (i = 0; i < month – 1; i++)   //计算每一月的天数
13       {
14           if (leap(year) == 1)          //如果是闰年，使用 leap_year 数组中的月份天数
15               sum += leap_year[i];
16           else                          //如果是平年，使用 no_leap_year 数组中的月份天数
17               sum += no_leap_year[i];
18       }
19       return sum;
20   }
```

在 daySum()函数中，第 3 行代码定义了两个变量 i 和 sum，i 作为后续 for 循环结构语句的循环变量，sum 表示上个月（输入月份）最后一天距离 1900 年 1 月 1 日天数。

第 5 行～第 11 行代码使用 for 循环结构语句，遍历 1900 年到今年的所有年份，变量 i 的循环条件为 i<year，而不是 i <= year，这是因为不能将本年（输入年份）一年的天数计算入内。第 7 行～第 10 行代码调用 leap()函数判断遍历到的年份是否是闰年，如果是闰年，则 sum 加上 366，否则 sum 加上 365。

第 12 行～第 18 行代码使用 for 循环结构语句，遍历本年（输入年份）到输入月份的所有月份。月份天数是存储在数组中的，索引从 0 开始，因此 i 的初始值为 0。for 循环结构语句的循环条件为 i<month-1，而不是 i<month，这是因为不能将本月（输入月份）的天数计算入内。第 14 行～第 17 行代码调用 leap()函数判断本年（输入年份）是否是闰年，如果是闰年，则使用 leap_year 数组中的月份天数，否则使用 no_leap_year 数组中的月份天数。

在 main()函数中调用 daySum()函数进行测试，从控制台输入年份和月份，调用 daySum()函数计算输入的时间距离 1900 年 1 月 1 日有多少天。测试代码如下。

```
1    int main()
2    {
3        /*
4        //leap()函数测试代码
5        int year;
6        printf("请输入年份：");
7        scanf("%d", &year);
```

```
8        if (leap(year))
9            printf("%d 是闰年\n", year);
10       else
11           printf("%d 是平年\n", year);
12   */
13   //daySum()函数测试代码
14   printf("请输入年/月：");
15   scanf("%d%d", &year, &month);
16   //计算输入上个月（输入月份）最后一天距离 1900 年 1 月 1 日的天数
17   int sum = daySum(year, month, leap_year, no_leap_year);
18   printf("距离 1900 年 1 月 1 日的天数为:%d\n", sum);
19    return 0;
20   }
```

运行程序，从控制台输入年份与月份，如 2023 1，测试结果如图 5-22 所示。

由图 5-22 可知，输入 2023 1，计算出的天数为 2022 年 12 月 31 日距离 1900 年 1 月 1 日的天数，为 44925 天。表明 daySum()函数测试成功。

图 5-22　daySum()函数测试结果

（4）实现 printHead()函数

printHead()函数功能比较简单，使用 for 循环结构语句将 weekday 数组中的元素输出即可。printHead()函数具体实现如下。

实操微课 5-6：项目实施 -printHead()函数

```
1    void printHead()                         //打印日历台头
2    {
3        printf("\t\t\t 万年历\t\n");          //\t 用于调整格式
4    printf("***************************************************\n");
5        for (int i = 0; i < 7; i++)          //打印周一到周日
6        {
7            printf("%s\t", weekdays[i]);
8        }
9        printf("\n");
10   }
```

在 main()函数中可以直接调用 printHead()函数进行测试，测试结果如图 5-23 所示。

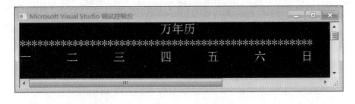

图 5-23　printHead()函数测试结果

（5）实现 printCalendar()函数

printCalendar()函数用于输出本月（输入年月）日历。实现思路如下：定义一个变量 weekday 用于记录上个月（输入月份的上个月）最后一天是周几，本

实操微课 5-7：项目实施 -printCalendar() 函数

月（输入月份）第一天就是 weekday+1。

确定本月（输入月份）第一天是周几之后，调用 leap()函数判断输入本年（输入年份）是否是闰年，如果是闰年，则使用循环结构语句输出 leap_year 数组中对应的月份日历；否则，使用 for循环结构语句输出 no_leap_year 数组中对应的月份日历。

printCalendar()函数具体实现如下。

```
1    void printCalendar(int sum, int year, int month)
2    {
3        int weekday, temp, i;
4        weekday = sum % 7;                    //计算上个月最后一天是周几
5
6        //周一至 weekday 这几天使用\t 空出
7        for (i = 0; i < weekday; i++)
8            printf("\t");
9
10       temp = 7 - weekday;                   //用于标记第一行日历是否换行
11       if (leap(year) == 1)                  //如果是闰年，使用 run 数组中的月份天数
12       {
13           for (i = 1; i <= leap_year[month - 1]; i++)       //i 表示日
14           {
15               printf("%d\t", i);                            //输出本月 1 号
16               if (i == temp || (i - temp) % 7 == 0)         //换行条件
17                   printf("\n");
18           }
19           printf("\n");
20           printf("***********************************************\n");
21       }
22       else
23       {
24           for (i = 1; i <= no_leap_year[month - 1]; i++)
25           {
26               printf("%d\t", i);
27               if (i == temp || (i - temp) % 7 == 0)         //换行条件
28                   printf("\n");
29           }
30           printf("\n");
31           printf("***********************************************\n");
32       }
33   }
```

在上述代码中，第 4 行代码使用模运算计算输入月份的上个月最后一天是周几。第 7 行和第 8行代码使用 for 循环结构语句将周一至 weekday 这几天使用\t 跳过。例如，假如输入月份的上个月最后一天是周三，则本月从周四开始，那么周 1 至周三都要空着，第 1 行没有本月的日期与之对应。

第 10 行代码计算 temp 变量值，用于后续判断日历输出的换行情况。第 11 行～第 21 行代码判断输入的年份是否是闰年，如果是闰年，第 13 行～第 18 行代码使用 for 循环结构语句遍历 leap_year数组，输出本月份日历。第 15 行代码输出本月 1 号。

第 16 行和第 17 行代码判断日历输出是否换行，换行条件有两种情况，第 1 种情况为本月 1 号正好是周一的情况，则本月 7 号与周日重合，输出 7 号之后，需要换行，换行条件为当 i 与 temp 相等。另一种情况为，当日期减去周日对应的日期为 7 的倍数时，需要换行。例如，上次周日对应的日期是 5 号，则 12 号、19 号、26 号输出之后都需要换行，此时判断条件为(i - temp) % 7 结果等于 0。

第 22 行～第 32 行代码当输入的年份不为闰年时，使用 for 循环结构语句遍历 no_leap_year 数组，输出本月份日历。

在 main()函数中调用 printCalendar()函数进行测试，本次测试是对最后一个模块测试，可以依次调用 daySum()函数、printHead()函数、printCalendar()函数实现相应功能。main()函数具体实现如下。

```
1    int main()
2    {
3        printf("请输入年/月：");
4        scanf("%d%d", &year, &month);
5        //计算输入上个月（输入月份）最后一天距离 1900 年 1 月 1 日的天数
6        int sum = daySum(year, month, leap_year, no_leap_year);
7        //打印日历台头，周一至周日
8        printHead();
9        //打印日历
10       printCalendar(sum, year, month);
11       return 0;
12   }
```

运行上述程序，输入年月，如 2023 2，结果如图 5-24 所示。

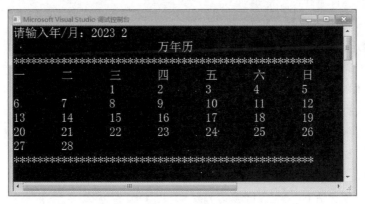

图 5-24　项目 5 运行结果

由图 5-24 可知，当输入 2023 2 时，控制台输出 2023 年 2 月份的日历。

## 项目小结

在实现项目 5 的过程中，主要为读者讲解了函数的相关知识。首先讲解了函数的基本知识，包括函数的概念、函数的定义、函数名、参数列表、返回值类型；然后讲解了函数调用、函数参数传递、递归函数；最后讲解了变量作用域、多文件之间的变量引用与函数调用。通过本项目的学习，读者能够掌握模块化思想、封装功能代码，并以函数的形式进行调用，从而简化代码，提高代码可读性。

## 习题

一、填空题

1. 返回函数结果的关键字为_____。

2. _____是函数的入口地址。

3. 参数列表为空的函数称为_____。

4. 如果不想参数在函数内部发生改变，可以使用_____关键字修饰参数。

5. 一个函数调用自己的过程称为_____。

6. 在函数内部定义的变量称为_____。

二、判断题

1. 函数不能嵌套定义。                                               （      ）

2. 函数名的命名可以使用关键字。                                     （      ）

3. 如果函数没有返回值，则返回值类型需要定义为 void。               （      ）

4. 函数不能嵌套调用。                                               （      ）

5. 递归函数必须有结束条件。                                         （      ）

6. 定义在所有函数之外的变量为全局变量。                             （      ）

7. 当全局变量与局部变量重名时，全局变量会屏蔽局部变量。             （      ）

三、选择题

1. 关于函数，下列描述中错误的是（      ）。

    A. 函数是 C 语言的基本功能单元

    B. main() 函数是程序的入口函数

    C. 函数不能嵌套定义

    D. 一个源文件只能定义一个函数

2. 关于函数的定义，下列说法中正确的是（      ）。（多选）

    A. 函数的返回值类型用于限定函数返回值的数据类型

    B. 函数参数类型用于限定函数调用时传入的参数的数据类型

    C. 参数名的命名遵循标识符命名规范

    D. return 语句用于结束函数

3. 函数三要素包括（      ）。（多选）

    A. 函数名                                    B. 函数体

    C. 参数列表                                  D. 返回值类型

4. 关于函数的调用，下列说法中正确的是（      ）。（多选）

    A. 函数可以作为表达式调用

    B. 函数可以作为语句调用

    C. 函数可以作为实参调用

    D. 函数可以嵌套调用

5. 下列选项中，（      ）关键字可以引用外部变量。

    A. extern                                    B. static

C. const                                    D. return

6. 下列声明的函数，正确的有（        ）。

A. void fun;                                 B. int add(int a, int b);

C. swap();                                   D. char sum()

四、简答题

1. 请简述函数名的作用。

2. 请简述函数调用过程中的参数变化。

3. 请简述局部变量与全局变量的特点。

五、编程题

1. 假设有一对兔子在出生两个月后，每个月能生出一对小兔子。现有一对刚出生的兔子，如果所有兔子都不死，那么一年后共有多少对兔子？请编写程序实现该问题的求解。

2. 请编写一个程序，实现数组元素的去重处理，案例具体要求如下。

（1）从控制台输入一组数据。

（2）对输入的数据进行去重处理，将去重后的数据输出到控制台。

项目 **6** 〉〉〉〉

# 学生成绩管理系统

PPT: 项目 6 学生
成绩管理系统

教学设计: 项目 6
学生成绩管理系
统

PPT

- 了解什么是数组，能够说出数组的概念及存储特点。
- 掌握一维数组的定义与初始化，能够独立定义与初始化一维数组。
- 掌握一维数组的元素访问，能够使用索引访问一维数组中的任意元素。
- 掌握一维数组的遍历，能够使用循环结构实现一维数组的遍历。
- 掌握一维数组的排序，能够使用冒泡排序、选择排序、插入排序实现一维数组的排序。
- 掌握二维数组的定义与初始化，能够独立定义与初始化二维数组。
- 掌握二维数组的元素访问，能够使用索引访问二维数组中的任意元素。
- 掌握二维数组的遍历，能够使用循环嵌套结构实现二维数组的遍历。
- 掌握数组作为函数参数，能够通过数组传递数据实现函数的调用。

之前项目中学习的都是基本数据类型，使用基本数据类型只能处理单个零散的变量，如果要批量处理数据，使用基本数据类型的变量操作会比较复杂。为了批量处理数据，C 语言提供了数组类型，本项目将详细讲解数组相关知识。

## 项目导入

作为计算机专业的学生，很多时候会承担学校一些小型系统的开发。参加工作之后，也常常开发自己部门使用的一些系统，自给自足。本项目要求模拟开发一个学生成绩管理系统，该系统的主要功能需求如下。

实操微课 6-1：项目导入

① 添加学生信息，包括学号、姓名、语文、数学成绩。

② 显示学生信息，将所有学生信息输出。

③ 修改学生信息，可以根据姓名查找到学生，然后可以修改学生姓名、成绩。

④ 删除学生信息，根据学号查找到学生，将其信息删除。

⑤ 查找学生信息，根据学生姓名，将其信息输出。

⑥ 按学生总成绩进行从高到低排序。

学生成绩管理系统的主界面如图 6-1 所示。

图 6-1　学生成绩管理系统主界面

学生成绩管理系统是一种管理学习成绩和教育教学的工具，是现代码科技教学的一种体现。学生成绩管理系统可以帮助学校、家长和学生了解学生的学习状况，并在此基础上制定教育教学方案、评价学生的学习表现，这样可以让每个学生都有机会得到公平的教育机会。

## 知识准备

### 6.1　数组概述

数组是一种存储相同数据类型的数据集合，数组的每个成员被称为数组的元素。可以把数组看成一个用小格子盛放数据的容器，每个小格子都有一个编号，这些编号可以看成数组的索引，索引从 0 开始。图 6-2 描述了一个数组模型。

理论微课 6-1：数组概述

图 6-2 数组模型

图 6-2 中的数组模型共包含 n 个元素，这些元素依次存储在从 0 开始编号的小格子中。例如，数组 salary[100]可以存储 100 名员工的薪水，可以通过 salary[0]、salary[1]…salary[99]依次访问每个员工的薪水。

数组中[]（方括号）的个数称为数组的维数，根据维数的不同，可将数组分为一维数组、二维数组、三维数组等，例如，数组 salary[100]是一维数组，salary[100][100]是二维数组。通常情况下，将二维及以上的数组称为多维数组，本项目主要针对一维数组和二维数组进行学习。

## 6.2 一维数组

### 6.2.1 一维数组的定义与初始化

理论微课 6-2：一维数组的定义与初始化

一维数组指的是只有一个[]的数组，在 C 语言中，一维数组的定义方式如下。

> 数据类型 数组名称[常量表达式];

在上述语法格式中，数据类型表示数组中元素的类型，通常也称为数组类型；常量表达式指的是数组长度，也就是数组中能够存储的元素个数。例如，定义一个大小为 5 的 int 类型数组，代码如下。

> int array[5];

上述代码定义了一个数组，其中，int 是数组类型，array 是数组名称，方括号中的 5 是数组长度，即数组 array 最多可存储 5 个元素。

定义一个数组只是为数组申请了一段内存空间。这时，如果想使用数组操作数据，还需要对数组进行初始化。数组常见的初始化方式有 3 种，具体如下。

（1）直接对数组中的所有元素赋值

直接对数组中的所有元素赋值的示例代码如下。

> int arr1[5] = {1,2,3,4,5};

上述代码定义了一个长度为 5 的整型数组 arr1，数组中元素的值依次为 1、2、3、4、5。

（2）只对数组中的一部分元素赋值

只对数组中的一部分元素赋值的示例代码如下。

> int arr2[5] = {1,2,3};

上述代码定义了一个长度为 5 的 int 类型数组 arr2，但在初始化时，只对数组中前 3 个元素进行了赋值，其他元素的值会被默认设置为 0。

（3）对数组全部元素赋值，但不指定长度

可以对数组全部元素赋值，但不指定长度，示例代码如下。

> int arr3[] = {1,2,3,4};

在上述代码中，数组 arr3 中的元素有 4 个，系统会根据给定初始化元素的个数确定数组的长度，因此，数组 arr3 的长度为 4。

一维数组的定义与初始化虽然简单，但需要注意以下几点。

① 数组的索引是用方括号括起来的，而不是圆括号。

② 数组名称同变量的命名规则相同。

③ 数组定义中，常量表达式的值可以是符号常量，如下面的定义就是合法的。

```
#define N 10          //#define 宏定义会在项目 10 讲解
int a[N];             //N 是常量 10
```

### 6.2.2　一维数组的元素访问

理论微课 6-3：一
维数组的元素访问

数组中的元素都是有编号的，这个编号称为数组元素的索引，用于表示元素在数组中的位置。数组元素的索引从 0 开始，依次递增，直到标记最后一个元素。如果数组中有 $n$ 个元素，则最后一个元素的索引是 $n-1$。

通过索引可以访问数组元素，格式如下。

数组名[索引];

在上述格式中，索引指的是数组元素的位置，通过索引可以访问数组中任意位置的元素，示例代码如下。

```
int arr[5] = { 12,6,78,9,20 };    //定义一个 int 类型数组，数组中有 5 个元素
arr[0]                            //访问第 1 个元素 12
arr[1]                            //访问第 2 个元素 6
arr[2]                            //访问第 3 个元素 78
arr[3]                            //访问第 4 个元素 9
arr[4]                            //访问第 5 个元素 20
```

在上述代码中，定义了一个 int 类型的数组 arr，数组中有 5 个元素，分别通过索引 0、1、2、3、4 访问到了每一个元素。由于数组的索引是从 0 开始的，因此 arr[0]访问的是数组 arr 的第 1 个元素，arr[4]访问的是数组 arr 的第 5 个元素。

通过对某个索引上的数据重新赋值可以更改数组元素的值。例如，将数组 arr 中的第 3 个元素 78 更改为 100，示例代码如下。

```
arr[2] = 100;          //更改 arr[2]的元素值为 100
printf("%d",arr[2]);   //输出 arr[2]，值为 100
```

### 6.2.3　一维数组的遍历

理论微课 6-4：一
维数组的遍历

操作数组时，依次访问数组中的每个元素，这种操作称为数组的遍历。遍历数组一般使用循环语句实现，以数组的索引作为循环条件，只要数组索引有效就可以访问数组元素。

下面通过一个案例演示一维数组的遍历。

例 6-1　百人士兵。一顶军帽，顶着祖国的重托；一杆钢枪，保卫着国泰与民安；一身军装，裹着钢铁长城般的血肉身躯，他们是最伟大的人，也是最可爱的人。从他们身上，我们看到了顽强

的意志，不畏艰险、不惧牺牲的勇气，他们身上坚忍不拔的精神永远值得我们学习。假如一队百人士兵，他们对应的编号为 1～100，请编写一个程序，实现如下功能。

① 存储 100 个士兵的编号。

② 在控制台输出这 100 个士兵的编号，每 10 个一行，共输出 10 行。

要存储 100 个士兵的编号，则需要定义一个大小为 100 的 int 类型数组，为数组元素赋值时，可以使用循环语句遍历数组逐一完成赋值。输出数组元素时，也同样使用循环语句遍历数组。

在输出数组元素时，要求 10 个元素一行，分 10 行输出，可以使用"索引+1"对 10 取余，如果余数为 0，表明本行数据已经满 10，就换行输出。

案例的具体实现如下。

travers.c

```
1    #define _CRT_SECURE_NO_WARNINGS
2    #include <stdio.h>
3    #include <stdlib.h>
4    int main()
5    {
6        int arr[100];                        //定义一个大小为 100 的 int 类型数组 arr
7        printf("百人士兵编号如下：\n");
8        for (int i = 0; i < 100; i++)    //遍历数组 arr
9        {
10           arr[i] = i + 1;                  //索引从 0 开始，赋值时要使用索引加 1
11       }
12       for (int i = 0; i < 100; i++)        //遍历数组
13       {
14           if (i != 0 && i % 10 == 0)       //如果条件成立，就换行
15               printf("\n");
16           printf("%d ", arr[i]);           //输出数组元素
17       }
18       printf("\n");
19       return 0;
20   }
```

例 6-1 运行结果如图 6-3 所示。

图 6-3　例 6-1 运行结果

在例 6-1 中，第 6 行代码定义了一个大小为 100 的 int 类型数组 arr。第 8 行～第 11 行代码使用 for 循环结构语句为数组 arr 赋值。第 12 行～第 17 行代码使用 for 循环结构语句遍历数组 arr，

输出数组元素。第 14 行和第 15 行代码使用 if 选择结构语句判断是否该输出换行,如果索引不为 0 且模 10 余数为 0,则输出换行。由图 6-3 可知,程序成功输出了百人士兵的编号。

### 6.2.4 一维数组排序

数组在实际开发中的应用非常广泛,尤其是 int 类型数组,在 int 类型数组中,最常用到的操作就是对数组元素进行排序。数组排序的方法有很多,比较常见的有冒泡排序、选择排序、插入排序等,下面将进行详细讲解。

#### 1. 冒泡排序

在冒泡排序过程中,以升序排列为例,不断地比较数组中相邻的两个元素,较小者向上浮,较大者往下沉,整个过程和水中气泡上升的原理相似。下面分步骤讲解冒泡排序的整个过程,具体如下。

理论微课 6-5:冒泡排序

第 1 步:从第 1 个元素开始,将相邻的两个元素依次进行比较,如果前一个元素比后一个元素大,则交换它们的位置,直到最后两个元素完成比较。整个过程完成后,数组中最后一个元素自然就是最大值,这样就完成了第 1 轮比较。

第 2 步:除了最后一个元素,将剩余元素继续进行两两比较,过程与第 1 步相似,这样就可以将数组中第 2 大的元素放在倒数第 2 个位置。

第 3 步:以此类推,对剩余元素重复以上步骤。

根据上述步骤,冒泡排序的流程如图 6-4 所示。

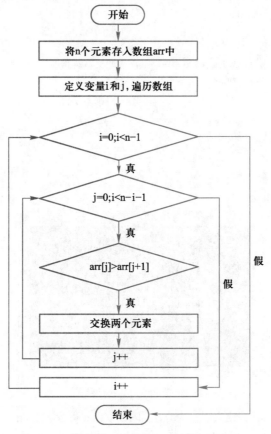

图 6-4 冒泡排序流程图(以升序排列为例)

定义一个数组: int arr[5] = {9,8,3,5,2}, 以数组 arr 为例, 使用冒泡排序调整数组顺序的过程如图 6-5 所示。

下面结合图 6-5 介绍数组 arr 的排序过程。

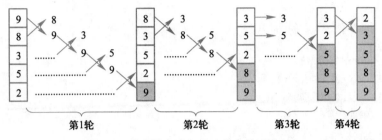

图 6-5 冒泡排序过程 (以升序排列为例)

在第 1 轮比较中, 第 1 个元素 9 为最大值, 因此它在每次比较时都会发生位置交换, 最终被放到最后 1 个位置。

第 2 轮比较与第 1 轮过程相似, 元素 8 被放到倒数第 2 个位置。

在第 3 轮比较中, 第 1 次比较没有发生位置交换, 在第 2 次比较时才发生, 元素 5 被放到倒数第 3 个位置。

第 4 轮比较仅需比较最后两个值 3 和 2, 由于 3 比 2 大, 3 与 2 交换位置。

至此, 数组中所有元素完成排序, 获得排序结果{2,3,5,8,9}。

---

📖 注意:

当在程序中进行元素交换时, 会通过一个中间变量 (如 temp) 实现元素交换, 首先使用 temp 记录 arr[j], 然后将 arr[j+1]赋给 arr[j], 最后再将 temp 赋给 arr[j+1]。例如, 交换数组元素 8 和 3, 其交换过程如图 6-6 所示。

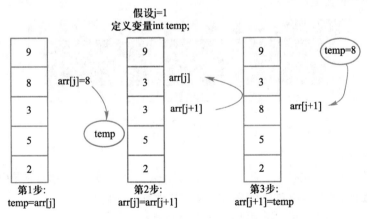

图 6-6 元素 8 与元素 3 交换过程

---

通过上述分析可知, 可以使用 for 循环遍历数组元素, 因为每一轮数组元素都需要两两比较, 所以需要嵌套 for 循环完成排序过程。其中, 外层循环用来控制进行比较的轮数, 每一轮比较都可以确定一个元素的位置; 内层循环的循环变量用于控制每轮比较的次数, 在每次比较时, 如果前者小于后者, 就交换两个元素的位置。由于最后一个元素不需要进行比较, 所以外层循环的次数为 (数组的长度-1)。

例 6-2 实现冒泡排序过程。

bubblingSort.c

```
1    #include <stdio.h>
2    int main()
3    {
4        int arr[5] = { 9,8,3,5,2 };
5        int i, j, temp;
6        printf("排序之前： ");
7        for (i = 0; i < 5; i++)
8            printf("%d\t", arr[i]);
9        for (i = 0; i < 5 - 1; i++)              //外层循环控制比较的轮数
10       {
11           for (j = 0; j < 5 - 1 - i; j++)      //内层循环控制比较的次数
12           {
13               if (arr[j] > arr[j + 1])         //如果前面的元素大于后面的元素
14               {                                //就交换两个元素的位置
15                   temp = arr[j];
16                   arr[j] = arr[j + 1];
17                   arr[j + 1] = temp;
18               }
19           }
20       }
21       printf("\n 排序之后： ");
22       for (i = 0; i < 5; i++)
23           printf("%d\t", arr[i]);
24       return 0;
25   }
```

例 6-2 运行结果如图 6-7 所示。

图 6-7 例 6-2 运行结果

## 2. 选择排序

选择排序的原理与冒泡排序不同，它是指通过每一趟排序过程，从待排序记录中选择最大（小）的元素，将其依次放在数组的最前或最后端，最终实现数组的排序。

**例 6-3** 以升序排列为例分步骤讲解选择排序的整个过程，具体如下。

第 1 步：在数组中选出最小的元素，将它与 0 索引元素交换，即放在开头第 1 位。

理论微课 6-6：选择排序

第 2 步：除 0 索引元素外，在剩下的待排序元素中选出最小的元素，将它与 1 索引元素交换，即放在第 2 位。

第 3 步：以此类推，直到完成最后两个元素的排序交换，即完成升序排列。

根据上述步骤，选择排序的流程可使用图 6-8 描述。

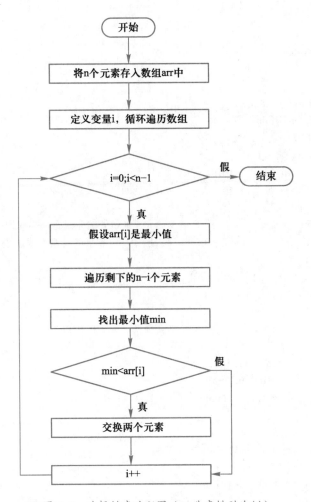

图 6-8 选择排序流程图（以升序排列为例）

同样以数组 {9,8,3,5,2} 为例，使用选择排序调整数组顺序的过程如图 6-9 所示。

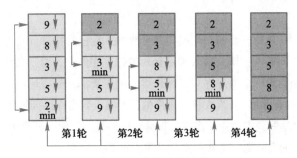

图 6-9 选择排序过程

在图 6-9 中，一共经历 4 轮循环完成数组的排序，每一轮循环的作用如下。

第 1 轮：循环找出最小值 2，将它与第 1 个元素 9 进行交换。

第 2 轮：循环找出剩下 4 个元素中的最小值 3，将它与第 2 个元素 8 交换。

第 3 轮：循环找出剩下 3 个元素中的最小值 5，将它与第 3 个元素 8 交换。

第 4 轮：对最后两个元素进行比较，比较后发现不需要交换，则排序完成。

选择排序的代码如下。

selectSort.c

```
1    #include <stdio.h>
2    int main()
3    {
4        int arr[5] = { 9,8,3,5,2 };
5        int i, j, temp, min;
6        printf("排序之前：");
7        for (i = 0; i < 5; i++)
8            printf("%d\t", arr[i]);
9        for (i = 0; i < 5 - 1; i++)          //外层循环控制比较的轮数
10       {
11           min = i;                          //暂定 i 索引处的元素是最小的，用 min 记录其索引
12           for (j = i + 1; j < 5; j++)       //内层循环在剩下的元素中找出最小的元素
13           {
14               if (arr[j] < arr[min])
15                   min = j;
16           }
17           if (min != i)                     //交换两个元素的位置
18           {
19               temp = arr[i];
20               arr[i] = arr[min];
21               arr[min] = temp;
22           }
23       }
24       printf("\n 排序之后：");
25       for (i = 0; i < 5; i++)
26           printf("%d\t", arr[i]);
27       return 0;
28   }
```

例 6-3 的运行结果如图 6-7 所示。

### 3. 插入排序

理论微课 6-7：插
入排序

所谓插入排序法，就是每一步将一个待排序元素插入到已经排序元素序列
中的适当位置，直到全部插入完毕。插入排序针对的是有序序列，对于杂乱无
序的数组而言，首先要构建一个有序序列，将未排序的元素插入到有序序列的
特定位置，构成一个新的有序序列，再次将未排序的元素插入到有序序列的特定位置……以此类推，
直到所有元素都插入有序序列中，排序完成。下面以升序排列为例，分步骤讲解插入排序的过程。

第 1 步：从第 1 个元素开始，将其视为已排序的元素。

第 2 步：取下一个元素（待排序元素），与左边已排序的元素相比较，如果已排序元素大于待
排序元素，则将已排序元素向后移动，将待排序元素插入已排序元素的前面。

第 3 步：如果已有多个元素有序，则将待排序元素自右向左逐个与有序元素进行比较，直到有
序元素小于待排序元素，然后将有序元素向后移动，将待排序元素插入到小于它的元素后面。

第 4 步：再取下一个待排序元素，重复上述步骤，直到所有元素都排序完毕。

插入排序的过程类似于打扑克摸牌过程，摸到第 1 张牌时，将其看成一个有序序列；摸到第 2
张牌时，如果它比第 1 张牌大就将其插入到第 1 张牌后面，否则插入到第 1 张牌前面；摸到第 3 张

牌，就扫描前两张牌，选择适当的位置插入……以此类推，直到摸牌完毕，手中的牌就是一个有序序列。

插入排序的流程可用图 6-10 描述。

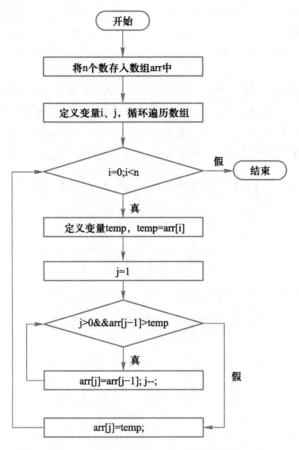

图 6-10　插入排序（以升序排列为例）

仍旧以数组 {9,8,3,5,2} 为例，使用插入排序调整数组顺序的过程如图 6-11 所示。

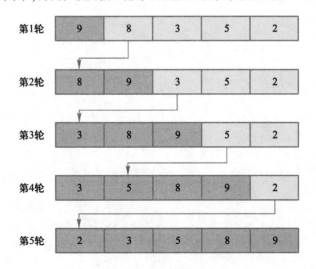

图 6-11　插入排序过程

在图 6-11 中，以数组的第 1 个元素 9 为基准，取下一个元素 8 与之比较，因为 8<9，则将 8 插入到 9 的前面，即将 9 与 8 互换位置，这样，构建了一个新的有序序列。取下一个元素 3，与 9 比较，因为 3<9，则将 9 向后移动，将 9 所在的位置空出来，然后再将 3 与 8 比较，因为 3<8，则将 8 向后移动，将 3 插入到 8 所在的位置，这样前 3 个元素又构成一个新的有序序列。以此类推，直到整个序列排序完成。

💡注意：

当有元素向后移动时，只是有序元素向后移动，要插入的元素一直保存在临时变量中。例如，在图 6-12 中，将元素 3 插入 8、9 构成的有序序列中，3 与 9 比较之后，由于 3<9，因此元素 9 向后移动，空出位置，此时 3 并不是插入元素 9 空出的位置中，而是继续与前面的元素 8 比较，由于 3<8，因此元素 8 向后移动到元素 9 之前所在的位置，元素 3 插入元素 8 空出的位置中。其过程如图 6-12 所示。

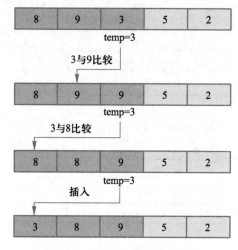

图 6-12    元素 3 插入排序过程

理解了插入排序的原理与过程，代码实现就很容易了。

例 6-4    插入排序的代码实现。

intsertSort.c

```
1      #include <stdio.h>
2      int main()
3      {
4          int arr[5] = { 9,8,3,5,2 };
5          int i, j, temp;
6          printf("排序之前：");
7          for (i = 0; i < 5; i++)
8              printf("%d\t", arr[i]);
9          for (i = 1; i < 5; i++)          //i 从 1 开始，假设 0 角标上的元素是有序的
10         {
11             temp = arr[i];               //用 temp 记录 i 位置上的元素
12             j = i;                       //j 记录 i 角标
13             //如果有序元素大于 i 元素，就将有序元素下移
14             while (j > 0 && arr[j - 1] > temp)
15             {
```

```
16                  arr[j] = arr[j - 1];        //有序元素下移
17                  j--;                         //j 自减，但要保证 j>0，判断左边是否有多个有序元素
18              }
19              arr[j] = temp;                  //将 i 元素插入适当位置 j
20          }
21      printf("\n 排序之后：");
22      for (i = 0; i < 5; i++)
23          printf("%d\t", arr[i]);
24      return 0;
25  }
```

例 6-4 运行结果如图 6-7 所示。

## 6.3　二维数组

在实际工作中，仅使用一维数组远远不够，例如，一个学习小组有 5 个人，每个人有 3 门课的考试成绩，现在要用数组记录这 5 个人的 15 门课成绩，如果使用一维数组解决很麻烦，这时可以使用二维数组。二维数组可以解决逻辑更复杂的问题，本节将进行详细讲解。

### 6.3.1　二维数组定义与初始化

二维数组是指维数为 2 的数组，即数组有两个索引，二维数组的定义方式与一维数组类似，其语法格式如下。

理论微课 6-8：二维数组的定义与初始化

数据类型　数组名称[常量表达式 1][常量表达式 2];

在上述语法格式中，"常量表达式 1"是行的长度，被称为行索引；"常量表达式 2"是列的长度，被称为列索引。

例如，定义一个 3 行 4 列的二维数组，示例代码如下。

int arr[3][4];

在上述定义的二维数组中，共包含 3×4 个元素，即 12 个元素。下面通过图 6-13 来描述二维数组 arr 的逻辑存储形式。

| arr[0][0] | arr[0][1] | arr[0][2] | arr[0][3] |
| arr[1][0] | arr[1][1] | arr[1][2] | arr[1][3] |
| arr[2][0] | arr[2][1] | arr[2][2] | arr[2][3] |

图 6-13　arr[3][4]二维数组逻辑存储形式

从图 6-13 可以看出，二维数组 arr 是按行进行存放的，先存放第 1 行，再存放第 2 行，最后存放第 3 行，并且每一行有 4 个元素，也是依次存放的。在第 1 行中，所有元素的行索引都是 arr[0]，第 2 行的行索引都是 arr[1]，第 3 行的行索引都是 arr[2]。二维数组写成行和列的排列形式，有助于形象化地理解二维数组的逻辑结构，由行列组成的二维数组通常也被称为矩阵。

完成二维数组的定义后,对二维数组进行初始化,初始化二维数组的方式有4种,具体如下。

### 1. 按行给二维数组赋初值

按行给二维数组赋初值,每一行元素使用一对{}括起来,示例代码如下。

```
int arr1[2][3] = {{1,2,3},{4,5,6}};
```

在上述代码中,等号后面最外层的一对大括号{}表示数组arr1的边界,该对大括号中的第一对{}括号代表第一行的数组元素,第二对{}括号代表第二行的数组元素。

### 2. 将所有数组元素按顺序写在一个大括号中

将数组所有元素按顺序写在一个大括号中,这种方式初始化类似于一维数组,将所有元素写在一对{}中,编译器会根据行列索引的大小自动划分行和列,示例代码如下。

```
int arr2[2][3] = {1,2,3,4,5,6};
```

在上述代码中,二维数组arr2共有两行,每行有3个元素,编译器在存储数组元素时,会根据元素个数自动将元素从前往后划分为2行3列,第1行的元素依次为1、2、3,第2行元素依次为4、5、6。

### 3. 对部分数组元素赋初值

二维数组可以只对一部分元素赋初值,示例代码如下。

```
int arr3[3][4] = {{1},{4,3},{2,1,2}};
```

在上述代码中,数组arr3可以存储3×4=12个元素,但在初始化时只对部分元素进行了赋值,对于没有赋值的元素,系统会自动赋值为0,数组arr3的逻辑存储方式如图6-14所示。

| 1 | 0 | 0 | 0 |
|---|---|---|---|
| 4 | 3 | 0 | 0 |
| 2 | 1 | 2 | 0 |

图6-14 数组arr3的逻辑存储形式

在图6-14中,二维数组中没有赋值的元素,系统自动为其赋值为0。需要注意的是,二维数组中的表示行列范围的{}符号作用很大,在数组arr3中,如果每行的元素值没有使用{}括起来,则编译器会根据行列大小优先分配给前面的行,示例代码如下。

```
int arr4[3][4] = {1,4,3,2,1,2};
```

在上述代码中,数组arr4只对一部分元素赋值,但是没有使用{}指定行,则元素1、4、3、2优先分配给第1行;元素1、2分配给第2行,剩余的元素默认初始化为0。数组arr4的逻辑存储形式如图6-15所示。

| 1 | 4 | 3 | 2 |
|---|---|---|---|
| 1 | 2 | 0 | 0 |
| 0 | 0 | 0 | 0 |

图6-15 数组arr4的逻辑存储形式

### 4. 省略行索引的初始化

如果对二维数组全部数组元素初始化，则二维数组的行索引可省略，但列索引不能省略，示例代码如下。

```
int arr5[2][3] = {1,2,3,4,5,6};
```

可以写为：

```
int arr5[][3] = {1,2,3,4,5,6};
```

系统会根据固定的列数，将元素值进行划分，自动将行数定为 2。

## 6.3.2  二维数组的元素访问

二维数组元素的访问方式同一维数组元素的访问方式一样，也是通过数组名和索引的方式来访问数组元素，其语法格式如下。

理论微课 6-9：二维数组的元素访问

```
数组名[行][列];
```

在上述语法格式中，行索引应该在所定义的二维数组中的行索引范围内，列索引应该在其列索引范围内。例如，定义二维数组 int arr[3][4] = {12,3,4,13,45,0,100,98,72,660,2,88}，在读取该数组元素时，行索引的取值范围为 0～2，列索引的取值范围为 0～3，示例代码如下。

```
arr[0][0]    //读取第 1 行第 1 列的元素 12
arr[0][1]    //读取第 1 行第 2 列的元素 3
...
arr[1][0]    //读取第 2 行第 1 列的元素 45
...
arr[2][0]    //读取第 3 行第 1 列的元素  72
```

二维数组的索引也是从 0 开始的，因此 a[0][0]是读取第 1 行第 1 列的元素，即 12。

## 6.3.3  二维数组的遍历

二维数组的遍历也通过循环语句实现，由于二维数组有两个维数，遍历二维数组需要使用双层循环。

理论微课 6-10：二维数组的遍历

例 6-5  杨辉三角。

下面通过输出杨辉三角前 10 行演示二维数组的遍历。杨辉是我国南宋时期的杰出数学家，在杨辉的众多成就中，杨辉三角也是非常精彩的一页，杨辉三角是一个特殊的数阵，杨辉三角前 10 行如下。

```
                    1
                    1   1
                    1   2   1
                    1   3   3   1
                    1   4   6   4   1
                    1   5   10  10   5   1
                    1   6   15  20  15   6   1
                    1   7   21  35  35  21   7   1
                    1   8   28  56  70  56  28   8   1
                    1   9   36  84  126 126  84  36   9   1
```

观察杨辉三角可得出如下规律。

● 第 n 行的数字有 n 项。

● 每行的端点数为 1，最后一个数也为 1。

● 每个数等于它左上方和上方的两数之和。

● 每行数字左右对称，由 1 开始逐渐变大。

根据上面总结的规律，可以将杨辉三角看成一个二维数组 arr[i][j]，这个二维数组的第 1 个元素为 1，数组中的元素 arr[i][j]可以表示为 arr[i - 1][j - 1] + arr[i - 1][j]。

在设计程序时，需要使用双层循环操作数组元素，外层循环的条件是 i<n，控制有多少行；内层循环的条件是 j<=i，控制每一行的列数为 i。案例的具体实现如下。

test.c

```
1    #define _CRT_SECURE_NO_WARNINGS
2    #include <stdio.h>
3    #include <stdlib.h>
4    int main()
5    {
6        int i, j, n = 10;
7        int arr[10][10] = { 1 };                //定义一个 10 行 10 列的二维数组，初始化为 1
8        printf("10 行的杨辉三角如下：\n");
9        for (i = 1; i < n; i++)                 //外层循环控制杨辉三角的行数
10       {
11           arr[i][0] = 1;                      //每一行第 1 个元素都赋值为 1，即第 1 列都为 1
12           for (j = 1; j <= i; j++)            //内层控制杨辉三角的列数
13               //每个元素等于其上一行左边和上边两个元素之和
14               arr[i][j] = arr[i - 1][j - 1] + arr[i - 1][j];
15       }
16       for (i = 0; i < n; i++)                 //双重 for 循环打印这个二维数组中的元素
17       {
18           for (j = 0; j <= i; j++)
19               printf("%-5d", arr[i][j]);
20           printf("\n");
21       }
22       return 0;
23   }
```

例 6-5 运行结果如图 6-16 所示。

图 6-16　例 6-5 的运行结果

📖 多学一招：变长数组

数组定义时会指定数组大小或者通过初始化成员的个数决定数组大小，且数组大小都是一个常量，不可更改。这就限制了数组的灵活性，因为很多情况下程序员并不知道到底分配多大的数组合适，如果分配过大，会造成资源浪费，如果分配过小，又会造成存储空间不够用。为此 C99 标准提出了变长数组的概念，变长数组是指数组的大小可以是变量，而不必是常量，示例代码如下。

```
int n = 10;        //定义整型变量
int arr[n];        //定义数组 arr，数组大小为 n
```

上述代码中，首先定义了一个整型变量 n，其大小为 10，然后定义了一个 int 类型数组，使用变量 n 标识数组大小。如果需要更改数组的大小，就可以通过改变变量 n 的大小实现。需要注意的是，变长数组只是在程序运行前可以改变其大小，在程序运行过程中其长度还是固定的。

使用变量定义的数组，数组不能在定义时初始化，只能在定义之后初始化，如果在定义时初始化变长数组，编译器会报错：变长数组无法完成初始化。示例代码如下。

```
int n = 10;
int arr[n];
//方式一
memset(arr,0,sizeof(arr));        //对数组进行初始化
//方式二
for (int i = 0; i < n; i++)       //初始化变长数组
    arr[i] = i;
//int arr[n] = {1,2,3,4,5,6};     //变长数组在定义时初始化，错误
```

💡 注意：

不同的编译器对使用变量定义的变长数组的支持程度也不同，Visual Studio 2022 并不支持对变量定义的变长数组，读者在使用 Visual Studio 2022 定义变长数组时会提示"arr：未知大小"的错误信息，而使用 Dev-C++、GCC 等编译器可以通过编译。

## 6.4 数组作为函数参数

在程序中，为了方便对数组的操作，经常会定义一些操作数组的功能函数，这些函数往往会将数组作为函数参数。在数组作为函数参数时，必须要保证形参与实参的数组是相同的类型，且有明确的数组说明，如数组维数、数组大小等，如以下两种参数类型。

理论微课 6-11：数组作为函数参数

```
func(int arr[5]);
func(int arr[], int n);
```

这两种参数类型都指定了数组的维数和数组大小，第 2 行代码中参数 n 就代表数组的长度。

💡 注意：

数组作为函数参数时，传递的就是数组所在内存块的地址，形参与实参操作的是同一块内存。在形参中改变数组中的元素，实参的数组也会改变。

为了让读者更好地掌握数组作为函数参数，下面通过一个数组排序的案例演示数组作为函数参

数的使用。

例 6-6　数组排序。定义一个函数 sort()，参数为数组和数组大小，在 sort()函数内部将数组从小到大进行排序。案例具体实现如下。

arr_parameter.c

```
1    #include<stdio.h>
2    #include<stdlib.h>
3    void sort(int arr[], int n)                //函数 sort 用于数组的排序，数组作为函数形参
4    {
5        int i, j, temp;
6        for (i = 0; i < n - 1; i++)
7        {
8            for (j = 0; j < n - 1 - i; j++)
9            {
10                if (arr[j] > arr[j + 1])
11                {
12                    temp = arr[j];
13                    arr[j] = arr[j + 1];
14                    arr[j + 1] = temp;
15                }
16            }
17        }
18   }
19   int main()
20   {
21       int i;
22       int x[5] = { 9, 8, 3, 5, 2 };          //定义一个包含 5 个元素的 int 类型数组
23       printf("排序前：\n");
24       for (i = 0; i < 5; i++){
25           printf("%d    ", x[i]);            //将数组中的元素输出
26       }
27       sort(x, 5);                            //数组名和数组大小作为实参
28       printf("\n 排序后：\n");
29       for (i = 0; i < 5; i++){
30           printf("%d    ", x[i]);            //输出函数调用后，数组中的元素
31       }
32       return 0;
33   }
```

例 6-6 运行结果如图 6-17 所示。

图 6-17　例 6-6 的运行结果

在例 6-6 中，sort()函数实现了对数组进行排序的功能，sort()函数接受两个参数，即数组和数组大小。将数组传递给 sort()，对数组排序，则 main()中实参数组也发生了改变。

多维数组作为函数参数时，可以指定每一维的长度，也可以省去第一维的长度。示例代码如下。

```
func(int arr[3][4]);
fucn(int arr[][4], int n);
```

为了加深理解，下面通过一个案例演示二维数组作为函数参数的用法。

例 6-7　矩阵。定义函数 print()，使用二维数组作为参数，输出一个 3 行 4 列的矩阵，案例具体实现如下。

print.c

```
1    #include<stdio.h>
2    #include<stdlib.h>
3    void print(int arr[][4], int n)
4    {
5        int i, j;
6        for (i = 0; i < n; i++)
7        {
8            for (j = 0; j < 4; j++)
9            {
10               arr[i][j] = i + j;          //给元素赋值
11               printf("%-3d", arr[i][j]);  //输出元素
12           }
13           printf("\n");
14       }
15   }
16   int main()
17   {
18       int i, j;
19       int arr[3][4];
20       printf("输出矩阵：\n");
21       print(arr, 3);
22       return 0;
23   }
```

例 6-7 运行结果如图 6-18 所示。

图 6-18　例 6-7 的运行结果

例 6-7 实现了在控制台输出矩阵的功能。其中，第 3 行～第 15 行代码定义了一个函数 print()，用于输出二维数组中的元素。print()函数的第 1 个参数是一个二维数组，第 2 个参数是二维数组第一维的大小。第 19 行代码声明了一个 int 类型的二维数组 arr[3][4]。第 21 行代码将数组 arr 作为参数调用了函数 print()。从图 6-18 可以看出，函数 print()成功输出了由二维数组 arr[3][4]中元素组成的矩阵。

矩阵提供了解决大规模数据问题的方法，它能够将数据以矩阵形式进行处理和分析，从而更好地理解数据的内在结构和规律。它提供了一种新的思维方式，引导人们在其他领域中更好地进行抽象和概括，提高创新能力和思维深度。

## 项目设计

因为学生信息包括学号、姓名和成绩等不同数据类型的属性，所以需要定义一个学生类型的结构体。在存储学生信息时，可选用数组或链表，考虑到学生要根据总成绩来排序，为方便排序，这里选用数组来存储学生信息。

实操微课 6-2：项目设计

在学生成绩管理系统中，需要实现添加记录、显示记录、修改记录、删除记录、查找记录、排序记录以及退出系统 7 个功能。这些功能之间的逻辑关系如图 6-19 所示。

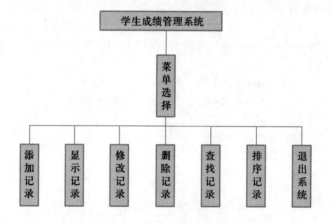

图 6-19 学生成绩管理系统

图 6-19 展示了学生成绩管理系统所有需实现的功能模块，每个功能模块都会对应一个界面。该系统首先会向用户展现一个菜单选择界面，用户可以根据提示，选择不同的功能进入子界面。

每个功能由不同的函数实现，具体如下。

（1）菜单选择——menu()函数

在 menu()函数中，通过 printf()函数构建一个菜单选择界面，用户通过输入 0～6 选择不同的功能。

（2）添加记录——add()函数

当用户在功能菜单中选择数字 1 时，会调用 add()函数进入添加记录模块，提示用户输入学生的学号、姓名、语文成绩、数学成绩。当用户输入完毕后，会提示用户是否继续添加，Y 表示继续，N 表示返回。需要注意的是，在添加学号时不能重复，如果输入重复的学号就会提示该学号存在。

（3）显示记录——showAll()函数

当用户在功能菜单中选择数字 2 时，会调用 show()函数进入显示记录模块，并向控制台输出录入的所有学生的学号、姓名、数学成绩、语文成绩和成绩总和。

（4）修改记录——modify()函数

当用户在功能菜单中选择数字 3 时，会调用 modify()函数进入修改记录模块，输入要修改的学生姓名，当用户输入已录入的学生姓名后，如果学生信息存在，即可修改除学号以外的其他信息，否则输出该学生不存在。

（5）删除记录——del()函数

当用户在功能菜单中选择数字 4 时，会调用 del()函数进入删除记录模块，对学生学号进行判断，如果学号存在，即可删除该学生的所有信息，否则输出没有找到该学生的记录。

（6）查找记录——search()函数

当用户在功能菜单中输入数字 5 时，会调用 search()进入查找记录模块，在该模块中输入要查找的学生姓名，如果该学生存在，则输出该学生的全部信息，否则输出没有找到该学生的记录。

（7）排序记录——sort()函数

当用户在功能菜单中输入数字 6 时，会调用 sort()函数进入排序记录模块，该模块会输出所有学生的信息，并按总成绩由高到低进行排序。

## 项目实施

由于项目较大，内容较多，下面分步骤讲解项目实施过程。

（1）准备数据

实操微课 6-3：项目实施-准备数据

在 Visual Studio 2022 中新建 Student 项目，添加头文件 Student.h，在 Student.h 文件中定义项目需要的宏、学生结构体 student，并声明功能函数等。Student.h 文件的具体实现如下。

Student.h 文件

```
1    #ifndef STUDENT                              //先测试 STUDENT 是否被宏定义过，避免重新引用
2    #define STUDENT                              //定义 STUDENT
3    #include <stdio.h>
4    #include <string.h>
5    #include <stdlib.h>
6    #define HH printf("%-10s%-10s%-10s%-10s%-10s\n",
7                      "学号","姓名","语文成绩","数学成绩","总分")
8    struct student                               //学生记录
9    {
10       int      id;                             //学号
11       char     name[8];                        //姓名
12       int      chinese;                        //语文成绩
13       int      math;                           //数学成绩
14       int      sum;                            //总分
15   };
16   static int n;                                //记录学生信息条数
17   void menu();                                 //函数声明，构建菜单
18   void add(struct student stu[]);              //函数声明，添加记录
19   void show(struct student stu[], int i);      //函数声明，显示单条记录
20   void showAll(struct student stu[]);          //函数声明，显示所有记录
21   void modify(struct student stu[]);           //函数声明，修改记录
22   void del(struct student stu[]);              //函数声明，删除记录
23   void search(struct student stu[]);           //函数声明，查找记录
```

```
24      void sort(struct student stu[]);            //函数声明，排序记录
25      #endif                                       //结束条件编译
```

在 Student.h 文件中，第 1 行、第 2 行、第 25 行代码定义宏，避免 Student.h 头文件被重复引用。第 6 行代码通过#define 宏定义学生记录的输出格式。第 8 行～第 15 行代码定义学生结构体 student。第 16 行代码定义全局变量 n，用于记录学生信息条数。第 17 行～第 24 行代码声明功能函数。

实操微课 6-4：项目实施-menu()函数

（2）实现 menu()函数

在 Student 项目中添加源文件 Student.c 文件，并引用 Student.h 头文件。在 Student.c 文件中实现各个功能函数。首先实现 menu()函数，构建菜单选择界面。menu()函数实现思路比较简单，多次调用 printf()函数即可勾画出界面，其实现如下。

```
1       void menu()
2       {
3               system("cls");                       //清空控制台
4               printf("\n");
5               printf("\t\t -------------学生成绩管理系统-------------\n");
6               printf("\t\t | \t\t 1 添加记录                     | \n");
7               printf("\t\t | \t\t 2 显示记录                     | \n");
8               printf("\t\t | \t\t 3 修改记录                     | \n");
9               printf("\t\t | \t\t 4 删除记录                     | \n");
10              printf("\t\t | \t\t 5 查找记录                     | \n");
11              printf("\t\t | \t\t 6 排序记录                     | \n");
12              printf("\t\t | \t\t 0 退出系统                     | \n");
13              printf("\t\t -----------------------------------------\n");
14              printf("\t\t 请选择(0-6):");
15      }
```

menu()函数实现完毕之后，在 Student 项目中添加 main.c 源文件，在 main.c 源文件中定义 main()函数，在 main()函数中调用 menu()函数进行测试，测试代码如下。

```
1       #include<stdio.h>
2       #include "Student.h"
3       int main()
4       {
5               menu();
6               return 0;
7       }
```

运行 menu()函数测试代码，其结果如图 6-20 所示。

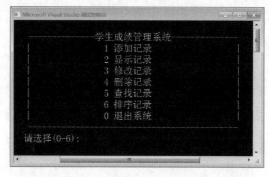

图 6-20  menu()函数测试结果

由图 6-20 可知，menu()函数实现成功。

（3）实现 add()函数

实操微课 6-5：项目实施-add()函数

add()函数用于完成添加记录的功能。在实现 add()函数时，可以使用 do…while()循环不断输入学生记录，存储于参数 stu[]数组中，直到输入"N"结束输入。add()函数实现如下。

```
1    void add(struct student stu[])
2    {
3        int i, id = 0;                          //i 作为循环变量，id 用来保存新学号
4        char quit;                              //保存是否退出的选择
5        do
6        {
7            printf("学号：");
8            scanf("%d", &id);
9            for (i = 0; i < n; i++)
10           {
11               if (id == stu[i].id)            //假如新学号等于数组中某学生的学号
12               {
13                   printf("此学号存在！\n");
14                   return;
15               }
16           }
17           stu[i].id = id;
18           printf("姓名：");
19           scanf("%s", &stu[i].name);
20           printf("语文成绩：");
21           scanf("%d", &stu[i].chinese);
22           printf("数学成绩：");
23           scanf("%d", &stu[i].math);
24           stu[i].sum = stu[i].chinese + stu[i].math;   //计算出总成绩
25           n++;                                //记录条数加 1
26           printf("是否继续添加?(Y/N)");
27           scanf("\t%c", &quit);
28       } while (quit != 'N' && quit != 'n');
29   }
```

在 add()函数中，第 11 行～第 15 行代码用于判断添加的学号是否已经存在，如果学号已存在，直接调用 return 语句返回。第 25 行代码，当学生记录添加成功之后，需要将学生记录条数加 1。

在 main()函数中，调用 add()函数进行测试。首先定义一个 struct student 类型的数组，调用 add()函数时，将 struct student 类型的数组作为参数传递给 add()函数。具体测试代码如下。

```
1    #include<stdio.h>
2    #include "Student.h"
3    int main()
4    {
5        //menu();
6        struct student stu[2];
7        add(stu);
```

```
8          return 0;
9      }
```

运行 add()函数测试代码，从控制台添加学生信息，结果如图 6-21 所示。

图 6-21　add()函数测试结果

由图 6-21 可知，add()函数可以从控制台添加学生信息，表明 add()函数实现成功。

实操微课 6-6：项目实施-show()函数

（4）实现 show()函数

show()函数用于显示单个学生记录，它的实现比较简单，使用调用 printf()函数按照一定格式输出学生记录即可。show()函数实现如下。

```
1      void show(struct student stu[], int i)
2      {
3          printf("%-10d", stu[i].id);
4          printf("%-10s", stu[i].name);
5          printf("%-10d", stu[i].chinese);
6          printf("%-10d", stu[i].math);
7          printf("%-10d\n", stu[i].sum);
8      }
```

在 main()函数中，调用 show()函数进行测试，在测试 show()函数时，需要先调用 add()函数添加学生信息，才能调用 show()函数查询学生信息。show()函数测试代码如下。

```
1      #include<stdio.h>
2      #include "Student.h"
3      int main()
4      {
5          //menu();
6          struct student stu[2];
7          add(stu);
8          printf("show()函数测试：\n");
9          show(stu,1);            // 查询第 2 个学生的信息
10         return 0;
11     }
```

运行 show()函数测试代码，添加学生信息并查询，结果如图 6-22 所示。

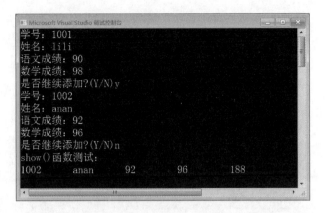

图 6-22 show()函数测试结果

由图 6-22 可知，show()函数查询第 2 个学生信息成功，表明 show()函数实现成功。

实操微课 6-7：项目实施-showAll()函数

（5）实现 showAll()函数

showAll()函数用于显示所有学生记录，在其内部可以通过循环语句调用show()函数，显示所有学生记录。showAll()函数实现如下。

```
1    void showAll(struct student stu[])
2    {
3        int i;
4        HH;
5        for (i = 0; i < n; i++)
6        {
7            show(stu, i);
8        }
9    }
```

在 main()函数中调用 showAll()函数进行测试，在测试 showAll()函数时，也需要先调用 add()函数添加学生信息。showAll()函数测试代码如下。

```
1    #include<stdio.h>
2    #include "Student.h"
3    int main()
4    {
5        //menu();
6        struct student stu[2];
7        add(stu);
8        printf("showAll()函数测试：\n");
9        //show(stu,1);
10       showAll(stu);
11       return 0;
12   }
```

运行 showAll()函数测试代码，添加学生信息，并显示所有学生信息，结果如图 6-23 所示。

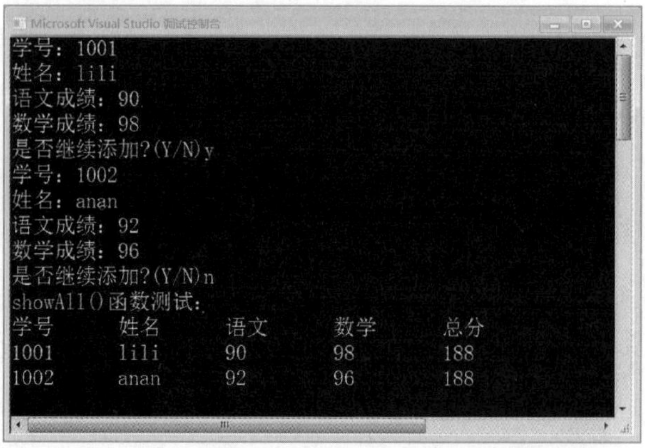

图 6-23　showAll()函数测试结果

由图 6-23 可知，showAll()函数显示了所有学生信息，表明 showAll()函数实现成功。

（6）实现 modify()函数

实操微课 6-8：项目实施-modify()函数

modify()函数用于修改学生记录，当用户输入学生姓名时，modify()函数就查找与输入的学生姓名匹配的记录，找到记录就提示用户修改学生成绩；如果未找到，就给出相应提示信息。modify()函数实现如下。

```
1    void modify(struct student stu[])
2    {
3        char name[8], ch;                    //name 用来保存姓名，ch 用来保存是否退出的选择
4        int i;
5        printf("修改学生的记录。\n");
6        printf("请输入学生的姓名：");
7        scanf("%s", &name);
8        for (i = 0; i < n; i++)
9        {
10            if (strcmp(name, stu[i].name) == 0)
11            {
12                getchar();                                //提取并丢掉回车键
13                printf("找到该生的记录，如下所示：\n");
14                HH;                                       //显示记录的标题
15                show(stu, i);                             //显示数组 stu 中的第 i 条记录
16                printf("是否修改?(Y/N)\n");
17                scanf("%c", &ch);
18                if (ch == 'Y' || ch == 'y')
19                {
20                    getchar();                            //提取并丢掉回车键
21                    printf("姓名：");
22                    scanf("%s", &stu[i].name);
23                    printf("语文成绩：");
24                    scanf("%d", &stu[i].chinese);
25                    printf("数学成绩：");
26                    scanf("%d", &stu[i].math);
27                    stu[i].sum = stu[i].chinese + stu[i].math;    //总成绩
28                    printf("修改完毕。\n");
```

```
29                    }
30                    return;
31               }
32          }
33          printf("没有找到该生的记录。\n");
34     }
```

在 modify()函数实现中，第 7 行代码输入要修改的学生姓名。第 8 行～第 32 行代码使用 for 循环语句遍历 stu[]数组进行查找。第 10 行～第 15 行代码使用 if 语句判断如果找到了学生姓名匹配的记录，就显示该学生信息。第 16 行～第 29 行代码提示用户是否修改学生信息，如果用户输入 y 或 Y，就使用 scanf()函数让用户重新输入学生的成绩。

在 main()函数中，调用 modify()函数进行测试。在测试 modify()函数之前，需要先调用 add()函数添加学生信息。modify()函数测试代码如下。

```
1    #include<stdio.h>
2    #include "Student.h"
3    int main()
4    {
5         //menu();
6         struct student stu[2];
7         add(stu);
8         //printf("showAll()函数测试：\n");
9         //show(stu,1);
10        //showAll(stu);
11        printf("modify()函数测试：\n");
12        modify(stu);
13        showAll(stu);
14        return 0;
15   }
```

在 modify()函数测试代码中，第 7 行代码调用 add()函数添加学生信息，第 12 行代码调用 modify()函数修改学生信息，第 13 行代码调用 showAll()函数显示学生信息。

运行上述代码，添加学生信息，并修改学生信息，结果如图 6-24 所示。

图 6-24　modify()函数结果

在图 6-24 中，调用 modify()函数修改了姓名为 lili 的学生信息，将其姓名修改为 lily。修改完成之后，调用 show()函数查看第 1 个学生信息，确认其姓名修改为 lily，表明 modify()函数实现成功。

（7）实现 del()函数

del()函数用于删除某一条学生记录。当用户输入学生学号时，可以使用循环语句遍历 stu[]数组，就将该处的记录删除，后面的记录依次往前移动一个位置。del()函数的实现如下。

实操微课 6-9：项目实施-del()函数

```
1    void del(struct student stu[])
2    {
3        int id, i;
4        char ch;
5        printf("删除学生的记录。\n");
6        printf("请输入学号：");
7        scanf("%d", &id);
8        for (i = 0; i < n; i++)
9        {
10           if (id == stu[i].id)
11           {
12               getchar();
13               printf("找到该生的记录，如下所示：\n");
14               HH;                          //显示记录的标题
15               show(stu, i);                //显示数组 stu 中的第 i 条记录
16               printf("是否删除?(Y/N)\n");
17               scanf("%c", &ch);
18               if (ch == 'Y' || ch == 'y')
19               {
20                   for (; i < n; i++)
21                       stu[i] = stu[i + 1];     //被删除记录后面的记录均前移一位
22                   n--;                         //记录总条数减 1
23                   printf("删除成功！");
24               }
25               return;
26           }
27       }
28       printf("没有找到该生的记录！\n");
29   }
```

在 del()函数的实现中，第 8 行代码用 for 循环遍历 stu 数组，第 10 行~第 15 行代码使用 if 语句判断，如果找到学生记录，就显示该学生信息。第 16 行~第 24 行代码，询问用户是否删除记录，如果用户输入 'y' 或 'Y'，就使用 for 循环语句将 stu[]数组后面的元素依次向前移动一个位置。

在 main()函数中调用 del()函数进行测试，在测试 del()函数之前，需要先调用 add()函数添加学生信息。del()函数测试代码如下。

```
1    #include<stdio.h>
2    #include "Student.h"
3    int main()
4    {
```

```
5        //menu();
6        struct student stu[2];
7        add(stu);
8        //printf("showAll()函数测试：\n");
9        //show(stu,1);
10       //showAll(stu);
11       //printf("modify()函数测试：\n");
12       //modify(stu);
13       //show(stu, 0);
14       printf("del()函数测试：\n");
15       del(stu);
16       printf("\nshowAll()函数查询学生信息：\n");
17       showAll(stu);
18       return 0;
19   }
```

在del()函数的测试代码中，第15行代码调用del()函数删除学生信息，第16行代码调用showAll()函数查看学生信息。

运行del()函数测试代码，添加学生信息，并选择删除某一条学生信息，结果如图6-25所示。

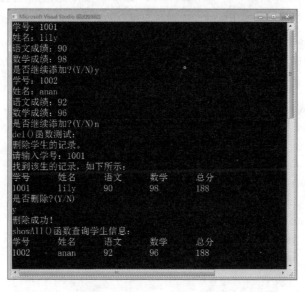

图 6-25　del()函数测试结果

由图 6-25 可知，调用 del()函数删除学号为 1001 的学生信息，再次调用 showAll()函数显示学生信息时，发现学号为 1001 的学生信息不存在，表明 del()函数实现成功。

（8）实现 search()函数

search()函数用于查找某一条学生记录，当用户输入学生姓名时，用循环结构语句遍历数组，如果找到，则输出该学生记录。如果循环遍历结束，没有找到相应学生记录，则输出提示信息。search()函数的实现如下。

实操微课 6-10：项目实施-search()函数

```
1        void search(struct student stu[])
2        {
3            char name[8];
```

```
4          int i;
5          printf("查找学生的记录。\n");
6          printf("请输入学生的姓名：");
7          scanf("%s", &name);
8          for (i = 0; i < n; i++)
9          {
10             if (strcmp(name, stu[i].name) == 0)
11             {
12                 printf("找到该生的记录，如下所示：\n");
13                 HH;                                    //显示记录的标题
14                 show(stu, i);                          //显示数组 stu 中的第 i 条记录
15                 return;
16             }
17         }
18         printf("没有找到该生的记录。\n");
19     }
```

在 search()函数实现中，第 8 行～第 17 行代码使用 for 循环结构语句遍历学生数组，第 10 行代码使用 if 选择结构语句判断遍历到的学生姓名与用户要查询的学生姓名是否相同，如果相同，则第 12 行～第 14 行代码按照一定格式输出该学生信息。

在 main()函数中调用 search()函数进行测试，在调用 search()函数之前，先调用 add()函数添加学生信息。search()函数测试代码如下。

```
1      #include<stdio.h>
2      #include "Student.h"
3      int main()
4      {
5          //menu();
6          struct student stu[2];
7          add(stu);
8          //printf("showAll()函数测试：\n");
9          //show(stu,1);
10         //showAll(stu);
11         //printf("modify()函数测试：\n");
12         //modify(stu);
13         //showAll(stu);
14         //printf("del()函数测试：\n");
15         //del(stu);
16         //printf("\nshowAll()函数查询学生信息：\n");
17         //showAll(stu);
18         search(stu);
19         return 0;
20     }
```

运行 search()函数的测试代码，添加学生信息，并输入要查找的学生姓名，结果如图 6-26 所示。

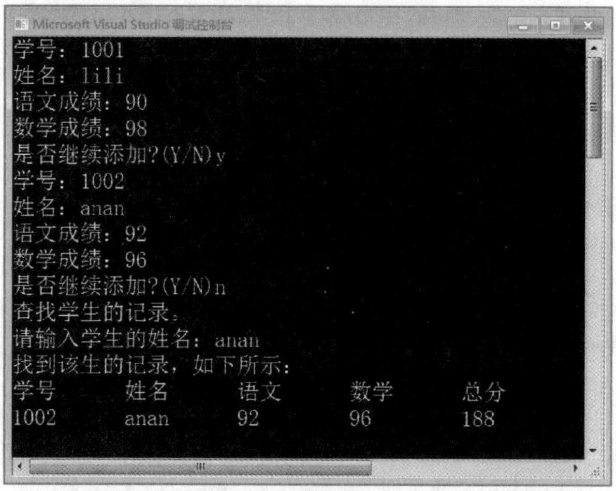

图 6-26　search()函数测试结果

由图 6-26 可知，添加完学生信息之后，在查询时，输入学生姓名 anan，程序成功显示出 anan 的全部信息，表明 search()函数实现成功。

实操微课 6-11：项目实施-sort()函数

（9）实现 sort()函数

sort()函数用于对学生记录按总成绩排序，在实现时，可以使用冒泡排序对 stu[]数组按学生总成绩进行排序。sort()函数实现如下。

```
1    void sort(struct student stu[])
2    {
3        int i, j;
4        struct student t;
5        printf("按总成绩进行排序，");
6        for (i = 0; i < n - 1; i++)              //双层循环实现总分的比较与排序
7        {
8            for (j = i + 1; j < n; j++)
9            {
10                if (stu[i].sum < stu[j].sum)
11                {
12                    t = stu[i];
13                    stu[i] = stu[j];
14                    stu[j] = t;
15                }
16            }
17        }
18        printf("排序结果如下：\n");
19        showAll(stu);                           //显示排序后的所有记录
20    }
```

在 main()函数中调用 sort()函数进行测试，在测试 sort()函数之前，先调用 add()函数添加学生信息。sort()函数测试代码如下。

```
1    #include<stdio.h>
2    #include "Student.h"
```

```
3      int main()
4      {
5          //menu();
6          struct student stu[2];
7          add(stu);
8          //printf("showAll()函数测试：\n");
9          //show(stu,1);
10         //showAll(stu);
11         //printf("modify()函数测试：\n");
12         //modify(stu);
13         //showAll(stu);
14         //printf("del()函数测试：\n");
15         //del(stu);
16         //printf("\nshowAll()函数查询学生信息：\n");
17         //showAll(stu);
18         //search(stu);
19         sort(stu);
20         return 0;
21     }
```

运行 sort()函数测试代码，添加学生信息，结果如图 6-27 所示。

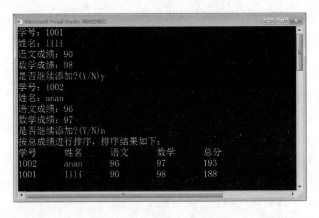

图 6-27　sort()函数测试结果

由图 6-27 可知，学号为 1001 的 lili 总分为 188，学号为 1002 的 anan 总分 193，调用 sort()函数排序之后，anan 在前，lili 在后，表明 sort()函数实现成功。

（10）实现 main()函数

前面所有功能函数都测试成功，下面需要定义 main()函数控制整个程序流程，在真正启用学生成绩管理系统时，需要不断地执行输入学生信息、查询学生信息等操作，可以使用循环结构语句让用户循环多次输入数字进行操作。在循环结构语句内部，可以使用 switch 选择结构语句判断用户输入的数字，调用相应的功能函数。

main()函数的具体实现如下。

实操微课 6-12：项目实施-main()函数

```
1      #define _CRT_SECURE_NO_WARNINGS
2      #include <stdio.h>
3      #include "student.h"                    //包含函数原型文件 student.h
```

```
4
5    int main()
6    {
7            struct student stu[50];              //用来保存学生记录，最多保存 50 条
8            int select, quit = 0;
9            while (1)
10           {
11                   menu();                       //调用函数 menu()输出菜单选项
12                   scanf("%d", &select);         //将用户输入的选择保存到 select
13                   switch (select)
14                   {
15                   case 1:                       //用户选择 1，即添加记录，会转到这里来执行
16                       add(stu);                 //调用函数 add()，同时传递数组名 stu
17                       break;
18                   case 2:                       //用户选择 2，即显示记录，会转到这里来执行
19                       showAll(stu);             //调用函数 showAll()，同时传递数组名 stu
20                       break;
21                   case 3:                       //用户选择 3，即修改记录，会转到这里来执行
22                       modify(stu);              //调用函数 modify()，同时传递数组名 stu
23                       break;
24                   case 4:                       //用户选择 4，即删除记录，会转到这里来执行
25                       del(stu);                 //调用函数 del()，同时传递数组名 stu
26                       break;
27                   case 5:                       //用户选择 5，即查找记录，会转到这里来执行
28                       search(stu);              //调用函数 search()，同时传递数组名 stu
29                       break;
30                   case 6:                       //用户选择 6，即排序记录，会转到这里来执行
31                       sort(stu);                //调用函数 sort()，同时传递数组名 stu
32                       break;
33                   case 0:                       //用户选择 0，即退出系统，会转到这里来执行
34                       quit = 1;                 //将 quit 的值修改为 1，表示可以退出死循环
35                       break;
36                   default:
37                       printf("请输入 0-6 之间的数字\n");
38                       break;
39                   }
40                   if (quit == 1)
41                       break;
42                   printf("按任意键返回主菜单！\n");
43                   getchar();                    //提取缓冲区中的回车键
44                   getchar();                    //起到暂停的作用
45           }
46           printf("程序结束！\n");
47           return 0;
48   }
```

第 7 行～第 8 行代码定义了学生数组 stu[]与需要的变量。第 9 行～第 45 行代码，在 while()循环中调用 switch 语句，控制菜单功能的选择，直到输入 0 时，程序运行结束。

　　由于前面各个函数模块已经完成了测试，这里不再展示运行效果，main()函数实现完毕之后，读者可以自行进行测试。

## 项目小结

　　在实现本项目的过程中，主要为读者讲解了数组的相关知识。首先讲解了数组的概念；然后讲解了一维数组知识，包括一维数组的定义与初始化、一维数组元素访问、一维数组的遍历、一维数组的排序；然后讲解了二维数组的相关知识，包括二维数组的定义与初始化、二维数组的元素访问、二维数组的遍历；最后讲解了数组作为函数参数，并通过案例演示了如何使用数组作为函数参数。通过本项目学习，读者能够对数组有一个深入的了解，并掌握一维数组、二维数组完成批量数据的处理。

## 习题

### 一、填空题

1. 数组索引从_____开始。

2. 数组索引是使用_____括起来的。

3. 若有数组 int a[]={1,4,9,4,23}; 则 a[1]= _____。

4. 若有数组 int arr[2][3] = { 1,2,3,4 };则 arr[1][1]= _____。

5. 定义数组 int a[2][3]，则数组 a 中可存放_____类型数据。

### 二、判断题

1. 数组可以存储一组不同类型的数据。　　　　　　　　　　　　　　　（　　　）

2. 数组名的命名遵循标识符命名规则。

3. 数组在初始化时不可以赋值一部分，必须全部初始化。　　　　　　　（　　　）

4. 数组名存储了数组首地址。　　　　　　　　　　　　　　　　　　　（　　　）

5. 二维数组在定义时，只要赋值了全部元素，可以省略行列大小。　　　（　　　）

6. int i[]={1,2,3,4};这种赋值方式是错误的。　　　　　　　　　　　　（　　　）

### 三、选择题

1. 下面（　　　）写法可以实现访问数组 arr 的第 1 个元素。

　　A．arr[0] 　　　　　　　　　　B．arr(0)

　　C．arr[1] 　　　　　　　　　　D．arr(1)

2. 下面对数组描述正确的是（　　　）。（多选）

　　A．数组的长度是不可变的

　　B．数组不能先声明长度再赋值

　　C．数组只能存储相同数据类型的元素

　　D．数组没有初始值

3. 下面关于二维数组的定义中，正确的是（　　　）。（多选）

　　A．int a[2][3] = {{1,2,3}, {4,5,6}};

　　B．int a[2][3] = {1,2,3,4,5,6};

C.  int b[3][4] = {{1},{4,3},{2,1,2}};

D.  int a[][3] = {1,2,3,4,5,6};

4.  若有定义语句：int a[3][6];按内存中存放的顺序，a 数组的第 10 个元素是 (　　)。

A.  a[0][3]                B.  a[1][4]

C.  a[0][4]                D.  a[1][3]

5.  若定义 int a[][3]={1,2,3,4,5,6,7,8}；则数组的行长度是 (　　)。

A.  3                B.  2

C.  无法确定                D.  1

## 四、简答题

1.  请简述冒泡排序的过程。

2.  请简述选择排序的过程。

## 五、编程题

1.  请编写一个程序，通过冒泡排序算法对数组 int b[]={25,24,12,76,101,96,28}进行排序。

2.  矩阵转置是线性代数的基本运算，矩阵的转置就是将矩阵的行列交换，即行变成列，列变成行。要求输入一个 4 行 4 列的矩阵，将矩阵转置后输出。

项目 **7** >>>>

# 围棋

PPT: 项目 7　围棋

教学设计: 项目 7
围棋

学习目标

- 了解计算机内存，能够概括出计算机内存特点及存储区域划分。
- 了解指针与指针变量，能够区分指针与指针变量的区别。
- 掌握指针变量的定义与引用，能够定义并引用指针变量。
- 掌握指针的取址运算，能够通过指针的取址运算获取变量的地址。
- 掌握指针的取值运算，能够通过指针的取值运算获取指针指向的变量值。
- 掌握指针的算术运算，能够通过指针的算术运算实现指针的移动。
- 了解数组名和指针，能够归纳数组名和指针的区别。
- 掌握数组指针，通过数组指针访问数组元素。
- 了解指针数组，能够理解指针数组中存储的元素特点。
- 掌握指针作为函数参数的使用，能够通过指针传递参数完成函数的调用。
- 掌握函数指针，能够定义函数指针并通过函数指针完成函数的调用。
- 了解指针函数，理解指针函数的意义与指针函数的定义。
- 掌握指针与 const 修饰符，能够定义常量指针、指针常量与常量的常指针。
- 掌握二级指针，能够定义并引用二级指针。
- 掌握内存申请与操作函数，能够调用内存相关函数完成内存申请、内存操作与内存释放。

指针是 C 语言中一种特殊的数据类型，指针变量与其他类型的变量不同，指针变量存储的是变量的地址。指针是 C 语言的精髓，同时也是 C 语言中最难掌握的一部分。正确地使用指针，可以使程序更为简洁紧凑，高效灵活。本项目将针对指针的相关知识进行详细讲解。

## 项目导入

围棋作为中华文明盛行已久的一种策略性棋牌游戏，蕴含着丰富的文化内涵。围棋强调以整体观念看待问题，注重大局和全局的考虑。在围棋中，每一步落子都会影响整个棋盘的局势，因此必须综合考虑对手的布局和自己的战术才能做出最优决策。这样的思维方式有助于我们理解许多社会问题，如国家发展、企业运营等，需要从全局角度出发，综合考虑各种因素。本项目要求创建一个棋盘，在棋盘生成的同时初始化棋盘，根据初始化后棋盘中棋子的位置来判断此时的棋局是否是一局好棋，具体要求如下。

实操微课 7-1：项
目导入

① 棋盘的大小根据用户的指令确定。

② 棋盘中棋子的数量也由用户设定。

③ 棋子的位置由随机数函数随机确定，假设生成的棋盘中有两颗棋子落在同一行或同一列，则判定为"好棋"，否则判定为"不是好棋"。

项目效果图如图 7-1 所示。

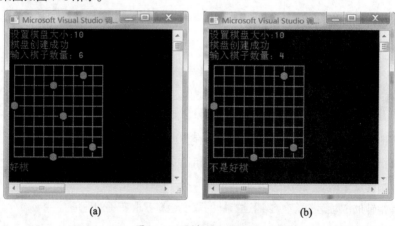

(a)　　　　　　　　　　　　　　(b)

图 7-1　围棋项目效果图

## 知识准备

### 7.1　认识计算机内存

指针是 C 语言中重要的数据类型，它赋予了 C 程序直接访问和修改内存中数据的能力。在学习指针之前，先来了解一下计算机中的内存。

早期计算机的内存只有千字节大小，随着计算机性能提升，计算机对内存大小的要求也在提高，目前，计算机支持的最大内存已超过 128 GB。内存具有线性存储的特点，并且内存具有真实的物理地址映射，内存以 1 个字节作为存储单

理论微课 7-1：认
识计算机内存

元，每个存储单元具有唯一的地址编号，这意味着程序可以通过寻址的方式获取内存中的数据，即通过内存地址获取内存中的数据或修改内存中的数据。

计算机的虚拟内存地址与物理地址的映射如图 7-2 所示。

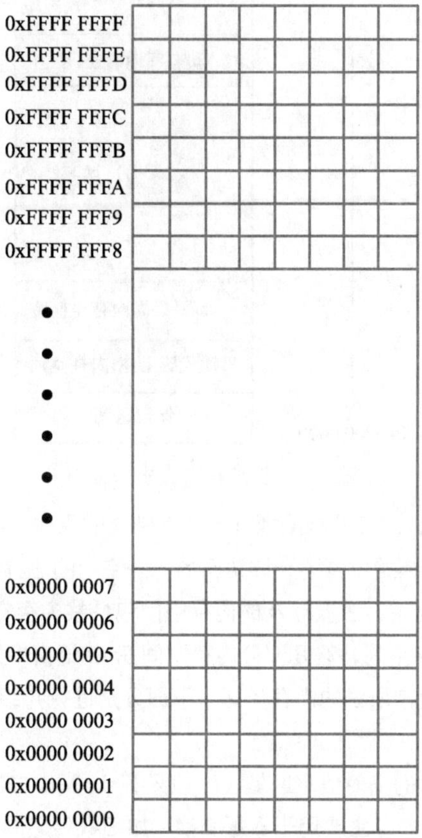

图 7-2　虚拟地址和物理内存地址映射

在图 7-2 中，左边的数字是用十六进制表示的内存地址编号，右边的小方格是内存空间。内存空间中每一个小方格代表一个 bit 位，每一行有 8 个方格（8 bit），即一行代表的内存大小为 1 个字节，每一个字节都有一个地址编号。

真实的物理内存空间由操作系统进行管理，它具有严格的地址区间划分。操作系统将内存划分成 7 个部分，每一部分内存空间都有严格的地址范围。当运行程序时，操作系统会把程序装载到内存，并为其分配相应的内存空间，存储程序中的变量、常量、函数代码等。程序在内存中的分布区域如图 7-3 所示。

在图 7-3 中，灰色区域为程序可用部分。在内存中，每一段内存空间都有严格的内存地址范围。下面结合图 7-3 分别介绍内存空间各部分的名称及含义。

① 系统内核空间：系统内核空间供操作系统使用，不允许用户直接访问。

② 栈内存空间：用于存储局部变量等数据，操作系统在为局部变量分配空间时，总是从高地址空间向低地址空间分配内存，即栈内存的增长方式是从高内存地址到低内存地址。

③ 动态库内存空间：用于加载程序运行时链接的库文件。

④ 堆内存空间：堆内存空间需要程序开发者通过代码手动申请释放，其增长方式是从低到高。

⑤ 读/写数据内存空间：用于存储全局变量、静态全局变量等保存的数据。

⑥ 只读代码/数据内存空间：用于存储函数代码、常量等数据。

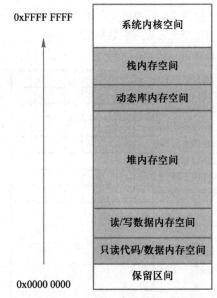

图 7-3　程序在内存中的分布

⑦ 保留区间：保留区间是内存的起始地址，具有特殊的用途，不允许用户访问。保留区间并非一段连续的空间，而是靠近起始位置不允许访问的一些空间的总称。

C 语言程序编译运行过程中，主要涉及的内存空间包括栈内存空间、堆内存空间、读/写数据内存空间、只读代码/数据内存空间，这几部分内存空间在 C 语言中又称为栈、堆、数据段、代码段，这 4 部分就是 C 程序员通常所说的内存 4 区，下面分别进行介绍。

（1）栈

栈是用来存储函数调用时的临时信息区域，一般只有 10 MB 左右大小的空间，栈顶地址和栈大小是系统预先规定好的。栈内存主要用于数据交换，如函数传递的参数、函数返回地址、函数的局部变量等。栈内存由编译器自动分配和释放。

（2）堆

堆是不连续的内存区域，各部分区域由链表将它们串联起来。堆内存是由内存申请函数获取，由内存释放函数归还。若申请的内存空间在使用完成后不释放，会造成内存泄漏。堆内存的大小是由系统中有效的虚拟内存决定的，可获取的空间较大，而且获得空间的方式也比较灵活。

虽然堆区的空间较大，但必须由程序员自己申请，而且在申请时需要指明空间的大小，使用完成后需要手动释放。另外，由于堆区的内存空间是不连续的，容易产生内存碎片。

（3）数据段

数据段可分为 bss 段、data 段、常量区 3 个部分。其中，bss 段用于存储未初始化或初始化为 0 的全局变量、静态变量；data 段存储初始化的全局变量、静态变量；常量区存储字符串常量和其他常量。

（4）代码段

代码段也称为文本段，存放的是程序编译完成后的二进制机器码和处理器的机器指令。

## 7.2　指针

指针在 C 语言应用领域有着很重要的地位，掌握指针的用法有助于提高 C 语言程序开发的效率。本节将从指针的概念开始讲解，让读者初步认识指针。

## 7.2.1 指针与指针变量

指针就是内存地址，是一个常量，通过指针可以访问内存中存储的数据。在程序中定义一个变量，操作系统会为该变量分配一块内存空间，这一块内存空间具有地址编号，通过这个地址就可以找到变量的存储位置，进而访问内存中存储的变量的值。

例如，定义一个 int 类型的变量，示例代码如下。

```
int a = 10;
```

上述代码定义了一个 int 类型的变量 a，存储了整型的数据 10，编译器会根据定义变量的类型为变量 a 分配 4 字节的连续内存空间。假如这块连续空间的首地址为 0x0037FBCC，变量 a 占据 0x0037FBCC～0x0037FBD0 内存区域共 4 个字节的空间，0x0037FBCC 就是变量 a 的地址。变量 a 在内存中的存储如图 7-4 所示。

在图 7-4 中，变量 a 的地址为 0x0037FBCC，0x0037FBCC 就是指向变量 a 的指针，通过该指针可以访问变量 a。

如果有一个变量专门用来存放地址（指针），这个变量就被称为"指针变量"。指针和指针变量是两个完全不同的概念，指针是一个地址，而指针变量是存放地址（指针）的变量。

若将编写程序比喻成购买火车票，程序执行就类似于验票乘车去往目的地。如果把火车当成计算机内存，那么火车上有顺序排列的座位号相当于内存中的地址编号，座位上的乘客相当于存储在内存中的数据，通过座位号可以准确找到乘客，类似于使用指针访问内存中的数据。

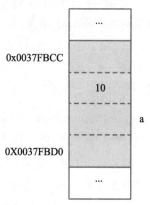

图 7-4　变量 a 在内存中的存储

如果把乘务员当成指针变量，乘务员通过查看座位号就能确认乘客信息，这就好比通过内存地址获取内存中的数据。

## 7.2.2 指针变量的定义与引用

定义指针变量的语法格式如下。

```
基类型* 变量名;
```

上述语法格式中，基类型用于指定定义的指针变量的数据类型，变量名前的符号"*"表示该变量是个指针变量。

下面是一段定义指针变量的示例代码。

```
int* p;
```

上述示例中定义了一个基类型为 int 类型的指针变量 p，该指针变量指向的变量必须为 int 类型。指针变量只能接受其他变量的地址作为其值。获取变量地址的语法格式如下。

```
&变量名
```

在上述语法格式中，符号"&"是取址运算符，用于获取变量的地址。可以将变量地址赋值给指针，将变量地址赋值给指针变量的方式有两种。

① 定义指针变量的同时对其赋值，具体示例如下。

```
int a;
int* p = &a;
```

在上述代码中，首先定义 int 类型变量 a，然后定义指针变量 p，同时将变量 a 的地址赋给 p。

② 先定义指针变量，再对其赋值，具体示例如下。

```
int* p;
int a;
p = &a;
```

在上述代码中，首先定义指针变量 p，然后定义 int 类型变量 a，最后将变量 a 的地址赋给 p。

变量占据内存空间，通过 "&" 符号可以获取变量所占内存空间的地址，调用 printf() 函数可以直接输出变量所占内存空间的地址，在输出地址时，以 %p 格式输出，具体示例代码如下。

```
int a, b;                          // 定义整型变量
int* pA = &a;                      // 定义指针变量 pA 并赋入变量 a 的地址
int* pB;                           // 定义指针变量 pB
pB = &b;                           // 将变量 b 的地址赋给指针变量 pB
printf("&a = %p, pA = %p\n", &a, pA);  // 打印变量 a 的地址和指针变量 pA 的值
printf("&b = %p, pB = %p\n", &b, pB);  // 打印变量 b 的地址和指针变量 pB 的值
```

通过运行上述代码可以输出变量 a 和变量 b 的地址，需要注意的是，多次运行程序，每次运行结果可能会不相同，这是因为内存是随机分配的。

在定义指针变量时，需要注意以下几点。

① 指针变量是变量，它也占据一块内存空间。在 64 位系统中，所有类型的指针变量都占 4 字节内存。

② 在为指针变量赋值时，不能写成 "*pB = &b;"，这是因为变量 b 的地址是赋给指针变量 pB 本身，而不是赋给 "*pB"。

③ 定义指针变量时必须指定基类型。如果一个指针变量没有指定基类型，编译器就无法确定以何种形式解读内存中的数据，例如，是将指针变量解读为 int 类型数据还是解读为 float 类型数据。

④ 变量指针的含义包含两个方面，一是内存地址，二是该指针指向的变量数据类型。在说明指针变量时不应说 "p 是一个指针变量"，而应完整地说 "p 是一个指向整型数据的指针变量"。

⑤ 指针类型的表示。指向整型数据的指针类型表示为 "int*"，读成 "指向 int 类型数据的指针" 或简称 "int 指针"。int*、char*、float* 是 3 种不同类型的指针，不能混淆。

⑥ 指针变量中只能存放地址（指针），不要随便将一个整数赋给指针变量。例如下面的代码。

```
int* p = 100;
```

除非知道整数 100 是哪个变量的地址，否则不要将 100 赋给指针变量 p。

所谓引用指针变量，就是根据指针变量中存放的地址，访问该地址对应的变量。访问指针变量指向变量的方式非常简单，只需在指针变量前加一个 "*"（取值运算符）即可，其语法格式如下。

```
*指针表达式;
```

在上述格式中，"*" 为取值运算符，"指针表达式" 一般为指针变量名。通过间接寻址访问，

可以获取指针指向地址中的数据。指针变量的引用示例代码如下。

```
int num = 100;              // 这里定义一个整型变量 num
int* p = &num;              // 定义指针变量 p 并将其指向变量 num
printf("*p   = %d\n", *p);  // 通过 num 地址读取 num 中的数据，结果为 100
```

📖 多学一招：空指针、野指针与 **void\*** 指针

除了指向具体变量的指针，C 语言中还有一些其他类型的指针，如空指针、野指针和 void\*指针，下面分别进行介绍。

（1）空指针

空指针表示指针没有指向任何内存单元。构造空指针有两种方法：将指针赋值为 0 或赋值为 NULL，示例代码如下。

```
int* p1 = 0;        // 唯一不经转换就可以赋值给指针的数值
int* p2 = NULL;     // NULL 是个宏定义，其作用等价于 0
```

一般在编程时，定义一个指针都要将指针初始化为 NULL，示例代码如下。

```
int x = 10;
int* p = NULL;
p = &x;
```

（2）野指针

野指针是指向不可用区域的指针。对野指针进行操作，通常会发生不可预知的错误。野指针的形成原因有两种，具体如下。

① 指针变量没有被初始化。定义一个指针，没有初始化，它就会随机指向某个内存，不知道会指到哪个地方，如果指到被操作系统使用的内存，则操作它时可能会造成系统崩溃。所以在定义指针时要初始化指针为 NULL 或让指针指向合法的内存。

② 指针与内存使用完毕之后，调用相应函数将内存被释放掉，指针却没有被置为 NULL。此时指针就变为野指针。

在编程时，指针是否为 NULL 可以进行检测，如 if(p == NULL)，但是野指针是无法进行检测的，所以要处处小心野指针所布下的陷阱，更要避免野指针的出现。

（3）void\*指针

前面讲过的指针都有一定的数据类型，如 int 类型指针、char 类型指针等，有一类指针被 void\*修饰，称为无类型指针。这类指针指向一块内存，却没有告诉应用程序按什么类型去解读这块内存，所以无类型指针不能直接进行数据的存取操作，必须先转换成其他类型的指针才能解读内容，示例代码如下。

```
void* p;        // 定义一个无类型指针变量
(int*)p;        // 将无类型指针变量转换成 int 类型的指针变量
```

上述代码中，将无类型指针变量 p 转换成 int 类型指针变量后，就可以将内存中的数据以 int 类型解读出来。

## 7.3 指针的运算

C 语言程序中，可以使用各种运算符对各种数据类型的变量进行运算，指针变量也可以通过运

算符进行运算，与基本数据类型变量运算不同的是，指针变量的运算针对的是内存中的地址，本节将针对指针的相关运算进行讲解。

### 7.3.1　取址运算

在程序中定义变量，系统会为变量在内存中开辟内存空间，用于存储变量的值，每个变量在内存中存储的位置有唯一的编号，编号就是变量的内存地址。C 语言支持通过取地址运算符"&"获得变量的地址，其语法格式如下。

理论微课 7-4：取址运算

```
&变量
```

下面通过一个案例演示取地址运算符的使用。

**例 7-1**　取地址运算符的使用。

addr.c

```
1    #include <stdio.h>
2    int main()
3    {
4        int a = 1;
5        int* p = &a;                    //定义指向变量 a 的指针变量 p，并取变量 a 的地址为其赋值
6        printf("变量 a 内存地址:%p\n", &a);
7        printf("指针变量 p 存储的地址:%p\n",p);
8        return 0;
9    }
```

例 7-1 运行结果如图 7-5 所示。

图 7-5　例 7-1 运行结果

在例 7-1 中，第 4 行代码定义了一个 int 类型的变量 a。第 5 行代码定义了一个 int*类型的指针变量 p，通过取地址运算&a 将变量 a 的地址赋值给指针变量 p。第 6 行和第 7 行代码分别输出&a 与指针变量 p 的值，由图 7-4 可知，&a 的值与指针变量 p 的值是相同的。

除了取变量的地址为指针变量赋值外，同类型指针变量之间也可以进行赋值。示例代码如下。

```
int* p = &a;
int* q = p;
```

📝 **小提示：指针访问未知内存地址**

如果试图改变未知内存地址中的数据会造成系统破坏或者异常错误出现。由于未知地址存放的数据是无从知晓的，访问未知地址是很危险的，示例代码如下。

```
char* p = (char*)0x08000CEF;          //变量 p 保存的是地址 0x08000CEF
*p = 'x';                             //间接的改变 0x08000CEF 地址的数据
```

在上述代码中，为 char 类型的指针变量 p 赋了一个未知地址，然后试图通过 p 改变该地址

中的数据，程序运行时出现异常：写入访问权限冲突。这是因为该地址是不合法的，例如它可能指向内核空间或者是正在运行程序的进程空间地址。因此，使用指针变量时，要避免通过指针访问未知的内存地址，以免程序发生不可预知的错误。

### 7.3.2　取值运算

理论微课 7-5：取
值运算

指针变量存储的数值是一个地址，针对指针变量的取值并非取出它所存储的地址，而是间接取得该地址中存储的值。C 语言支持以取值运算符"*"取得指针变量所指向内存单元中存储的数据，这个取值过程也称为解引用。指针取值运算的语法格式如下。

> *指针表达式

在上述格式中，"*"表示取值运算符，"指针表达式"一般为指针变量名。通过取值运算，可以获取指针指向地址中的数据。

下面通过一个案例演示取值运算符的使用。

例 7-2　取值运算符的使用。

getVal.c

```
1    #include <stdio.h>
2    int main()
3    {
4        int a = 1;
5        int* p = &a;
6        int b = *p;              //取出指针变量 p 指向的内存中的数据，并赋值给变量 b
7        printf("指针变量 p 指向内存地址的数据是:%d\n",b);
8        return 0;
9    }
```

例 7-2 运行结果如图 7-6 所示。

图 7-6　例 7-2 运行结果

在例 7-2 中，指针变量 p 中存储的是变量 a 的地址，通过取值运算符"*"取出该地址中的数据（即 a 的值），并赋值给变量 b。输出变量 b，由图 7-6 可知，其值为 100，表明通过取值运算符"*"取值成功。

### 7.3.3　指针算术运算

理论微课 7-6：指
针算术运算

指针变量除了取址运算和取值运算以外，还包括指针与整数的加法运算、减法运算、自增运算、自减运算、同类指针相减运算，下面针对指针常用的算术运算进行详细讲解。

#### 1. 指针变量与整数相加减

指针变量可以与整数进行相加或相减操作，示例代码如下。

p+n,p-n

在上述代码中，p 是一个指针变量，p+1 表示将指针向后移动 1 个数据长度，移动的数据长度由定义的指针变量类型决定，也称为步长，若指针是 int* 类型的指针，则 p 的步长为 4 字节，执行 p+1，则 p 的值加上 4 个字节，即 p 向后移动 4 个字节。

为了帮助读者对指针变量与整数相加减操作的理解，下面通过一张图表示上述操作，假设 p 为 int* 类型指针，则 p 与 p+1 的位置如图 7-7 所示。

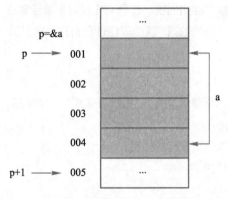

图 7-7　指针 p+1 的内存图解

由图 7-7 可知，变量 a 的地址是 001，p 的值也是 001，当执行"p = p+1"时，因为 p 的基类型是 int 型，在内存中占 4 个字节，所以 p+1 后，p 就指向了 001 后面 4 个字节的位置，即地址 005 的位置。

同样，指针也可以与整数进行相减运算，例如，在图 7-7 中，p 指向地址 005，执行 p-1 操作，则指针会重新指向地址 001。

指针变量的加减运算实质上是指针在内存中的移动，需要注意的是，对于单独零散的变量，指针的加减运算并无意义，只有指向连续的同类型数据区域，指针加、减整数才有实际意义，因此指针的加减运算通常出现在数组操作、数据结构中。

2. 指针表达式的自增、自减运算

指针类型变量也可以进行自增或自减运算，示例代码如下。

```
p++ , ++p            //自增运算
p-- , --p            //自减运算
```

在上述代码中，指针运算可分为自增和自减运算，根据自增和自减运算符的先后可以分为先增（减）和后增（减）运算。自增和自减运算符在前面已经讲解过，在这里使用方法一样，不同的是其增加或减少指的是指针向前或向后移动。

指针的自增自减运算与指针的加减运算含意是相同的，每自增（减）一次都是向后（前）移动一个步长，即 p++、++p 最终的结果与 p+1 是相同的。

3. 同类型指针相减运算

同类型指针可以进行相减操作，示例代码如下。

pm-pn

在上述代码中，pm 和 pn 是两个类型相同的指针变量。同类型指针进行相减运算其结果为两个指针相差的步长。例如，有连续内存空间上的两个 int* 类型指针 pm 与 pn，若 pm 与 pn 之间相差 8 个字节，则 pm-pn 结果为 2，这是因为 int* 类型指针的步长为 4，两个指针相差 8 字节，则是 2 个步长。

💡 注意:

　　同类型指针之间只有相减运算，没有相加运算，两个地址相加是没有意义的，此外，不同类型指针之间不能进行相减运算。

📝 小提示：指针算术运算的本质

　　指针算术运算与一般算术运算的区别是，指针算术运算是一种具有数值和数据类型的运算，即加上或减去整数值是以指针变量类型大小为单位进行的运算。这种运算方式常用于连续内存空间的相关操作，如数组、动态内存分配的空间。

## 7.4 指针与数组

　　若一个数组中的所有元素都是指针类型，那么这个数组就是指针数组，该数组中的每一个元素都存放一个指针。同样，指针变量不仅可以指向普通变量，也可以指向一个数组，若一个指针变量指向数组，该指针就称为数组指针。数组和指针之间有着千丝万缕的联系，本节将针对数组和指针的相关知识进行详细讲解。

### 7.4.1 数组名和指针

　　数组名用于记录数组的起始地址，数组名是一个指针。但它与普通指针又有不同，其值不能更改，即数组名不可以被赋为其他值，只能存储数组的起始地址，由此表明数组名是一个指针常量。

理论微课 7-7：数组名和指针

　　数组名具有指针常量的所有特性，但又具备一些特殊的属性，不能像操作其他指针常量一样操作数组名，有些操作对数组名来说是不合理或非法的，具体如下。

　　① 数组与数组不能进行比较操作，示例代码如下。

```
int arr1[3] = {1,2,3};
int arr2[3] = {4,5,6};
if(arr1 < arr2){...}            //不合理操作
```

　　上述代码定义了两个 int 类型的数组，使用 if 条件结构语句对两个数组名进行比较操作，虽然该比较操作不会报错，但这样的操作却不合理，数组名记录的是数组起始地址，两个数组地址比较没有任何意义。

　　② 数组与数组不能进行算术运算，示例代码如下。

```
int arr1[5] = {5,6,7,8,9};
int arr2[5] = {2,3,4,5,6};
arr1 += arr2;                   //错误操作
```

　　在上述代码中，两个数组名相加就是两个地址相加，是非法的。

　　③ 无法使用 sizeof 运算符获取数组名（指针常量）的大小。

　　使用 sizeof 运算符计算数组名，会得到整个数组所占内存空间的大小，而不是数组名这个指针常量所占的内存空间，示例代码如下。

```
int arr[5];
```

```
printf("%d\n", sizeof(arr));              //结果为 20，不是 4
```

④ 对数组名执行取地址运算，结果为数组首地址。

数组名是一个特殊的指针，对其执行取地址运算，结果还是数组的首地址，示例代码如下。

```
int arr[6];
printf("%p\n", arr);              //数组起始地址
printf("%p\n", &arr);            //数组起始地址
```

在上述代码运行后得到同一个地址，即数组起始地址。二维数组名与一维数组名相同，也是一个指针常量，只是二维数组名是一个二级指针常量，对二维数组名执行上述操作得到二维数组起始地址。

### 7.4.2  数组指针

数组指针是指向数组的指针，在 C 语言中，常用的数组指针为一维数组指针和二维数组指针，下面分别进行介绍。

1. 一维数组指针

数组在内存中占据一段连续的空间，对于一维数组来说，数组名默认保存了数组在内存中的起始地址，而一维数组的第 1 个元素与一维数组的起始地址是相同的，因此在定义指向数组的指针时，可以直接将数组名赋值给指针变量，也可以取第 1 个元素的地址赋值给指针变量。

理论微课 7-8：一维数组指针

假设有一个 int 类型的数组，定义如下。

```
int arr[5]={3,5,4,7,9};
```

指向数组的指针变量的类型与数组元素的类型是相同的，定义一个指向数组 arr 的指针，示例代码如下。

```
int* p1 = arr;              //将数组名 arr 赋值给指针变量 p1
int* p2 = &arr[0];         //取第 1 个元素的地址赋值给指针变量 p2
```

在上述代码中，指针 p1 与指针 p2 都指向数组 arr。

数组指针可以像数组名一样，使用索引取值法对数组中的元素进行访问，格式如下。

```
p[索引]              //索引取值法
```

例如，通过指针 p1 访问数组 arr 的元素，示例代码如下。

```
p1[0]              //获取数组第 1 个元素 3，相当于 arr[0]
p1[1]              //获取数组第 2 个元素 5，相当于 arr[1]
```

数组指针除了通过索引访问数组元素之外，还可以通过取值运算符 "*" 访问数组元素，例如，通过*p1 可以访问到数组的第 1 个元素，如果访问数组后面的元素，如访问第 3 个元素 arr[2]，则有以下两种方式。

① 移动指针，使指针指向 arr[2]，获取指针指向元素的值，代码如下。

```
p1 = p1+2;              //将指针加 2，使指针指向 arr[2]
*p1;                   //通过*运算符获取到 arr[2]元素
```

在上述代码中，指针 p1 从数组首地址后移动了 2 个步长，指向了数组第 3 个元素。由于数组是一段连续的内存空间，所以指针可以在这段内存空间上进行加减运算，在执行 p1 = p1+2 之后，

指针 p1 向后移动，从第 1 个元素指向第 3 个元素。其内存图解如图 7-8 所示。

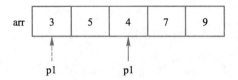

图 7-8　移动指针 p1 访问数组元素

② 不移动指针，通过数组指针的加减运算访问元素。

```
*(p1+2)              //获取元素 arr[2]
```

在上述代码中，指针 p1 还是指向数组首地址，以指针 p1 为基准，取后面两个步长处的元素，即 arr[2]。其内存图解如图 7-9 所示。

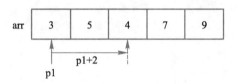

图 7-9　不移动指针 p1 访问数组元素

在图 7-9 中，指针 p1 仍旧指向数组起始地址，而在图 7-8 中，指针 p1 被移动到元素 4 的位置。

当指针指向数组时，指针与整数加减表示指针向后或向前移动整数个元素，同样指针每自增或自减一次，表示向后或向前移动一个元素。当有两个指针分别指向数组不同元素时，两个指针还可以进行相减运算，运算结果为两个指针之间的数组元素个数。其内存图解如图 7-10 所示。

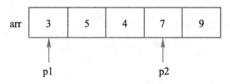

图 7-10　数组指针相减内存图解

在图 7-10 中，指针 p1 指向数组首元素，指针 p2 指向数组第 4 个元素，执行 p2-p1，结果为 3，表示两个指针之间相差 3 个元素。这是因为指针之间的运算单位是步长，其实 p1 与 p2 之间的相差 12 个字节，即相差 3 个 sizeof(int)。

下面通过一个案例演示一维数组指针的使用。

例 7-3　用户画像。假如一家公司要推出一款运动类 App，该 App 面向各个年龄段的用户，并根据用户的填写信息为用户推荐合适的运动套餐。该运动 App 将用户分为 3 个年龄段。

● 小于 30 岁：年轻用户。

● 31~55 岁：中年用户。

● 56 岁及以上：老年用户。

请编写一个程序，勾勒用户画像，具体要求如下。

① 根据用户输入的出生日期，提取出用户出生年份，使用指针实现用户出生年份的提取。

② 计算用户的年龄，并判断用户属于哪个年龄段。

在实现案例时，可以定义一个 int 类型的数组用于存储用户出生日期，使用指针遍历数组，提取出年份数据，使用当前年份减去提取出的年份，判断用户年龄段。案例具体实现如下。

arr_point1.c

```
1    #define _CRT_SECURE_NO_WARNINGS
2    #include <stdio.h>
3    #include <stdlib.h>
4    int main()
5    {
6        int year = 2023;
7        int birthday[6];
8        printf("请输入出生日期(数字分隔输入)：\n");
9        for (int i = 0; i < 6; i++)
10           scanf("%d", &birthday[i]);
11       int* p = birthday;                    //定义指针 p 指向数组 ID
12       //遍历数组 ID，提取出第 1~4 位元素
13       int a, b, c, d;                       //存储提取出的 4 个元素
14       a = *(p + 0);
15       b = *(p + 1);
16       c = *(p + 2);
17       d = *(p + 3);
18       int num = 1000 * a + 100 * b + 10 * c + d;
19       int temp = year - num;
20       if (temp <= 30)
21           printf("该用户为年轻用户\n");
22       else if(temp >30 && temp <=55)
23           printf("该用户为中年用户\n");
24       else
25           printf("该用户为老年用户\n");
26       return 0;
27   }
```

运行例 7-3，输入用户出生日期，结果如图 7-11 所示。

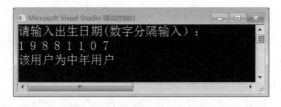

图 7-11  例 7-3 运行结果

在例 7-3 中，第 6 行代码定义了当前年份。第 7 行代码定义了一个大小为 6 的 int 类型数组 birthday，用于存储用户日期。第 9 行和第 10 行代码使用 for 循环结构语句为数组 birthday 中的元素赋值。第 11 行代码定义了指向数组 birthday 的指针 p。

第 13 行~第 18 行代码使用指针 p 提取出数组 birthday 中的前 4 个元素，并通过计算得出年份。第 19 行代码计算用户年龄。第 20 行~第 25 行代码使用 if…else if…else 选择结构语句判断用户年龄。由图 7-11 可知，本次输入的用户为中年用户。

### 2. 二维数组指针

理论微课 7-9：二维数组指针

二维数组指针的定义要比一维数组复杂一些，定义二维数组指针时需指定列的个数，定义格式如下。

数组元素类型 (*数组指针变量名)[列数];

在上述语法格式中，"*数组指针变量名"使用了一个小括号括起来，这样做是因为"[]"的优先级高于"*"，如果不括起来编译器就会将"数组指针变量名"和"[列数]"先进行运算，构成一个元素都是指针类型数据的数组，而不是定义指向数组的指针。

假设定义一个 2 行 3 列的二维数组 arr，示例代码如下。

int arr[2][3] = {{1,2,3},{4,5,6}};

按照上述格式定义指向数组 arr 的指针，示例代码如下。

```
int (*p1)[3] = arr;          //二维数组名赋值给指针 p1
int (*p2)[3] = &arr[0][0];   //取第一个元素的地址赋值给 p2
```

在上述代码中，指针 p1 与指针 p2 都指向二维数组 arr，这与一维数组指针赋值方式是相同的。但二维数组的每一行可以看成一维数组，如图 7-12（b）所示，在数组 arr 中，arr[0]是个一维数组，表示二维数组的第 1 行，它保存的也是一个地址，这个地址就是二维数组的首地址。因此在定义二维数组指针时，也可以将二维数组的第 1 行地址赋值给指针，示例代码如下。

```
int (*p3)[3] = arr[0];       //取第一行地址赋值给 p3
```

在上述代码中，指针 p3 也是指向二维数组 arr，对前面定义的 p1、p2 指针和 p3 指针执行取值运算，结果都是二维数组的第 1 个元素。虽然可以通过多种方式定义二维数组指针，但平常使用最多的还是直接使用二维数组名定义二维数组指针。

使用二维数组指针访问数组元素可以通过索引的方式，示例代码如下。

```
p1[0][0];                    //访问第 1 个元素
```

此外，还可以通过移动指针访问二维数组中的元素，但指针在二维数组中的运算与一维数组不同，在一维数组中，指向数组的指针每加 1，指针移动步长等于一个数组元素的大小，而在二维数组中，指针每加 1，指针将移动一行。以数组 arr 为例，若定义了指向数组的指针 p，则 p 初始时指向数组首地址，即数组的第 1 行元素，若执行 p+1，则 p 将指向数组中的第 2 行元素。其逻辑结构与内存图解如图 7-12 所示。

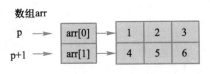

(a) 二维数组指针移动逻辑结构示意图

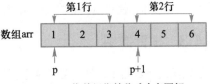

(b) 二维数组指针移动内存图解

图 7-12　二维数组指针移动图解

由图 7-12 可知，在二维数组 arr 中，指针 p 加 1，是从第 1 行移动到了第 2 行，在内存中，则是从第 1 个元素移动到了第 4 个元素，即跳过了一行（3 个元素）的距离。综上所述，二维数组指针每加 1，就移动 1 行。

了解了二维数组指针的移动过程，就可以很容易地通过移动二维数组指针访问二维数组中的元素。例如，通过 p 访问二维数组 arr 中的第 2 行第 2 列的元素，示例代码如下。

```
*(p[1]+1)              //第 1 种方式
*(*(p+1)+1)            //第 2 种方式
```

下面通过一个案例演示二维数组指针的使用。

例 7-4  要求使用二维数组指针遍历二维数组的元素。案例具体实现如下。

arr_point2.c

```
1    #include <stdio.h>
2    int main()
3    {
4        int arr[3][4] = { 2,34,56,12,894,89,16,9,0,0,14,263 };
5        int (*p)[4] = arr;                  //定义二维数组 arr 的指针 p
6        for (int i = 0; i < 3; i++)         //以行为循环条件
7        {
8            for (int j = 0; j < 4; j++)     //以列为循环条件
9            {
10               printf("%d\t", p[i][j]);
11           }
12           printf("\n");                   //每行输出之后换行
13       }
14       return 0;
15   }
```

例 7-4 运行结果如图 7-13 所示。

图 7-13  例 7-4 运行结果

在例 7-4 中，第 4 行代码定义了一个 3 行 4 列的二维数组 arr。第 5 行代码定义了一个指向二维数组 arr 的指针 p。第 6 行～第 13 行代码在 for 循环嵌套中，使用指针 p 输出了二维数组 arr 的元素。由图 7-13 可知，使用指针 p 成功输出了二维数组 arr 中的元素。

### 7.4.3  指针数组

指针数组就是数组中存储的元素都是指针，即数组中存储的是类型相同的指针变量。定义一维指针数组的语法格式如下。

理论微课 7-10: 指针数组

类型名* 数组名[常量表达式];

在上述语法格式中，类型名表示该指针数组的数组元素指向的变量数据类型，符号"*"表示数组元素是指针变量。

根据上述语法格式，假设要定义一个包含 5 个整型指针的指针数组，示例代码如下。

```
int* parr[5];
```

上述代码定义了一个长度为 5 的指针数组 parr，数组中元素的数据类型都是 int*。由于 "[]" 的优先级比 "*" 高，数组名 parr 优先和 "[]" 结合，表示这是一个长度为 5 的数组，之后数组名与 "*" 结合，表示该数组中元素的数据类型都是指针类型。parr 数组中的每个元素都指向一个 int 类型变量。

指针数组的数组名是一个地址，它是指针数组的起始地址，同时也是第 1 个元素的地址，由于指针数组中的元素是地址，即指针数组名指向的是地址，所以指针数组的数组名实质是一个二级指针。

指针数组在 C 语言编程中非常重要，为了让读者能够更好地掌握指针数组的应用，下面使用指针数组处理一组数据。

有一个 float 类型的数组存储了学生的成绩，其定义如下。

```
float arr[10] = {88.5,90,76,89.5,94,98,65,77,99.5,68};
```

定义一个指针数组 str，将数组 arr 中的元素取地址赋给 str 中的元素，示例代码如下。

```
float* str[10];                    //定义一个 float 类型的指针数组
for(i = 0; i < 10; i++)
{
    str[i] = &arr[i];              //将 arr 数组中的元素取地址赋予 str 数组元素
}
```

在上述代码中，首先定义了一个 float 类型指针数组 str，然后使用 for 循环将 arr 数组中的元素地址赋给了 str 数组元素，则数组 arr 与数组 str 之间的关系如图 7-14 所示。

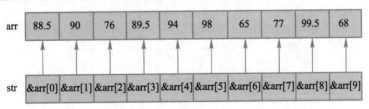

图 7-14　数组 arr 与数组 str 的关系

指针数组 str 中存储的是数组 arr 中的数组元素地址，可以通过操作指针数组 str 对这一组成绩进行排序，而不改变原数组 arr，例如，使用冒泡排序对数组 str 进行从大到小的排序，示例代码如下。

```
for(i = 0; i < 10-1; i++)
{
    float* pTm;                         //定义临时指针用于交换
    for(j = 0; j < 10-1-i; j++)
    {
        if(*str[j] < *str[j+1])
        {
            pTm = str[j];
            str[j] = str[j+1];
            str[j+1] = pTm;
        }
    }
}
```

上述代码使用冒泡排序对指针数组 str 从大到小排序，在 str 数组中，每个元素都是一个指针，因此，在比较元素大小时，使用"*"符号取值进行比较。

排序完成之后，数组 arr 并没有改变，只是指针数组 str 中的指针指向发生了改变，此时数组 str 与数组 arr 之间的关系如图 7-15 所示。

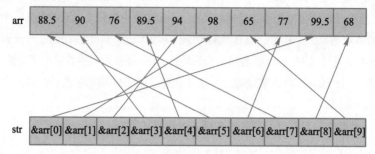

图 7-15   排序完成后数组 str 与数组 arr 之间的关系

当然，如果在排序过程中，不交换指针数组 str 中的指针，而交换指针指向的数据，则数组 arr 就会被改变。交换 str 中指针指向的数据，示例代码如下。

```
for(i = 0; i < 10-1; i++)
{
    float tpm;                          //定义一个 float 的类型的临时变量
    for(j = 0; j < 10-1-i; j++)
    {
        if(*str[j] < *str[j+1])         //交换指针指向的数据
        {
            tpm = *str[j];
            *str[j] = *str[j+1];
            *str[j+1] = tpm;
        }
    }
}
```

上述代码在排序时交换了 str 数组中指针指向的数据，排序完成之后，指针数组 str 与数组 arr 之间的关系如图 7-16 所示。

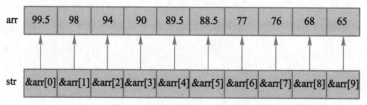

图 7-16   交换 str 数组中指针指向的数据

由图 7-16 可知，在排序中交换了指针指向的数据，则 arr 数组改变，而指针数组 str 中指针的指向并没有改变，但其指向的位置处数据发生了改变，因此指针数组 str 也相当于完成了排序。

由上述示例可知，使用指针数组处理数据更加灵活，正因如此，指针数组的应用很广泛，特别是在操作后续项目学习的字符串、结构体、文件等数据时应用更加广泛。

## 7.5  指针与函数

函数与指针也存在千丝万缕的联系，在程序中，可以将指针作为函数参数，可以定义一个指向函数的指针，也可以定义一个返回指针的函数。一个指向函数的指针称为函数指针，返回指针的函数称为指针函数。本节将针对指针作为函数参数、函数指针、指针函数进行详细讲解。

### 7.5.1 指针作为函数参数

在项目 5 学习函数的参数传递时，都是传递的数值，形式参数与实际参数各占一段内存单元，互不影响。除了传递数值，函数还可以使用地址（指针）作为参数，使用地址作为函数参数时，形式参数和实际参数都指向主调函数中数据所在的内存，在函数内部通过形式参数修改数据，实际参数的值也会随之改变。

理论微课 7-11：指针作为函数参数

下面通过一个案例演示指针作为函数参数的使用。

例 7-5　指针交换数据。定义一个函数 swap()，在 swap()函数内部，交换两个参数的值。案例具体实现如下。

swap.c

```
1    #include <stdio.h>
2    void swap(int *px, int *py)              //函数功能：交换两个参数的值
3    {
4         int temp = *px;
5         *px = *py;
6         *py = temp;
7         printf("swap()函数：*px = %d    *py = %d\n", *px, *py);
8    }
9    int main()
10   {
11        int x = 100, y = 200;
12        printf("main()函数：x = %d    y = %d\n", x, y);
13        printf("调用 swap()函数交换 x、y 的值\n");
14        swap(&x, &y);
15        printf("main()函数：x = %d    y = %d\n", x, y);
16        return 0;
17   }
```

例 7-5 运行结果如图 7-17 所示。

图 7-17　例 7-5 运行结果

在例 7-5 中，第 2 行～第 8 行代码定义了 swap()函数，该函数有两个指针类型的参数，函数功能是交换两个参数的值。第 11 行代码，在 main()函数中定义了两个变量 x、y，初始化值分别是 100 和 200。第 12 行代码输出变量 x 和 y 的值。第 14 行代码调用 swap()函数，将变量 x、y 的地址作为参数传递。调用 swap()函数之后，第 15 行代码再次输出 main()函数中变量 x、y 的值，由图 7-17

可知，调用 swap() 函数之后，swap() 函数中输出的 *px 值为 200，*py 的值为 100，而 main() 函数中，变量 x 的值变为了 200，变量 y 的值变为了 100。

指针作为函数参数，形式参数与实际参数指向同一段内存空间，在例 7-5 中，swap() 函数中的形式参数（指针）指向的内存与 main() 函数中的实际参数的内存是同一段内存，其内存模式如图 7-18 所示。

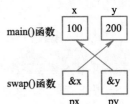

图 7-18　例 7-5 中形式参数与实际参数内存模式

## 7.5.2　函数指针

定义一个函数，函数代码会存储在代码区一块内存空间中，由函数名记录这块内存空间的起始地址。既然函数存储空间有地址编号，那么就可以定义一个指针指向存放函数代码的存储空间，这样的指针称为函数指针。

函数指针的定义格式如下。

理论微课 7-12：函数指针

返回值类型 (*变量名)(参数列表)

在上述格式中，返回值类型表示指针指向的函数的返回值类型，"*"表示这是一个指针变量，参数列表表示该指针所指函数的参数列表。需要注意的是，由于优先级的关系，"*变量名"要用小括号括起来。

假设定义一个参数列表为两个 int 类型变量，返回值类型为 int 的函数指针，则其定义如下。

int (*p)(int,int);　　　　　　　//定义一个函数指针变量 p

上述代码定义了函数指针变量 p，该指针变量只能指向返回值类型为 int 且有两个 int 类型参数的函数。在程序中，可以将函数的地址（即函数名）赋值给该指针变量，但要注意，函数指针的返回值类型和参数类型应与它所指向的函数原型相同，即函数必须有两个 int 类型的参数，且返回一个 int 类型的数据，假设有一个函数 func()，其声明格式如下。

int func(int a,int b);

可以使用上面定义的函数指针指向该函数，即使用该函数的地址为函数指针赋值，赋值代码如下。

p = func;

由此也可以看出，函数名类似于数组名，也是一个指针。如果有函数声明如下。

int func1(char ch);

则 p = func1 的赋值是错误的，因为函数指针 p 与 func1() 函数参数类型不匹配。

函数指针的调用方式与函数名类似，将函数名替换为指针名即可。假设要调用指针 p 指向的函数，其形式如下。

p(3,5);

上述代码与 func(3,5) 的效果相同。需要注意的是，函数指针不能进行算术运算，如 p+n、p++、--p 等，这些运算是无意义的。

下面通过一个案例演示函数指针的使用。

例 7-6　模拟 Excel 处理数据。Excel 是常用的一款办公软件，工作生活中需要处理一些数据，

例如，使用一张 Excel 表格记录全班学生成绩，每个学生占一行，每一列存储一个科目的成绩。针对该表格，可以执行基于行的操作，求出某个学生的总成绩，也可以执行基于列的操作，求出某个科目的成绩，进而得出该班学生某科目的平均分。图 7-19 所示是一个简单的 Excel 表格。

| 1 | 2 | 3 | 4 |
|----|----|----|----|
| 5 | 6 | 7 | 8 |
| 9 | 10 | 11 | 12 |
| 13 | 14 | 15 | 16 |
| 17 | 18 | 19 | 20 |

图 7-19　一个简单的 Excel 表格

本案例要求编写一个程序模拟 Excel 表格的功能，用户可以向系统中动态地输入一组正整数存储到表格中，并能完成基于行或列的求和运算。

本案例可以结合二维数组、二维数组指针、函数指针来实现，实现思路如下。

① 创建一个二维数组，使用循环语句为其赋值。

② 在循环结构中使用指针读取数组中的数据并输出。

③ 根据案例要求，在程序中使用两个函数分别实现行求和计算和列求和计算。

④ 在主函数中创建函数指针，当用户做出选择之后，根据选择结果调用函数。

根据案例实现思路，案例具体实现如下。

excel.c

```
1   #define _CRT_SECURE_NO_WARNINGS
2   #include <stdio.h>
3   #include <stdlib.h>
4   //函数声明
5   void sumbyrow(int(*arr)[4], int row, int* sum);
6   void sumbycol(int(*arr)[4], int col, int* sum);
7   int main()
8   {
9       int dataTable[5][4] = { 0 };                 //定义数据表
10      int i, j;
11      printf("录入数据中...\n");
12      for (i = 0; i < 5; i++)
13      {
14          for (j = 0; j < 4; j++)
15              dataTable[i][j] = i * 4 + j;
16      }
17      printf("录入完毕\n");
18      int(*p)[4] = dataTable;                       //定义数组指针
19      printf("输出数据：\n");
20      for (i = 0; i < 5; i++)
21      {
22          for (j = 0; j < 4; j++)
23              printf("\t%d", *(*(p + i) + j));
24          printf("\n");
25      }
26      int select, pos, sum;
27      void(*q)() = NULL;                            //定义函数指针
28      //求和计算
29      printf("请输入求和方式（行:0/列:1）：");
```

```
30          scanf("%d", &select);
31          printf("选择行/列: ");
32          scanf("%d", &pos);
33          if (select == 0)
34          {
35                  printf("按行求和，第%d 行数据", pos);
36                  q = sumbyrow;
37          }
38          else if (select == 1)
39          {
40                  printf("按列求和，第%d 列数据", pos);
41                  q = sumbycol;
42          }
43          (*q)(dataTable, pos, &sum);
44          printf("求和结果为:%d\n", sum);
45          return 0;
46      }
47      //按行求和
48      void sumbyrow(int(*arr)[4], int row, int* sum)
49      {
50          int i = 0;
51          *sum = 0;
52          for (i = 0; i < 4; i++)
53                  *sum += *(*(arr + row - 1) + i);
54      }
55      //按列求和
56      void sumbycol(int(*arr)[4], int col, int* sum)
57      {
58          int i = 0;
59          *sum = 0;
60          for (i = 0; i < 5; i++)
61                  *sum += *(*(arr + i) + col - 1);
62      }
```

例 7-6 运行结果如图 7-20 所示。

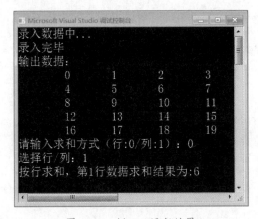

图 7-20　例 7-6 运行结果

在例 7-6 中，第 5 行～第 6 行代码为两个求和函数的声明。第 9 行代码定义了一个二维数组 dataTable，用于存储数据表。第 12 行～第 16 行代码用于初始化数组 dataTable。

第 18 行代码定义了一个数组指针，指向二维数组 dataTable；第 20 行～第 25 行代码使用指针获取数组中的数据并输出。

第 26 行代码之后为求和部分，第 27 行代码定义了一个函数指针，第 30 行代码和第 32 行代码分别用于输入求和操作的参数，第 33 行～第 42 行代码用于为函数指针赋值，选择将要执行的函数。

第 43 行代码利用函数指针对函数进行调用，第 44 行代码输出求和结果。

第 48 行～第 54 行代码为按行求和的函数，其返回值类型为 void，参数列表为：二维数组指针、行值和用于记录和的变量的指针。在函数实现的过程中，根据二维数组的逻辑结构，逐个相加，并在函数内部根据传入的指针直接修改变量 sum 的值。

第 56 行～第 62 行代码为按列求和的函数，其原理与实现步骤与按行求和基本相同，此处不再赘述。

由图 7-20 可知，输入一组数据之后，计算第 1 行的数据和为 6，结果正确，表明程序模拟 Excel 表格成功。

### 7.5.3 指针函数

函数的返回值可以是整型值、浮点类型值、字符类型值等，在 C 语言中还允许一个函数的返回值是一个指针（地址），这种返回指针的函数称为指针函数。

指针函数的声明格式如下。

基类型* 函数名(参数列表);

从上述声明格式可以看出，函数名之前加了符号"*"表明函数的返回值是一个指针，基类型表示返回指针所指向的数据类型。

下面通过一段代码演示如何定义指针函数。

```
int* func(int x, int y)
{
    /* 函数体 */
}
```

上述代码定义了 func() 函数，该函数是一个返回指针的函数，它返回的指针指向一个整型变量。指针函数的应用非常广泛，如项目 5 中学习的内存申请函数，这些函数的返回值均为指针类型。

下面通过一个案例了解如何使用指针函数。

例 7-7 要求计算一个 int 类型数组的最大值，并返回其地址，案例具体实现如下。

ptrfunc.c

```
1    #include <stdio.h>
2    int* func(int* arr, int size)
3    {
4        int* p = arr;
5        for (int i = 0; i < size; i++)      //通过 for 循环查找数组中最大值
6        {
7            if (*(arr + i) > *p)            //判断找到的元素是否是最大值
```

```
8              {
9                  p = arr + i;              //移动指针
10             }
11         }
12         return p;                          //将最大元素的地址返回
13     }
14     int main()
15     {
16         int arr[5] = { 9, 8, 3, 5, 2 };
17         int* p = func(arr, 5);             //调用 func()函数
18         printf("数组中最大的元素是 %d, 其地址是 %p\n", *p, p);
19         return 0;
20     }
```

例 7-7 运行结果如图 7-21 所示。

图 7-21　例 7-7 运行结果

在例 7-7 中，第 2 行～第 13 行代码定义了 func()函数，该函数的功能是从数组中找出最大的元素，返回该元素的地址。第 16 行代码定义并初始化了数组 arr。第 17 行代码定义了指针变量 p，并将 func()函数的返回值赋给 p。第 18 行代码调用 printf()函数输出数组最大元素及其地址。从图 7-21 可以看出，数组 arr 中最大元素的值及其地址都被打印出来，说明函数可以用指针作为其返回值。

## 7.6　指针与 const 修饰符

开发一个程序时，为了防止数据被非法篡改，可以使用 const 限定符修饰变量。const 限定符修饰的变量在程序运行中不能被修改，在一定程度上可以提高程序的安全性和可靠性。本节将针对指针与 const 作用关系进行讲解。

### 7.6.1　常量指针

常量指针表示指针指向的数据是被 const 修饰的变量，其定义形式如下。

理论微课 7-14: 常量指针

```
const 指针类型* 指针变量名;
```

在上述格式中，在定义的指针数据类型前加 const 关键字，表明该指针指向的数据是只读的，不允许通过该指针修改变量的值，而指针变量可以指向其他对象。示例代码如下。

```
int a = 1;
const int b = 2;
const int* p = &a;
p = &b;         //允许修改指向
*p = 2;         //错误，不允许通过指针变量 p 间接修改变量 a 的值
```

### 7.6.2 指针常量

指针常量表示指针指向的地址不允许被修改，指针常量的定义形式如下。

理论微课 7-15：指针常量

> 指针变量类型* const 指针变量名;

在上述格式中，const 放在指针变量名称前，修饰的是指针变量，指针变量的值不能被更改，但指针变量指向的内存空间的数据可以被更改。

下列代码定义了一些指针常量。

```
int a = 1;
int b = 2;
int* const p = &a;
p = &b;                 //错误，不允许修改指针的指向
*p = 3;                 //可以通过指针变量 p 修改变量 a 的值
```

在上述代码中，指向变量 a 的指针变量 p 被 const 修饰，表明指针 p 不能指向其他变量，修改指向是不被允许的，但可以通过指针 p 修改变量 a 的值。

### 7.6.3 常量的常指针

常量的常指针，意味着不能修改指针的指向，并且不能通过当前指针修改变量的值。常量的常指针定义形式如下。

理论微课 7-16：常量的常指针

> const 指针变量类型* const 指针变量;

常量的常指针定义示例代码如下。

```
int a = 1;
int b = 2;
const int* const p = &a;
*p = 3;                 //错误
p = &b;                 //错误
```

在上述代码中，既不允许通过指针 p 修改变量 a 的值，也不允许修改指针变量 p 的指向。

## 7.7 二级指针

当一个指针指向的变量是指针变量时，这个指针就是一个指向指针的指针，也就是二级指针。

定义二级指针的语法格式如下。

> 基类型** 变量名;

在上述语法格式中，基类型就是二级指针指向的指针所指变量的数据类型。两个符号"*"，表明这个变量是个二级指针变量。

二级指针的示例代码如下。

> int** p;

在上述代码中，符号"*"自右向左的结合性，因此示例代码将按下面的顺序进行解读。

① 解读 "p"，p 是一个变量名。

② 解读最靠近 "p" 的符号 "*"，即最右边的 "*" 符号，表明变量 p 是指针变量。

③ 解读最左边的符号 "*"，表明变量 "*p" 是指针变量，即变量 p 指向了一个指针。

④ 解读基类型 int，表明变量 "**p" 是 int 类型的变量，即指针 "*p" 指向的变量是 int 类型的变量。

关于二级指针，可以通过图 7-22 所示来说明。

图 7-22   二级指针

通过二级指针可以直接修改一级指针指向的变量的值，也可以间接修改一级指针的指向。下面以案例的形式介绍二级指针这两方面的作用。

**1. 通过二级指针间接修改变量的值**

下面通过一个案例来演示如何使用二级指针直接修改变量的值。

**例 7-8**   使用二级指针直接修改变量的值。

addr.c

```
1    #include <stdio.h>
2    int main()
3    {
4        int a = 1;                    //整型变量
5        int* p = &a;                  //一级指针 p，指向整型变量 a
6        int** q = &p;                 //二级指针 q，指向指针 p
7        printf("变量 a 的值：%d\n", a);
8        printf("变量 a 的地址：%p\n",&a);
9        printf("指针 p 的地址：%p\n", p);
10       printf("二级指针 q 存储的值：%p\n", *q);
11       printf("二级指针 q 的地址：%p\n", q);
12       **q = 2;                      //二级指针间接改变
13       printf("变量 a 的值：%d\n", a);
14       return 0;
15   }
```

例 7-8 运行结果如图 7-23 所示。

图 7-23   例 7-8 运行结果

在例 7-8 中，第 4 行代码定义了一个 int 类型变量 a，初始值为 1。第 5 行代码定义了一个 int
类型的指针 p 指向了变量 a。第 6 行代码定义了一个二级指针 q，指向了指针 p。第 7 行～第 11 行
代码分别输出变量 a 的值、变量 a 的地址、指针 p 的地址、二级指针 q 存储的值、二级指针 q 的地
址。由图 7-23 可知，指针 p 的地址与二级指针 q 中存储值是相同的，表明二级指针 q 是指向指针
p 的。第 12 行代码通过二级指针 q 修改最终指向的变量的值为 2。第 13 行代码输出 a 的值，由
图 7-23 可知，a 的值变为了 2，表明通过二级指针可以修改变量的值。

2. 通过二级指针改变一级指针的指向

二级指针除了直接改变变量的值以外，也可以改变一级指针的指向。下面通过一个案例演示如
何通过二级指针改变一级指针的指向。

例 7-9　通过二级指针改变一级指针的指向。

pointer.c

```
1      #include <stdio.h>
2      int main()
3      {
4          int a = 1, b = 3;                        //整型变量
5          int* p = &a;                             //一级指针 p，指向整型变量 a
6          int** q = &p;                            //二级指针 q，指向一级指针 p
7          printf("变量 a 的地址：%p\n", &a);
8          printf("变量 b 的地址：%p\n", &b);
9          printf("指针 p 的值：%p\n", p);
10         printf("指针 p 指向的值：%d\n", *p);
11         printf("==============================\n");
12         *q = &b;                                 //修改一级指针的指向
13         printf("指针 p 的值：%p\n", p);
14         printf("指针 p 指向的值：%d\n", *p);
15         return 0;
16     }
```

例 7-9 运行结果如图 7-24 所示。

图 7-24　例 7-9 运行结果

在例 7-9 中，第 4 行代码定义了两个 int 类型变量 a 和 b，初始值分别是 1 和 3。第 5 行代码定
义了指针 p 指向变量 a。第 6 行代码定义了二级指针 q 指向了指针 p。第 7 行～第 10 行代码分别输
出了变量 a 的地址、变量 b 的地址、指针 p 的值、指针 p 指向的值。由图 7-24 可知，指针 p 的值
为变量 a 的地址，指针 p 指向的值为 1，表明指针 p 指向变量 a。

第 12 行代码通过二级指针 q 将指针 p 的值修改为变量 b 的地址。第 13 行～第 14 行代码再次
输出指针 p 的值和指针 p 指向的值。由图 7-24 可知，此时，指针 p 的值为变量 b 的地址，指针 p
指向的值为 3，表明指针 p 已经改变了指向。

在例 7-9 中，通过二级指针 q 修改了指针 p 的指向，它们之间的逻辑关系如图 7-25 所示。

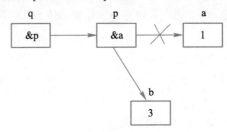

图 7-25 二级指针改变指向关系

## 7.8 内存申请与操作

### 7.8.1 内存申请

内存申请需要调用内存申请函数，常用的内存申请函数有以下几个。

理论微课 7-18：内
存申请

#### 1. malloc()函数

malloc()函数的功能是在堆上申请指定大小的内存空间，函数原型如下。

```
void* malloc(size_t    size);
```

在上述函数原型中，参数是 size_t 是系统对 unsigned int 类型的重定义，表示要申请的堆内存
空间大小。malloc()函数返回值类型为 void*，申请成功后返回指向该内存空间的指针，若申请内存
空间失败，返回值为 NULL。通常在申请内存时使用 if 语句确认内存是否申请成功。

#### 2. calloc()函数

calloc()函数的功能也是在堆上申请指定大小的内存空间，函数原型如下。

```
void* calloc(size_t nmemb,size_t size);
```

在上述函数原型中，第 1 个参数 nmemb 代表分配数据类型的个数，第 2 个参数 size 代表分配
的每个内存单元的大小。calloc()函数的返回值类型为 void*，申请成功后返回指向申请内存空间的
指针，否则返回 NULL。与 malloc()函数相比，calloc()函数在申请内存后会自动将申请的内存空间
元素的值初始化为 0。

#### 3. realloc()函数

realloc()函数的功能也是在堆申请指定大小的内存空间，它一般用于调整空间大小，函数原
型如下。

```
void* realloc(void* ptr, size_t size);
```

在上述函数原型中，第 1 个参数 ptr 指向一个已分配好的内存空间，通常指向 malloc()函数或
calloc()函数分配好的内存空间，第 2 个参数 size 表示要申请的内存空间的大小。realloc()函数功能
是将 ptr 指向的空间调整至 size 大小。

当 ptr 为空时，则 realloc() 函数的功能与 malloc() 函数相同。当 ptr 指向的是一块已经分配好的内存时，如果 size 小于或等于 ptr 指向内存空间的大小时会造成数据丢失。例如，ptr 指向的空间大小为 100 个字节，size 为 20 字节，相当于把 ptr 指向的空间缩小至 20 字节。

如果 size 大于 ptr 指向的内存空间大小时，那么系统将试图从原来内存空间的后面直接扩大内存至 size，若能满足需求，则返回的内存空间地址不变。如果 ptr 指向的空间后面没有足够的空间，则系统重新从堆上分配一块大小为 size 的内存空间，同时将原来的内存空间内容依次复制到新的内存空间上，将新空间地址返回，原来的内存空间被释放；如果 size 为 0，ptr 指向的内存空间将会被释放并返回空指针。

## 7.8.2 内存回收

由程序员手动申请的堆空间，在使用完毕后，必须手动释放，free() 函数与堆内存申请函数总是"形影不离"，申请的堆内存使用完毕后，必须使用 free() 函数释放内存，归还内存空间，避免内存泄漏。

理论微课 7-19：内存回收

free() 函数原型如下。

```
void free(void* ptr);
```

free() 函数的参数 ptr 为指向申请使用完毕后的堆内存空间，该函数没有返回值。

对已释放的内存空间再次释放或者释放一个不是由 malloc() 函数、calloc() 函数、realloc() 函数申请的空间，程序会发生错误。若在堆内存申请空间后没有释放，系统无法回收这块内存空间，直到程序结束才能回收，该内存就成了泄漏的内存。内存泄漏会造成系统内存浪费，最终使程序运行速度减慢甚至出现系统崩溃的后果。

## 7.8.3 内存操作

除了内存申请与释放，C 语言还提供了其他内存操作函数，如内存初始化函数 memset()、内存复制函数 memcpy()、内存移动函数 memmove() 等，下面对这 3 个函数分别进行介绍。

理论微课 7-20：内存操作

（1）memset() 函数

memset() 函数的功能是填充连续的内存空间，函数原型如下。

```
void* memset(void* s, int c, size_t n);
```

在上述函数原型中，第 1 个参数 s 指向填充的内存空间，第 2 个参数 c 指的是填充申请的内存空间所使用的常量，第 3 个参数 n 指的是填充空间的字节数。

由于 malloc() 函数申请内存后未对内存初始化，内存中存储元素的值是没有用的数据或随机值，为了规范操作，通常使用 memset() 函数初始化 malloc() 函数申请的堆内存空间。此外，memset() 函数也可用于字符数组的初始化。

（2）memcpy() 函数

memcpy() 函数的功能为将指定的数据复制到指定空间，函数原型如下。

```
void* memcpy(void* dest, const void* src, size_t n);
```

在上述函数原型中，第 1 个参数 dest 指向存放复制后数据的地址空间，第 2 个参数 src 指向需要复制的数据，第 3 个参数 n 表示要复制的字节数。该函数表示将 n 字节数据从内存区域 src 复制到内存区域 dest，函数返回指向复制后空间的指针。需要注意的是，dest 与 src 指向的内存区域不能重叠。

（3）memmove()函数

memmove()函数的功能为将指定的数据移动到指定空间，函数原型如下。

```
void* memmove(void* dest, const void* src, size_t n);
```

在上述函数原型中，第 1 个参数 dest 指向存放复制后数据的地址空间，第 2 个参数 src 指向需要复制数据的地址空间，第 3 个参数 n 表示要复制的字节数。memmove()函数表示将 n 字节数据从内存区域 src 复制到内存区域 dest，函数返回指向复制后空间的指针。

memmove()函数可以处理空间重叠的情况，如果 dest 和 src 指向的内存空间发生重叠，memmove()函数能够将 src 空间的数据在被覆盖之前复制到 des 目标区域。复制完成之后，src 内存区域的数据会被更改。如果 dest 和 src 指向的内存空间不重叠，则 memmove()函数与 memcpy()函数功能一样。

为了让读者更好地理解内存申请、操作和回收，下面通过一个案例演示内存申请函数、内存操作函数和内存回收函数的使用。

例 7-10　问卷调查，是指通过制定详细周密的问卷，要求被调查者据此进行回答以收集资料的方法。问卷调查是发掘事实现况的一种研究方式，其目的是搜集、累积研究目标的基本资料。问卷调查活动通常关注的是社会问题，参与其中可以让我们更加了解社会某一领域的问题，有助于增加社会责任感。假设某公司推出了一款教育产品，使用一段时间后，针对用户做了一次问卷调查，要求用户根据问卷试题打分，最后得出一个总分数。问卷调查之后，公司要回收这些问卷，对每份问卷的总分数进行统计并按从小到大排序。本案例要求编写一个程序实现问卷分数统计。

一批问卷的分数可以使用数组进行存储，但是问卷调查回收数量具有不确定性，可以使用动态数组，根据数据的多少而分配相应的数组空间。案例具体实现如下。

malloc.c

```
1    #define _CRT_SECURE_NO_WARNINGS
2    #include <stdio.h>
3    #include <stdlib.h>
4    int main()
5    {
6        int n;        //数据个数
7        printf("请输入数组大小:");
8        scanf("%d", &n);
9        int *parr = (int*)malloc(sizeof(int) * n);          //分配动态数组 arr
10       printf("请输入问卷分数：\n");
11       for (int i = 0; i < n; i++)                          //输入数据
12           scanf("%d", parr+i);
13       //冒泡排序
14       for (int i = 0; i < n - 1; i++)
15       {
16           for (int j = 0; j < n - 1 - i; j++)
17           {
18               if (*(parr + j) > * (parr + j + 1))
19               {
```

```
20                          int temp = *(parr + j);
21                          *(parr + j) = *(parr + j+1);
22                          *(parr + j + 1) = temp;
23                      }
24                  }
25          }
26          //输出排序后的数组元素
27          printf("排序之后： \n");
28          for (int i = 0; i < n; i++)
29              printf("%d ", *(parr + i));
30          printf("\n");
31          return 0;
32      }
```

上述代码运行后，分别输入数组大小及分数，结果如图 7-26 所示。

图 7-26　例 7-10 运行结果

在例 7-10 中，第 9 行代码调用 malloc()函数申请了一块内存空间，空间大小由用户输入的 n 值决定。第 11 行和第 12 行代码使用 for 循环结构语句输入问卷分数，存储到申请的内存空间。第 14 行~第 25 行代码使用冒泡排序对问卷分数进行排序。第 28 行和第 29 行代码输出排序后的问卷分数，由图 7-26 可知，程序成功调用 malloc()函数存储了问卷分数，并对问卷分数进行了排序。

📖 多学一招：内存泄漏

内存泄漏也称为"存储渗漏"，用动态存储分配函数动态开辟的空间，在使用完毕后未释放，结果导致一直占据该内存单元，直到程序结束，即所谓内存泄漏。

如例 7-10 中调用 malloc()函数动态分配的内存，如果在使用完毕后没有调用 free()函数进行释放，则会造成内存泄漏，直到程序运行结束，内存才可能会被操作系统回收。

从用户使用程序的角度来看，内存泄漏本身不会产生什么危害，作为一般用户，根本感觉不到内存泄漏的存在。真正有危害的是内存泄漏的堆积，导致的结果是程序运行时间越长，占用存储空间越来越多，最终耗尽全部存储空间，整个系统崩溃。

## 项目设计

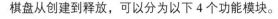

对项目进行分析,本项目需要根据用户输入的数据分别确定棋盘的大小和棋子的数量，棋盘的大小是不确定的。为了避免存储空间浪费，防止因空间不足造成的数据丢失，本项目可动态地申请堆上的空间来存储棋盘。

棋盘从创建到释放，可以分为以下 4 个功能模块。

实操微课 7-2: 项目设计

（1）创建棋盘——createBoard()函数

棋盘的创建应包含空间的申请，用于存储棋盘中对应的信息。棋盘由 $n×n$ 个表格组成，其形式类似于矩阵，本项目中设计使用二级指针指向棋盘地址。在创建棋盘函数中应实现棋盘空间的动态申请，并返回一个指向棋盘的二级指针。

（2）初始化棋盘——initBoard()函数

创建好的棋盘是一个空的棋盘，棋盘在显示之前应先被初始化。图 7-27 所示由 9×9 个方格组成，它代表一个 10×10 的棋盘。棋子可以落于每个方格的 4 个顶点，该棋盘最多可容纳 100 个棋子。在创建棋盘时，实质上只开辟了存储空间，空间中尚未存放棋盘信息，在生成棋盘之前需要初始化棋盘信息。

棋盘信息的初始化可利用指针完成。当棋盘上棋子的数量确定后，在棋盘的范围内使用随机数函数随机确定每个棋子的位置。

图 7-27　10×10 棋盘

（3）输出棋盘——printBoard()函数

创建并初始化的棋盘包含棋盘的逻辑信息，棋盘的输出应包含棋盘的格局。根据创建棋盘函数和初始化棋盘函数确定的棋盘信息搭建棋盘，棋盘的外观可使用制表符搭建。若棋盘对应的位置上有棋子，则将制表符替换为表示棋子的符号。

（4）销毁棋盘——freeBoard()函数

在创建棋盘时申请的堆空间，应在使用完毕后手动释放。

最后，还要定义主函数，主函数中实现棋盘大小和棋子数量的设置，其中应定义一个二级指针，指向创建棋盘函数返回的棋盘地址，随后依次调用初始化棋盘函数、输出棋盘函数和销毁棋盘函数。

## 项目实施

由于项目较大，内容较多，下面分步骤讲解项目实施过程。

（1）实现 Go.h 头文件

在 Visual Studio 2022 中新建 Go 项目，添加头文件 Go.h，在 Go.h 文件中声明本项目需要的功能函数。Go.h 文件的具体实现如下。

实操微课 7-3: 项目实施-实现 Go.h 头文件

Go.h

```
1    int** createBoard(int n);                    //创建棋盘
2    int initBoard(int** p, int n, int tmp);      //初始化棋盘
3    int printfBoard(int** p, int n);             //输出棋盘
4    void freeBoard(int** p, int n);              //销毁棋盘
```

（2）实现 createBoard()函数

在 Go 项目中添加源文件 Go.c，并引用 Go.h 头文件。在 Go.c 源文件中实现各个功能函数。首先实现 createBoard()函数创建棋盘。

实操微课 7-4: 项目实施-createBoard()函数

createBoard()函数用于创建棋盘，调用 malloc()函数从堆内存申请一段空间，返回一个二级指针。由于棋盘是一个二维指针数组，所以需要再为每个元素（指针）申请一段空间，在 for 循环结构语句，调用 calloc()函数为每个元素申请堆内存空间。createBoard()函数的具体实现如下。

```
1    //创建棋盘
2    int** createBoard(int n)
3    {
4        int** p = (int**)calloc(sizeof(int*), n);          //calloc()函数返回二级指针
5        int i = 0;
6        for (i = 0; i < n; i++)
7        {
8            p[i] = calloc(sizeof(int), n);                 //调用 calloc()函数申请空间
9        }
10       return p;
11   }
```

在 createBoard()函数中，接收一个用于控制棋盘大小的整型参数，第 4 行代码调用 calloc()函数在堆内存申请一段空间，返回一个二级指针。第 6 行～第 9 行代码使用一个 for 循环结构语句，为 calloc()函数申请的一组堆空间逐一赋值，即赋予每个堆空间一个指向堆空间的地址。第 10 行代码将二级指针地址返回。

在 Go 项目中添加 main.c 源文件，在 main.c 源文件中定义 main()函数，在 main()函数中调用 createBoard()函数进行测试。createBoard()函数需要一个 int 类型的参数，在 main()函数中可以从控制台输入该参数。createBoard()函数的测试代码如下。

```
1    #define _CRT_SECURE_NO_WARNINGS
2    #include <stdio.h>
3    #include<stdlib.h>
4    #include "go.h"
5    int main()
6    {
7        int n = 0;
8        printf("设置棋盘大小:");
9        scanf("%d", &n);                    //输入棋盘行（列）值
10       int** p = createBoard(n);           //创建棋盘
11       if (p != NULL)
12           printf("棋盘创建成功\n");
13       else
14           printf("棋盘创建失败\n");
15       return 0;
16   }
```

运行 createBoard()函数的测试代码，输入要设置的棋盘大小，结果如图 7-28 所示。

图 7-28　createBoard()函数测试结果

由图 7-28 可知，当输入棋盘大小时，棋盘创建成功，表明 createBoard()函数实现成功。

实操微课 7-5：项目实施-init-Board()函数

（3）实现 initBoard ()函数

initBoard ()函数用于初始化棋盘。初始化棋盘时，棋子在棋盘内的位置是随机选定的，可以通过 rand()函数生成二维数组（棋盘）的行列索引，确定棋子的位置。initBoard ()函数具体实现如下。

```
1    //初始化棋盘
2    int initBoard(int** p, int n, int tmp)          //用随机数函数设置棋子位置
3    {
4        int i, j;
5        int t = tmp;
6        while (t > 0)
7        {
8            i = rand() % n;                         //随机生成行索引
9            j = rand() % n;                         //随机生成列索引
10           if (p[i][j] == 1)                       //若该位置内有棋子，则再次循环
11               continue;
12           else
13           {
14               p[i][j] = 1;
15               t--;                                //t 自减，否则循环是无限循环
16           }
17       }
18       return 0;
19   }
```

initBoard()函数接收一个二级指针、一个控制棋盘大小的整型变量 n、一个控制棋盘中棋子数量的整型变量 tmp 作为参数。第 6 行～第 17 行代码在 while 循环结构语句中调用 rand()函数，在棋盘中随机设置 tmp 个棋子，将棋盘初始化。第 8 行和第 9 行代码随机生成棋子位置。第 10 行和第 11 行代码用于判断当前位置是否已有棋子，如果当前位置已有棋子，就使用 continue 跳转语句执行下一次循环。

initBoard()函数用于初始化棋盘，在 main()函数中调用 initBoard()函数并没有输出性的提示，在 main()函数中调用 initBoard()函数，若程序未报错，则表明 initBoard()函数调用成功。

（4）实现 printfBoard ()函数

printfBoard()函数用于输出棋盘，它接收一个二级指针和一个控制棋盘大小的整型变量 n 作为参数。printfBoard()函数主要有输出棋盘、判断棋局两个功能。在输出棋盘时，可以使用 for 循环嵌套遍历棋盘，如果当前位置有棋子，就输出棋子符号；如果没有棋子，就输出制表符搭建棋盘。需要注意的是，棋盘边界是特殊的制表符，可以根据行列索引判断当前位置是否为边界位置。

实操微课 7-6：项目实施-printf-Board()函数

在判断棋局时，可以使用 for 循环嵌套遍历棋盘，使用 if 选择结构语句判断同一行或同一列上是否有相邻的棋子。printfBoard ()函数的具体实现如下。

```
1    //输出棋盘
2    int printfBoard(int** p, int n)
3    {
4        int i, j;
5        for (i = 0; i < n; i++)                     //遍历行
6        {
```

```
7              for (j = 0; j < n; j++)                           //遍历列
8              {
9                    if (p[i][j] == 1)                          //输出棋子
10                   {
11                         printf("●");
12                   }
13                   else                                       //搭建棋盘
14                   {
15                        if (i == 0 && j == 0)
16                             printf(" ┌");
17                        else if (i == 0 && j == n - 1)
18                             printf("┐ ");
19                        else if (i == n - 1 && j == 0)
20                             printf(" └");
21                        else if (i == n - 1 && j == n - 1)
22                             printf("┘ ");
23                        else if (j == 0)
24                             printf(" ├");
25                        else if (i == n - 1)
26                             printf("┴");
27                        else if (j == n - 1)
28                             printf("┤ ");
29                        else if (i == 0)
30                             printf("┬");
31                        else
32                             printf("┼");
33                   }
34              }
35              putchar('\n');
36         }
37         for (i = 0; i < n; i++)           //用行、列两个循环判断是否行、列上有两个相邻的棋子
38         {
39              for (j = 0; j < n; j++)
40              {
41                   if (p[i][j] == 1)
42                   {
43                        //判断同一行是否有其他棋子，列在变化
44                        for (int a = j; a--; a >= 0)
45                        {
46                             if (p[i][a] == 1)
47                             {
48                                  printf("好棋\n");
49                                  return 0;
50                             }
51                        }
52                        //判断同一列是否有其他棋子，行在变化
53                        for (int b = i; b--; b >= 0)
54                        {
55                             if (p[b][j] == 1)
56                             {
57                                  printf("好棋\n");
58                                  return 0;
59                             }
60                        }
61                   }
```

```
62                    }
63               }
64               printf("不是好棋\n");
65               return 0;
66          }
```

第 5 行～第 36 行代码使用 for 循环嵌套遍历输出棋盘。第 9 行～第 12 行代码判断当前位置是否有棋子，如果有棋子就输出棋子符号。第 15 行～第 32 行代码使用 if…else if…else 选择结构语句判断棋盘是否为边界位置，如果是边界位置，就输出特殊制表符，否则输出 "+" 制表符。

第 37 行～第 63 行代码使用 for 循环嵌套遍历棋盘，判断棋局。第 44 行～第 51 行代码判断同一行是否有相邻棋子。第 53 行～第 60 行代码判断同一列是否有相邻棋子，如果同一行或同一列有相邻棋子，则输出 "好棋"，否则输出 "不是好棋"。

在 main() 函数中调用 printfBoard() 函数进行测试，由于创建棋盘、初始化棋盘、输出棋盘是递进关系，所以在调用 printfBoard() 函数输出棋盘时，必须先调用 createBoard() 函数、initBoard() 函数创建并初始化棋盘。printfBoard() 函数测试代码如下。

```
1    #define _CRT_SECURE_NO_WARNINGS
2    #include <stdio.h>
3    #include<stdlib.h>
4    #include "go.h"
5    int main()
6    {
7         int n;
8         printf("设置棋盘大小:");
9         scanf("%d", &n);                //输入棋盘行（列）值
10        int** p = createBoard(n);       //创建棋盘
11        if (p != NULL)
12             printf("棋盘创建成功\n");
13        else
14             printf("棋盘创建失败\n");
15        int temp;
16        printf("输入棋子数量： ");
17        scanf("%d", &temp);
18        initBoard(p,n,temp);            //初始化棋盘
19        printfBoard(p,n);               //输出棋盘
20        return 0;
21   }
```

运行上述测试代码，从控制台输入棋盘大小和棋子数量，结果如图 7-29 所示。

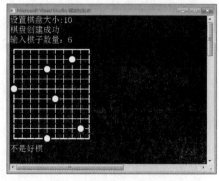

图 7-29　printfBoard() 函数测试结果

由图 7-29 可知，当输入棋盘大小时，程序创建了棋盘，当输入棋子数量时，程序初始化了棋盘。调用 printfBoard()函数成功输出了棋盘，表明 printfBoard()函数实现成功。

（5）实现 freeBoard ()函数

freeBoard()函数用于销毁棋盘。freeBoard()函数实现逻辑比较简单，使用 for 循环结构语句释放 calloc()申请的每个元素内存空间，for 循环结构语句执行完后，再释放 calloc()函数申请的棋盘内存空间。freeBoard()函数的具体实现如下。

实操微课 7-7: 项目实施-free-Board()函数

```
1    void freeBoard(int** p, int n)
2    {
3        int i;
4        for (i = 0; i < n; ++i)
5        {
6            free(p[i]);              //释放一级指针指向的空间
7        }
8        free(p);                      //释放二级指针指向的空间
9    }
```

freeBoard()函数用于销毁棋盘，在 main()函数中调用 freeBoard()函数进行测试时，并没有标志性的输出变化。在测试 freeBoard()函数时，如果程序未报错，则表明 freeBoard()函数实现成功。

（6）实现 main ()函数

main()函数实现与 printfBoard()函数的测试代码相同，只是在最后添加 freeBoard()函数的调用即可，这里不再赘述。main()函数实现完成之后，用户可以输入不同的棋盘大小、不同的棋子数量进行测试。

实操微课 7-8: 项目实施-main()函数

## 项目小结

在实现本项目的过程中，主要为读者讲解了指针的相关知识。首先讲解了计算机内存、指针和指针的运算；然后讲解了指针与数组、指针与函数、指针与 const 修饰符；最后讲解了二级指针、内存申请与操作。通过本项目的学习，读者能够掌握多种指针的定义与使用方法，使用指针优化代码，提高代码的灵活性。

## 习题

一、填空题

1. 程序中的变量存储在_____内存空间。

2. 取地址的运算符为_____。

3. 从指针中取值的运算符为_____。

4. 没有指向任何内存单元的指针称为_____。

5. 阅读下面的代码，*(p+1)的结果是_____。

```
int a[2][3]={1,2,3,4,5,6},**p;
p=a;
```

6. 返回指针的函数称为_____。

7. 释放申请的堆内存空间，可以调用_____函数。

二、判断题

1. 系统的内核空间不允许内存直接访问。　　　　　　　　　　　　（　　）

2. 指针变量是用于存储内存地址的变量。　　　　　　　　　　　　（　　）

3. 数组名也是一个指针。　　　　　　　　　　　　　　　　　　　（　　）

4. 常量指针允许修改指针的指向。　　　　　　　　　　　　　　　（　　）

5. malloc()函数申请堆内存之后能够自动将内存初始化为 0。　　　（　　）

6. memmove()函数在移动数据时能够处理内存空间重叠的情况。　　（　　）

三、选择题

1. 下列关于变量指针的说法，正确的是（　　　）。

　　A. 变量指针指的是变量的值

　　B. 变量指针指的是变量的地址

　　C. 变量指针指的是变量名

　　D. 以上说法均不正确

2. 若定义 int a[6]；则以下表达式中不能代表元素 a[1]地址的是（　　　）。

　　A. &a[0]+1　　　　　　　　　B. &a[1]

　　C. &a[0]++　　　　　　　　　D. a+1

3. 定义变量 int *ptr, a=4; ptr=&a；下列选项中，结果都是地址的是（　　　）。

　　A. a, ptr, *&a　　　　　　　　B. &*a,&a,*ptr

　　C. *&ptr, *ptr, &a　　　　　　D. &a, &*ptr, ptr

4. 阅读下列程序：

```
int a = 1, b = 3, c = 5;
int* p1 = &a, *p2 = &b, *p3 = &c;
*p3 = *p1 * (*p2);
printf("%d", c);
```

程序的执行结果为（　　　）。

　　A. 1　　　　　　　　　　　　B. 2

　　C. 3　　　　　　　　　　　　D. 4

5. 若有定义 long * p,a;则不能通过 scanf()函数正确读入数据的选项是（　　　）。

　　A. *p = &a; scanf("%d", p);

　　B. p = (long*)malloc(8);scanf("%d", p);

　　C. scanf("%d", p=&a);

　　D. scanf("%d", &a);

6. 在 64 位系统中，若有定义：int a[] = { 10,20,30 }, * p = &a;当执行 p++后，下列说法错误的是（　　　）。

　　A. p 向高地址移动了 1 个字节

　　B. p 向高地址移动了 1 个存储单元

　　C. p 向高地址移动了 4 个字节

　　D. p 与 a+1 等价

7. 若有定义：int arr[5], * p = arr;则对 arr 数组元素正确的引用是（　　　）。

    A. *&arr[5];　　　　　　　　　B. arr+2;

    C. *(p+5);　　　　　　　　　　D. *(arr+2);

四、简答题

1. 请简述野指针以及野指针形成的原因。

2. 请简述常量指针与指针常量的区别。

五、编程题

1. 编写一个程序，实现对两个整数值的交换。

提示：

① 定义一个方法实现交换功能，该方法接收两个指针类型的变量作为参数。

② 在控制台输出交换后的结果。

2. 编写一个函数，求一个字符串的长度，要求用字符指针实现。在主函数中输入字符串，调用该函数输出其长度。

# 项目 8

## 密码

PPT：项目8 密码

PPT

教学设计：项目8 密码

学习目标

- 掌握字符数组的定义与初始化，能够正确定义与初始化字符数组。
- 理解字符串的含义，能够概括字符串的特点与存储方式。
- 掌握字符串与指针的关系，能够正确定义指向字符串的指针并通过指针引用字符串。
- 掌握字符串的输入输出，能够调用 gets()函数与 puts()函数实现字符串的输入输出。
- 掌握字符串常用操作函数，能够调用字符串操作函数实现字符串的常见操作。
- 掌握字符串作为函数参数，能够通过传递字符串指针或字符数组完成对字符串的操作。
- 熟悉单个字符的操作函数，能够调用单个字符操作函数实现对字符串单个字符的判断。

日常生活中的信息都是通过文字描述的，如发送电子邮件、在论坛上发表文章、记录学生信息等都需要用到文字。程序中也会用到文字，程序中的文字被称为文本信息，C 语言中用于记录文本信息的变量称为字符串。本项目将针对字符串及字符串的相关函数进行详细讲解。

## 项目导入

随着信息化和数字化社会的发展，网络银行、电子购物、电子邮件等已经完全融入普通百姓的日常生活中，这使得人们对信息安全重要性的认知不断提高，密码安全越来越引起人们的重视。

实操微课 8-1：项
目导入

本项目要求读者设计一个算法，实现简单的加密解密过程，具体要求如下。

① 从键盘输入待加密的字符串。

② 对字符串进行加密，加密规则如下。

● 当内容是字母时，使用该字母后的一个字母替换，同时字母变换大小写，如'a'替换为'B'。

● 字母'z'替换为'a'，字母'Z'替换为'A'。

● 当内容是数字时，把该数字加 1，如 0 替换为 1，1 替换为 2，9 替换为 0。

● 其他字符不作改动。

③ 解密方法为加密的逆过程。

④ 密码长度不超过 16 个字符。

输入的一串密码就是一个字符串，对密码进行加密解密就是对字符串进行处理，因此在实现本项目之前需要学习字符串相关知识。

## 知识准备

## 8.1  字符数组与字符串

### 8.1.1  字符数组

字符数组是用于存储字符类型数据的数组，其定义方式类似整型数组，具体如下。

理论微课 8-1：字
符数组

```
char 数组名[数组大小];
```

在上述语法格式中，char 表示数组中的元素是字符数据类型，数组名表示数组的名称，它的命名遵循标识符的命名规范，数组大小表示数组中最多可存放元素的个数。

字符数组的定义示例代码如下。

```
char arr[10];
```

上述代码定义了一个一维字符数组，数组名为 arr，数组的长度为 10，最多可以存放 6 个字符。

字符数组的初始化可以在定义字符数组的时候完成，也可以在定义好字符数组之后，使用循环结构语句完成数组元素的赋值。在定义字符数组时实现初始化的示例代码如下。

```
char c[5] = {'n','i','h','a','o'};
```

上述代码的作用是定义了一个字符数组，数组名为 c，数组中包含 5 个字符类型的元素，该字符数组在内存中的状态如图 8-1 所示。

| n | i | h | a | o |
|---|---|---|---|---|

图 8-1　字符数组 c 在内存中的状态

字符数组也是通过索引访问元素，如访问上面定义的字符数组 c 中的元素，具体代码如下。

```
c[0];                    //访问字符数组 c 中的第 1 个元素，值为 h
c[1];                    //访问字符数组 c 中的第 2 个元素，值为 e
c[2];                    //访问字符数组 c 中的第 3 个元素，值为 l
```

项目 6 中学习过数组，字符数组学习起来就比较简单，虽然简单，但在定义与初始化字符数组时也需要注意以下几点。

① 初始项中的元素个数不能多于字符数组的长度，否则编译器会报错，提示初始值设定项太多。示例代码如下。

```
char str1[2] = {'a', 'b', 'c'};      //错误写法
```

② 如果初始项中的元素个数小于数组长度，则空余元素均会被赋值为空字符（'\0'），示例代码如下。

```
char str2[5] = {'a', 'b', 'c'};      //后面剩余的两个元素均被赋值为'\0'
```

str 数组在内存中的状态如图 8-2 所示。

| a | b | c | \0 | \0 |
|---|---|---|----|----|

图 8-2　str2 数组在内存中的状态

③ 如果没有指定数组长度，则编译器会根据初始项中元素的个数为数组分配内存，示例代码如下。

```
char str3[] = {'a', 'b', 'c'};       //与 char str3[3] = {'a', 'b', 'c'};相同
```

④ 二维字符数组的初始化与整型二维数组类似，示例代码如下。

```
char str4[2][2] = {{'a', 'b'}, {'c', 'd'}};
```

## 8.1.2　字符串

理论微课 8-2：字符串

字符串是由数字、字母、下画线、空格等各种字符组成的一串字符，由一对英文半角状态下的双引号（""）括起来，具体示例如下。

```
"abcd@#$ _32"
"            "
""
```

上述示例中包含 3 个字符串，第 2 个字符串中的字符都是空格，第 3 个字符串中没有字符，是一个空字符串。

字符串在各种语言编程中都是非常重要的数据类型，但是 C 语言中并没有提供字符串这个特

定类型，字符串的存储和处理都是通过字符数组实现的，存储字符串的字符数组必须以空字符'\0'结尾。当把一个字符串存入一个字符数组时，也把结束符'\0'存入数组，因此该字符数组的长度是字符串实际字符数加 1。

例如，字符串"abcde"，使用 sizeof 运算符计算其长度为 6，这是因为字符串"abcde"末尾有一个'\0'作为结束符，它也占一个字节空间。字符串"abcde"在字符数组中存储形式如图 8-3 所示。

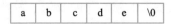

图 8-3　字符串"abcde"在字符数组中存储形式

字符串由字符数组进行存储，可以直接使用一个字符串为一个字符数组赋值，示例代码如下。

```
char c_arr1[6] = {"nihao"};
char c_arr2[] = {"nihao"};
char c_arr3[] = "nihao";
```

上述 3 种定义并初始化字符数组的方式是等同的，都是使用字符串"nihao"为字符数组初始化。字符数组 c_arr1 的长度定义为 6，是因为字符串"nihao"末尾有一个结束标志'\0'。字符数组 c_arr1 的定义与初始化等同于下面的代码。

```
char c_arr1[6] = { 'n','i','h','a','o','\0' };
```

字符数组可以使用%s 直接将数组中的元素以字符串形式输出，如果数组末尾没有'\0'，则字符数组会一直往后读取解读内存，直到遇到'\0'，这样就会显示乱码。具体如下。

```
char c_arr4[5] = { 'n','i','h','a','o' };          //末尾没有'\0'
printf("%s\n", c_arr4);                            //以%s 输出
```

上述示例代码的输出结果如图 8-4 所示。

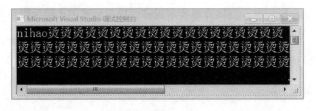

图 8-4　示例代码运行结果

### 8.1.3　字符串与指针

理论微课 8-3：字符串与指针

在 C 语言中，字符类型指针用 char*定义，它不仅可以指向一个字符类型变量，还可以指向一个字符串。字符串使用字符数组进行存储，因此，指向字符串的指针其实是指向了存储字符串的数组，例如，定义如下代码。

```
char arr[6] = "nihao";                 //定义一个字符数组 arr，存储字符串"nihao"
char *p = arr;                         //定义一个字符类型指针 p，指向数组 arr
```

上述代码定义了一个字符数组 arr 存储字符串"nihao"，然后定义了一个字符类型指针 p 指向数组 arr，指针 p 与字符数组 arr 及字符串"nihao"之间的关系如图 8-5 所示。

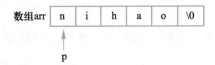

图 8-5　指针 p 与字符数组 arr 及字符串"nihao"之间的关系

从图 8-5 中可以看出，指向字符串"nihao"的指针 p 其实是指向了字符数组 arr，同时也指向数组第 1 个字符'n'。

通过指针 p 可以引用字符串（字符数组）中的元素，它访问数组元素的方式与整型数组相同，分为索引法与指针运算两种方式，示例代码如下。

```
p[1];                //访问字符串的第 2 个字符，值为 i
*(p+1);              //访问字符串的第 2 个字符，值为 i
```

在上述代码中，第 1 行代码通过索引形式访问字符串中的元素，第 2 行代码通过指针运算访问字符串中的元素。除了访问单个字符，当指针 p 指向字符串时，通过指针 p 可以输出字符串，示例代码如下。

```
printf("%s", p);     //结果为 nihao
```

注意：

当字符类型指针指向字符串时，如果以%s 格式化输出，则直接输出字符串；如果以%d、%p 格式化输出，则输出的是字符串所在空间的首地址，即字符数组的首地址。

定义指向字符串的指针时，除了使用字符数组为指针初始化，还可以使用字符串直接给指针进行初始化，示例代码如下。

```
char *p1 = "nihao";  //使用字符串对字符类型指针进行初始化
```

上述代码使用字符串"nihao"直接初始化字符类型指针 p1，其外在效果与使用字符数组初始化相同，但在内存中的存储有所区别。

使用字符数组初始化字符类型指针之前，字符串存储在字符数组在栈区开辟的内存空间中，字符类型指针存储字符数组的地址。而用字符串常量初始化字符指针时，字符串常量存储在常量区，字符类型指针存储的是字符串常量在常量区的内存空间首地址。两者之间的区别如图 8-6 所示。

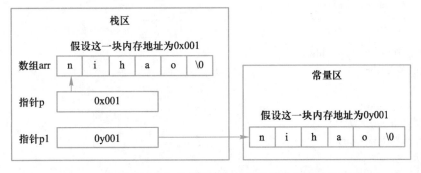

图 8-6　使用字符数组与字符串初始化字符类型指针的区别

在操作字符串时，使用字符类型指针要比字符数组更灵活，下面介绍字符类型指针与字符数组在初始化、赋值等方面的一些区别。

（1）初始化

可以对字符指针进行赋值，但不能对数组名进行赋值，示例代码如下。

```
//给字符指针赋值
char *p = "hello";                    //等价于 char *p = NULL; p = "hello";
//给数组赋值
char str[6] = "hello";
str = "hello";                        //错误
```

在上述代码中，第 2 种赋值方式 str = "hello"是错误的，因为数组名是一个指针常量，是内存中的一个地址编号，不可以对其进行赋值。

（2）赋值方式

字符数组之间只能单个元素赋值或使用复制函数；字符类型指针则无此限制，示例代码如下。

```
//字符指针赋值
char *p1 = "hello", *p2=NULL;
p2 = p1;
//字符数组赋值
char str1[6] = "hello", str2[6];
str2 = str1;                          //错误
```

在上述代码中，第 2 种赋值方式 str2 = str1 是错误的，前面已经讲解，这里不再赘述。

（3）运算

字符类型指针可以通过指针运算改变其值，而数组名是一个指针常量，其值不可以改变。示例代码如下。

```
//字符指针
char *p = "I love China";
p += 7;
//数组名
char str[6] =    "hello";
str += 3;                             //错误，数组名是指针常量，不可被更改
```

（4）访问字符串的单个字符

字符数组可以用索引法和指针运算引用数组元素；字符类型指针也可以用这两种方法引用字符串的字符元素，示例代码如下。

```
//字符数组
char *str[100] = " I love China ";
char ch1 = str[6];                    //索引法
char *p =    str;
char ch2 = *(p+6);                    //指针运算
//字符指针
char *p = " I love China ";
char ch2 = p[6];                      //索引法
char ch3 = *(p+6);                    //指针运算
```

关于字符串、字符数组、字符类型指针的区别与联系的诸多细节，需要读者在学习应用当中慢慢体会。

## 8.2 字符串的输入与输出

在项目 2 中读者学习了 printf()函数和 scanf()函数，它们分别负责向控制台输出内容和从控制台上接收用户的输入，可以接受各种形式数据的输入输出。针对字符串的输入和输出，C 语言还专门提供了 gets()函数和 puts()函数，本节将针对这两个函数进行详细讲解。

理论微课 8-4：gets()函数

### 8.2.1 gets()函数

gets()函数用于读取一个字符串，其函数声明如下。

```
char *gets(char *str);
```

gets()函数可以读取用户输入到输入缓冲区中的字符串，并将字符串存储到字符类型指针变量 str 所指向的内存空间。

用户输入数据时以换行表示输入结束，gets()函数读取换行符之前的所有字符（不包括换行符本身），并在字符串的末尾添加一个空字符'\0'用来标记字符串的结束。读取结束之后，gets()函数会返回一个指向字符串的指针。

gets()函数的使用示例如下。

```
char phoneNumber[12];          //定义一个字符数组
gets(phoneNumber);             //读取数据存入到数组中
```

在上述代码中，首先定义了一个字符数组 phoneNumber，然后调用 gets()函数读取数据，将读取到的数据存储到数组 phoneNumber 中。

例 8-1　gets()函数用法。

gets.c

```
1    #include <stdio.h>
2    int main()
3    {
4        char str[8] ;
5        printf("请输入一个字符串：");
6        gets(str);
7        printf("输入的字符串为：%s\n", str);
8        return 0;
9    }
```

运行例 8-1，输入字符串"nihao"，结果如图 8-7 所示。

图 8-7　例 8-1 运行结果

在例 8-1 中，第 4 行代码定义了一个大小为 8 的字符数组 str。第 6 行代码调用 gets()函数从键盘读取字符串存储到字符数组 str 中。由图 8-7 可知，gets()函数成功读取一个字符串存储到了字符数组 str 中。

在调用 gets()函数读取字符串时，读取的字符串长度不能大于或等于字符数组的大小，因为 gets()函数会在读取的字符串末尾添加'\0'，应当为'\0'保留一个位置。如果调用 gets()函数读取字符串时，输入的字符串长度等于或超过字符数组大小，则程序会因为栈溢出而报错。

例如，再次运行例 8-1 程序，输入一个长度大于 8 的字符串，程序会引发异常，如图 8-8 所示。

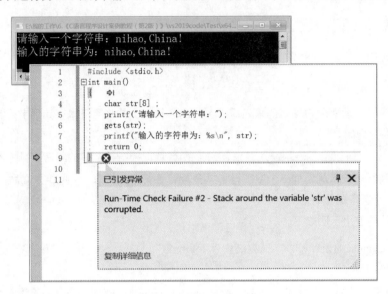

图 8-8　例 8-1 程序引发的异常

由图 8-8 可知，在控制台输入字符串"nihao,China!"，程序就引发了异常，原因是字符串"nihao,China!"长度超过了 8，导致栈溢出。因此，在调用 gets()函数时，要注意输入的字符串长度小于字符数组大小。

📖 多学一招：单个字符输入函数

C 语言中常用的单个字符输入函数有以下两个。

（1）getc()函数

getc()函数用于读取用户输入的单个字符，函数原型如下。

```
int getc(FILE *stream);
```

getc()函数接收一个文件指针作为参数，它可以从该文件指针中读取一个字符，将字符强制转换为 int 类型返回，当读取到末尾或发生错误时返回 EOF（-1）。

使用 getc()函数从键盘输入中读取一个字符，示例代码如下。

```
int num = getc(stdin);
```

在上述代码中，使用 getc()函数从标准输入（键盘）中读取一个字符，将其结果返回给整型变量 num。假如输入一个字符'a'，则输出 num 的值为 97，这是字符'a'对应的 ASCII 码值。需要注意的是，getc()函数的参数 stdin 是 C 语言定义的标准输入流，是一个文件指针，关于文件指针与流将在项目 11 中进行讲解。

（2）getchar()函数

getchar()函数用于从标准输入中读取一个字符，函数原型如下。

```
int getchar(void);
```

getchar()没有参数，可直接调用，其返回值为读取到的字符，示例代码如下。

```
int num = getchar();
```

上述代码表示使用 getchar()函数从标准输入中读取一个字符，将读取的字符
返回给 num，它的作用与"int num = getc(stdin);"相同。

理论微课 8-5：
puts()函数

### 8.2.2　puts()函数

在 C 语言中，puts()函数用于输出一整行字符串，函数声明如下。

```
int puts(const char *str);
```

从 puts()函数的声明中可以看出，puts()函数接收一个字符串指针作为参数，该指针指向要输出
的字符串。在输出字符串时，puts()函数会自动在字符串末尾追加换行符'\n'。如果 puts()函数调用成
功，返回一个 int 类型的整数，否则返回 EOF。

为了让读者更好地掌握 puts()函数与 gets()函数，下面通过一个案例演示这两个函数的应用。

例 8-2　录入员工信息。假如某公司招聘了一名新员工，需要人事部门录入姓名、年龄、性别、
手机号码、邮箱等信息。请编写一个程序，帮助人事部门完成信息录入，并在信息录入完成之后，显
示员工完整信息以便核对。

员工信息录入时，姓名、手机号码、邮箱等信息都要以字符串形式进行处理，可以调用 gets()
函数和 puts()函数完成。

姓名包含的字符个数一般不超过 20 个字符，可以定义一个大小为 20 的 char 类型数组 name 用
于存储姓名。手机号码位数为 11 位，可以定义一个大小为 12 的 char 类型数组 tel 用于存储手机号
码。邮箱的字符长度也不固定，但为了容纳比较长的邮箱，可以定义一个大小为 50 的 char 类型数
组 mail 用于存储邮箱。

案例具体实现如下。

gets_puts.c

```
1    #define _CRT_SECURE_NO_WARNINGS
2    #include <stdio.h>
3    #include <stdlib.h>
4    int main()
5    {
6        char name[20] = { '\0' };
7        int age;
8        char s;
9        char tel[12] = { '\0' };
10       char mail[50] = { '\0' };
11       printf("请输入姓名：");
12       scanf("%s", name);
13       printf("请输入年龄：");
14       scanf("%d", &age);
```

```
15        getchar();
16        printf("请输入性别:");
17        scanf("%c", &s);
18        getchar();
19        printf("请输入电话：");
20        gets(tel);
21        printf("请输入邮箱：");
22        gets(mail);
23        printf("\n 员工信息如下，请核对：\n");
24        printf("姓名："); puts(name);
25        printf("年龄："); printf("%d\n", age);
26        printf("性别："); printf("%c\n", s);
27        printf("电话："); puts(tel);
28        printf("邮箱："); puts(mail);
29        return 0;
30    }
```

上述代码运行之后，分别输入姓名、年龄、性别、电话、邮箱，结果如图 8-9 所示。

图 8-9　例 8-2 运行结果

在例 8-2 中，第 6 行～第 10 行代码分别定义了存储员工信息所需要的变量、数组。第 12 行～第 22 行代码分别调用 gets()函数输入员工信息。第 24 行～第 28 行代码输出员工信息。由图 8-9 可知，程序成功从控制台读取了员工信息并成功进行了输出。

📖 多学一招：单个字符输出函数

C 语言中常用的单个字符输出函数有以下两个。

（1）putc()函数

putc()函数用于将一个字符输出到指定流中，函数声明如下。

```
int putc(int char, FILE *fp);
```

由上述函数声明可知，putc()函数接收字符和文件指针两个参数，返回值是一个整数，它将输出的字符以整数的形式返回。例如，通过 putc()函数将字符'a'输出到标准输出（即控制台），代码如下。

```
int num = putc('a',stdout);
```

执行上述语句，控制台上会输出字符'a'，使用 printf()函数输出 num 的值为 97。

（2）putchar()函数

putchar()函数用于将一个字符输出到标准输出，函数声明如下。

```
int putchar(int char);
```

putchar()函数接收一个字符参数，它将这个字符输出到标准输出，然后返回该字符。通过 putchar()向控制台输出一个字符，代码如下。

```
int num = putchar('a');
```

上述语句的作用与 "int num = putc('a',stdout);" 相同，这里不再赘述。

## 8.3 字符串常用操作函数

在程序中，经常需要对字符串进行操作，如字符串的比较、查找、替换等。C 语言中提供了许多操作字符串的函数，这些函数都位于 string.h 文件中。本节将针对这些函数进行详细讲解。

### 8.3.1 字符串长度计算函数

字符串在使用过程中经常需要获知其长度，C 语言提供了 strlen()函数用于获取字符串的长度，函数声明如下。

理论微课 8-6：字符串长度计算函数

```
unsigned int strlen(char *s）;
```

在上述声明中，参数 s 是指向字符串的指针，返回值是字符串的长度。需要注意的是，使用 strlen()函数得到的字符串长度并不包括末尾的空字符 '\0'。示例代码如下。

```
strlen("hello");                //获取字符串 hello 的长度
char *str = "12abc";
strlen(str);                    //获取字符串指针 str 指向字符串的长度
```

因为 strlen()函数不将字符串末尾的'\0'计入字符串长度，所以上述代码的结果均为 5。使用 strlen()函数，读者可以很容易获取字符串的大小。

为了让读者更好地掌握 strlen()函数的用法，下面通过一个案例演示 strlen()函数的使用。

例 8-3 分隔字符串。在实际编程中，经常需要对字符串进行分隔操作，例如，使用软件进行注册时，填写的手机号码会自动以 3-4-4 位数形式显示，其实后台程序就是对手机号码进行了分隔。本案例要求编写一个程序，实现字符串的分隔，具体要求如下。

① 从键盘连续输入字符串，按长度为 6 对字符串进行分隔并输出。

② 长度不是 6 的整数倍的字符串，需要在后面补字符 "*"，空字符串不进行处理。

③ 每个字符串长度小于 20。

例如，从键盘输入以下两个字符串。

```
abc
abcabca
```

输出结果要求如下。

```
abc***
abcabc
a*****
```

本案例要求以长度分隔字符串，因此首先要计算出字符串长度，再判断该长度是否为 6 的整数倍，可以按照下列思路实现。

① 从键盘连续输入字符串，可以将输入操作放在 while 循环中。

② 由于案例要求按长度 6 分隔字符串，在输入字符串时，可以通过%6s 的格式限制每次最多读取 6 个字符，剩下的字符会保留在标准输入缓冲区中以待下次读取。

③ 字符串读取完成之后，使用 6 减去字符串长度，使用 for 循环语句输出后面要补的 '*' 符号。

案例具体实现如下。

strlen.c

```
1    #define _CRT_SECURE_NO_WARNINGS
2    #include <stdio.h>
3    #include <stdlib.h>
4    int main()
5    {
6        char str[20];                    //定义一个大小为 20 的数组
7         printf("请输入一个字符串：\n");
8        while (scanf("%6s", &str) != EOF)    //循环输入字符串，每次最多读取 6 个字符
9        {
10           printf("分隔之后：");
11           int len = 6 - strlen(str);       //如果字符串长度不足 6，计算相差字符个数
12           printf("%s", str);               //先输出字符串
13           for (int i = 0; i < len; i++)    //再循环输出后面要补的*符号
14               printf("*");
15           printf("\n");
16       }
17       return 0;
18   }
```

上述代码运行之后，输入一个字符串，结果如图 8-10 所示。

图 8-10　例 8-3 运行结果

在例 8-3 中，第 6 行代码定义了一个大小为 20 的字符数组，用于存储待分隔的字符串。第 8 行代码使用 while 循环结构语句，调用 scanf()函数循环读取字符串，每次只能读取 6 个字符。第 11

行代码，如果读取的字符串长度不足，则计算字符串长度与 6 的差。

第 12 行代码输出字符串。第 13 行和第 14 行代码使用循环结构语句输出后面要补的"*"符号。由图 8-10 可知，当输入字符串"abc"时，分隔之后后面补了 3 个"*"符号。当输入字符串"abcabca"时，字符串被分隔成了"abcabc"和"a*****"两个字符串。

📖 多学一招：**strlen()函数与 sizeof 运算符**

strlen()函数与 sizeof 运算符在求字符串时是有所不同的，下面简单总结一下 strlen()函数与 sizeof 运算符的区别，具体如下。

① sizeof 是运算符；strlen()是 C 语言标准库函数，包含在 string.h 头文件中。

② sizeof 运算符功能是获得所建立的对象的字节大小，计算的是类型所占内存的多少。strlen()函数是获得字符串所占内存的有效字节数。

③ sizeof 运算符的参数可以是数组、指针、类型、对象、函数等。strlen()函数的参数是字符串或以 '\0' 结尾的字符数组，如果传入不包含 '\0' 的字符数组，它会一直往后计算，直到遇到 '\0'，因此计算结果是错误的。

④ sizeof 运算符计算大小在编译时完成，因此不能用来计算动态分配内存的大小。strlen()结果在运行时计算。

### 8.3.2 字符串比较函数

在实际编程中，经常会比较字符串的大小，如按字母顺序对姓名进行排序，为此 C 语言提供了 strcmp()函数和 strncmp()函数，下面对这两个函数进行详细介绍。

理论微课 8-7：字符串比较函数

**1. strcmp()函数**

strcmp()函数用于比较两个字符串的内容是否相等，函数声明如下。

```
int strcmp(const char *str1, const char *str2);
```

在比较两个字符串时，strcmp()函数是按照字符串中单个字符依次进行比较。例如，str1 = "abc";str2 = "ae";在比较 str1 和 str2 时，strcmp()函数首先会取 str1 和 str2 的第 1 个字符进行比较，两个字符串的第 1 个字符都是'a'，然后取 str1 和 str2 的第 2 个字符进行比较，str1 的第 2 个字符是'b'，str2 的第 2 个字符是'e'，由于字符'b'的 ASCII 码值小于字符'e'，所以 strcmp()函数判定 str1 字符串小于 str2 字符串，不再进行后续字符的比较。

如果 str1 字符串小于 str2 字符串，则返回-1；如果两个字符串内容相同，则返回 0；如果 str1 字符串大于 str2 字符串，则返回 1。

为了让读者更好地掌握 strcmp()函数用法，下面通过一个案例演示 strcmp()函数的应用。

例 8-4　用户名和密码检测。本案例中模拟一个登录操作，用户名为 itcast，密码为 IloveC，如果用户输入的用户名和密码都正确，则提示登录成功，否则提示用户名或密码错误。案例具体实现如下。

strcmp.c

```
1    #include <stdio.h>
2    #include <string.h>
3    int main()
4    {
```

```
5            char username[100];              //定义存放用户名的字符数组
6            char password[100];              //定义存放密码的字符数组
7            printf("请输入用户名：");
8            gets(username);                  //获取用户输入的用户名
9            printf("请输入密码：");
10           gets(password);                  //获取用户输入的密码
11           // 比较输入的用户名和密码是否正确
12           if (!strcmp(password, "ILoveC") && (!strcmp(username, "user")))
13           {
14                 printf("用户 %s 登录成功！\n", username);
15           }
16           else
17           {
18                 printf("用户名或密码错误。\n");
19           }
20           return 0;
21    }
```

运行例 8-4 程序，输入正确的用户名和密码，结果如图 8-11 所示。

图 8-11 例 8-4 输入正确的用户名和密码的运行结果

如果输入的用户名或密码错误，例如，密码输入 123456，则运行结果如图 8-12 所示。

图 8-12 例 8-4 输入错误密码的运行结果

在例 8-4 中，第 5 行和第 6 行代码定义了 username 和 password 两个数组，分别用于存储用户名和密码。第 8 行代码和第 10 行代码调用 gets()函数从键盘输入用户名和密码。第 12 行～第 19 行代码调用 strcmp()函数判断用户输入的用户名和密码是否与正确的用户名和密码相同，如果相同，则提示用户登录成功，否则提示用户名或密码错误。

2. strncmp()函数

strncmp()函数用来比较两个字符串中前 n 个字符是否完全一致。函数声明如下。

```
int strncmp(const char* str1, const char* str2, size_t n);
```

在上述函数声明中，前两个参数的含义与 strcmp()函数的参数相同，第 3 个参数 n 表示要比较的字符个数。如果字符串 str1 和 str2 的长度都小于 n，就相当于调用 strcmp()函数对字符串进行比较。

strncmp()函数的用法与 strcmp()函数的用法相似，示例代码如下。

```
char* p1 = "abcdef";
char* p2 = "abcwdfg";
int num1 = strncmp(p1, p2, 3);        //比较前 3 个字符，相等，值为 0
int num2 = strncmp(p1, p2, 4);        //比较前 4 个字符，不相等，值为-1
```

上述代码先定义了两个字符指针 p1、p2，分别指向字符串"abcdef"、"abcwdfg"，然后调用 strncmp()函数取两个字符串的前 3 个字符进行比较，使用整型变量 num1 记录比较结果；其次调用 strncmp()函数比较两个字符串的前 4 个字符，使用整型变量 num2 记录比较结果。由于两个字符串的前 3 个字符都是 abc，num1 的值为 0，由于两个字符串的第 4 个字符不同，num2 的值为-1。

### 8.3.3 字符串连接函数

在程序开发中，经常需要将两个字符串进行连接操作，例如，将电话号码和相应的区号进行连接。为此，C 语言提供了 strcat()函数和 strncat()函数来实现连接字符串的操作，下面对这两个函数进行讲解。

理论微课 8-8：字符串连接函数

#### 1. strcat()函数

strcat()函数用于实现字符串的连接，即将一个字符串接到另一个字符串的后面。strcat()函数的声明如下。

```
chat* strcat(char* dest, const char* src);
```

在上述函数声明中，strcat()函数有 dest 和 src 两个参数，strcat()函数将参数 src 指向的字符串复制到参数 dest 所指字符串的尾部，覆盖 dest 所指字符串的结束字符，实现拼接。

---

ℹ️ 注意：

当调用 strcat()函数时，第 1 个参数必须有足够空间存储连接进来的字符串，否则会产生缓冲区溢出问题。

---

为了让读者更好地掌握 strcat()函数的用法，下面通过一个案例演示 strcat()函数的使用。

例 8-5　本案例要实现的功能如下，用户从控制台输入区号和电话号码，如果有分机号也输入分机号，程序将区号、电话号码和分机号连接起来。案例具体实现如下。

strcat.c

```
1     #define _CRT_SECURE_NO_WARNINGS
2     #include <stdio.h>
3     #include <string.h>
4     int main()
5     {
6         char areaNumber[5];              //区号
7         char phoneNumber[12];           //电话号码
8         char extraNumber[5];            //分机号
9         char buffer[25] = {0};          //用来存储连接后的结果，需要初始化为 0
10        printf("请输入区号：");
11        gets(areaNumber);
```

```
12          printf("请输入电话号码：");
13          gets(phoneNumber);
14          printf("有分机号吗？(y/n)");
15          int input = getchar();
16          getchar();                              //再调用一次 getchar()刷新缓冲区
17          if(input == 'y')
18          {
19              printf("请输入分机号：");
20              gets(extraNumber);
21              strcat(buffer, areaNumber);
22              strcat(buffer, "-");
23              strcat(buffer, phoneNumber);
24              strcat(buffer, "-");
25              strcat(buffer, extraNumber);
26          }
27          else
28          {
29              strcat(buffer, areaNumber);
30              strcat(buffer, "-");
31              strcat(buffer, phoneNumber);
32          }
33          printf("您的电话号码是 %s。\n", buffer);
34          return 0;
35      }
```

运行例 8-5，输入区号、电话号码、分机号，结果如图 8-13 所示。

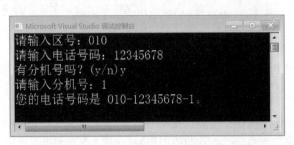

图 8-13 例 8-5 运行结果

在例 8-5 中，第 6 行～第 9 行代码定义了 areaNumber、phoneNumber、extraNumber 和 buffer 这 4 个数组，分别用于存储区号、电话号码、分机号和所有号码连接后的结果。第 11 行和第 13 行代码调用 gets()函数读取用户输入的区号和电话号码。

第 15 行代码调用 getchar()函数输入一个字符，用于确定是否有分机号。第 17 行～第 32 行代码判断输入的字符，如果输入的是字符'y'，则第 20 行～第 25 行代码输入分机号，并调用 strcat()函数将区号、电话号码、分机号以指定格式连接起来。如果输入的是字符'n'，则调用 strcat()函数将区号、电话号码以指定格式连接起来。

由图 8-13 可知，当输入区号、电话号码、分机号之后，程序成功将它们以"-"连接起来。

2. strncat()函数

strncat()函数也用于拼接字符串，但它可以限制拼接的字符串长度，其函数声明如下。

```
char* strncat(char* dest, const char* src, size_t n);
```

在上述函数声明中，strncat()函数除了接收两个字符指针 src 和 dest 之外，还接收第 3 个参数 n，该函数用于设置从 src 所指字符数组中取出的字符个数。

前面学习了 strcat()函数，strncat()的用法就比较简单了，其用法示例如下。

```
char str1[20] = "abcdef";
char str2[10] = "abcwdfg";
strncat(str1, str2, 3);
```

上述示例代码先定义了两个字符数组 str1、str2，之后调用了 strncat()函数，取 str2 字符串的前 3 个字符 abc 连接到 str1 中，拼接完成后 str1 由"abcdef"更改为"abcdefabc"。strncat()函数与 strcat()函数使用方式相同，都要保证第 1 个参数有足够的空间容纳拼接进来的字符串。

### 8.3.4 字符串查找函数

在生活中，人们经常会查找文档，如从花名册中查找某个人，从报表中查找某个季度的数据等。在 C 语言中，也经常要编程实现文本查找功能，为此，C 语言提供了 strchr()、strrchr()和 strstr()这 3 个函数来实现对字符串的查找功能，下面针对这 3 个函数进行讲解。

理论微课 8-9：字符串查找函数

#### 1. strchr()函数

strchr()函数用来查找指定字符在指定字符串中第一次出现的位置，函数声明如下。

```
char* strchr(const char* str, char c);
```

在上述函数声明中，参数 str 为被查找的字符串，c 是指定的字符。如果字符串 str 中包含字符 c，strchr()函数将返回一个字符类型指针，该指针指向字符 c 第一次出现的位置，否则返回空指针。

为了让读者更好地掌握 strchr()函数的用法，下面通过一个案例演示 strchr()函数的应用。

例 8-6 统计字符。在工作中，经常需要对一些文章的关键字进行统计，这可以帮助读者了解文章涉及的主题和核心内容，更好地把握文章的主旨和论点。同时也有利于读者更好地理解作者的观点和立场，从而更准确地进行思想辨析和价值判断。

本案例要求编写一个程序模拟关键字统计，从控制台输入一个字符串和一个字符，统计字符在字符串中出现的次数。案例具体实现如下。

strchr.c

```
1    #define _CRT_SECURE_NO_WARNINGS
2    #include <stdio.h>
3    #include <string.h>
4    int getCount(char* str, char c)
5    {
6        int count = 0;              //存储找到的字符个数
7        char* ptr = str;            //通过移动 ptr 指针查找字符串中的指定字符
8        //获取第一次出现字符变量 c 的指针位置
9        while((ptr = strchr(ptr, c)) != NULL)
10       {
11           ++ptr;
12           ++count;
13       }
```

```
14          return count;
15      }
16  int main()
17  {
18      char str[50];                      //定义数组 str，用于存储输入的字符串
19      char c;                            //定义字符 c，用于存储要查找的字符
20      printf("请输入一个字符串：");
21      gets(str);
22      printf("请输入一个字符：");
23      scanf("%c", &c);
24      int count = getCount(str, c);
25      printf("字符 %c 在字符串中出现了 %d 次。\n", c, count);
26      return 0;
27  }
```

运行例 8-6，输入一个字符串和一个字符，结果如图 8-14 所示。

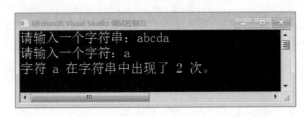

图 8-14  例 8-6 运行结果

在例 8-6 中，第 4 行～第 15 行代码定义了 getCount()函数，该函数用于统计字符在字符串中出现的次数。其中，第 6 行代码定义了 count，初始值为 0，用于存储字符在字符串中出现的次数。第 7 行代码定义了字符类型的指针 ptr，用于查找字符串中的指定字符。第 9 行～第 13 行代码使用 while 循环结构语句查找字符串中指定的字符，在查找时，调用 strchr()函数查找字符第一次出现的位置，查找成功之后，count 自增，指针 ptr 自增，再重新进行下一次查找，直到 strchr()函数返回结果为空。

在 main()函数中，第 18 行和第 19 行代码定义了字符数组 str 和字符 c，分别用于存储字符串和字符。第 21 行和第 23 行代码分别调用 gets()函数和 scanf()函数输入字符串和字符。第 24 行代码调用 getCount()函数查找字符 c 在字符串 str 中出现的次数，返回结果使用 count 存储。第 25 行代码调用 printf()函数输出 count 的值。

由图 8-14 可知，从控制台输入字符串"abcda"和字符'a'，程序统计到字符'a'在字符串"abcda"中出现了 2 次。

2. strrchr()函数

strrchr()函数用来查找指定字符在指定的字符串中最后一次出现的位置，即倒数第一次出现的位置。strrchr()函数声明如下。

char* strrchr(const char* str, char c);

在上述语法格式中，参数 str 为被查找的字符串，c 是指定的字符。如果字符串 str 中包含字符 c，strrchr()函数将返回一个字符指针，该指针指向字符 c 最后一次出现的位置，否则返回空指针。

由于 strrchr()函数的用法与 strchr()函数非常相似，这里不再举例说明。

3. strstr()函数

上面两个函数都只能搜索字符串中的单个字符，如果要想判断在字符串中是否包含指定字符串

时，可以使用 strstr()函数，函数声明如下。

```
char* strstr(const char* haystack, const char* needle);
```

在上述函数声明中，参数 haystack 是被查找的字符串，needle 是子字符串。如果在字符串 haystack 中找到了字符串 needle，则返回子字符串的指针，否则返回空指针。

为了让读者更好地掌握 strstr()函数的用法，下面通过一个案例演示 strstr()函数的应用。

例 8-7    在本案例中，从控制台输入一段文本和一个单词，查找文本段落中是否包含指定的单词。案例具体实现如下。

strstr.c

```
1    #define _CRT_SECURE_NO_WARNINGS
2    #include <stdio.h>
3    #include <string.h>
4    int main()
5    {
6        char str[10240];              //声明字符串数组，用于保存段落
7        char word[1024];              //声明字符串数组，用于保存要查找的字符串
8        char* ptr;
9        printf("请输入文本段落：\n");
10       gets(str);
11       printf("请输入要查找的单词：");
12       gets(word);
13       ptr = strstr(str, word);      //搜索是否包含指定的字符串
14       if (ptr == NULL)
15           printf("段落中不包含单词 %s。\n", word);
16       else
17           printf("段落中包含单词 %s。\n", word);
18       return 0;
19   }
```

运行例 8-7，输入一段文本，并输入一个待查找的单词，运行结果如图 8-15 所示。

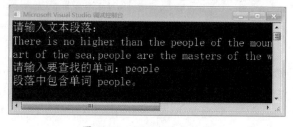

图 8-15   例 8-7 运行结果

在例 8-7 中，第 6 行和第 7 行代码定义了字符数组 str 和 word，分别用于存储文本段落和待查找的单词。第 10 行代码和第 12 行代码调用 gets()函数读取文本段落和待查找的单词。第 13 行代码调用 strstr()函数在字符串 str 中查找单词 word。第 14 行～第 17 行代码，判断 strstr()函数返回的指针是否为 NULL，如果为 NULL，则提示用户文本段落中不包含要查找的单词，否则提示用户文本段落中包含要查找的单词。

### 8.3.5   字符串复制函数

理论微课 8-10: 字符串复制函数

在操作计算机时总会用到复制功能将一些数据复制到另一个地方，在 C 语言程序中也会经常

遇到字符串复制，为此 C 语言提供了两个常用的字符串复制函数：strcpy() 函数和 strncpy() 函数，用于实现字符串复制功能。下面分别对这两个函数进行讲解。

### 1. strcpy() 函数

strcpy() 函数用于实现字符串的复制，函数声明如下。

```
char* strcpy(char* dest, const char* src);
```

在上述函数声明中，strcpy() 函数接受两个参数，其功能是把 src 地址开始且含有 '\0' 结束符的字符串，复制到以 dest 开始的地址空间，返回指向 dest 的指针。需要注意的是，src 和 dest 所指内存区域不可以重叠，且 dest 必须有足够的空间容纳 src 的字符串。

strcpy() 函数用法比较简单，用法示例代码如下。

```
char arr[15] = "hello,China";
char* p = "ABCD";
strcpy(arr,p);
```

上述代码定义了一个字符数组 arr 和一个字符指针 p，其中，arr 数组的大小为 15，其中存储的字符串为"hello,China"，指针 p 指向的字符串为"ABCD"。使用 strcpy() 函数将指针 p 指向的字符串复制到数组 arr 中，arr 表示数组的首地址，因此字符串"ABCD"从数组开头处开始复制，它会覆盖掉数组中原有的元素，复制完成之后，以%s 格式化输出数组 arr，其值为 "ABCD"。

---

📁 注意：

在复制时，字符串"ABCD"只是覆盖了数组 arr 前 5 个元素，而后面的元素还会存储在 arr 中，其复制过程如图 8-16 所示。

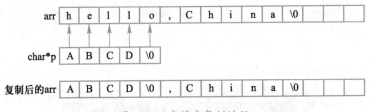

图 8-16　字符串复制过程

---

为了让读者更好地掌握 strcpy() 函数的用法，下面通过一个案例演示 strcpy() 函数的应用。

例 8−8　本案例实现上述示例代码的复制，并输出复制后的结果。案例具体实现如下。

strcpy.c

```
1    #include <stdio.h>
2    #include <string.h>
3    int main()
4    {
5        char arr[15] = "hello,China";
6        printf("数组 arr 中内容：%s\n", arr);
7        char* p = "ABCD";
8        strcpy(arr, p);
9        printf("复制之后，数组 arr 中内容：\n");
10       printf("直接输出字符串：%s\n", arr);
```

```
11          printf("循环遍历输出：");
12          for (int i = 0; i < 15; i++)
13              printf("%c", arr[i]);
14          return 0;
15      }
```

例 8-8 运行结果如图 8-17 所示。

图 8-17　例 8-8 运行结果

在例 8-8 中，第 5 行～第 8 行代码完成字符串复制。第 10 行代码以%s 格式化输出字符数组 arr 中的内容。由图 8-17 可知，以%s 格式输出字符数组 arr 时，输出内容为 ABCD。

第 12 行和第 13 行代码使用 for 循环结构语句遍历字符数组 arr，以%c 格式依次输出 arr 中的字符，由图 8-17 可知，字符数组 arr 中的字符全部被输出。图 8-17 中加粗显示的字符'a'是字符'\0'的乱码显示，因为字符'\0'是不显示字符，无法正确输出。

2．strncpy()函数

strncpy()函数声明如下。

```
char* strncpy(char* dest, const char* src,int n);
```

与 strcpy()函数相比，strncpy()函数多了一个参数 n，参数 n 用于指定复制的字符个数。strncpy()函数的功能为，将字符串 src 的前 n 个字符复制到 dest 指向的空间。

strcpy()函数用法示例如下。

```
char arr[15] = "hello,China";
char* p = "ABCD";
strncpy(arr,p,3);          //将字符串 p 的前 3 个字符复制到 arr 中
```

为了让读者更好地掌握 strcpy()函数的用法，下面通过一个案例演示 strcpy()函数的应用。

例 8-9　文档替换。本案例要求编写一个程序，模拟办公文档的替换功能，具体要求如下。

① 从键盘输入字符串 1。

② 从键盘输入字符串 1 中的某个子串。

③ 从键盘输入字符串 2。

④ 将字符串 1 中的子串替换为字符串 2。

⑤ 输出替换后的字符串 1。

⑥ 字符串长度都不超过 100。

例如，从键盘输入以下几个字符串。

```
Hello,China                //字符串 1
Hello                      //字符串 1 的子串
nihao                      //字符串 2
```

替换后的字符串 1 如下。

> nihao,China

在本案例中，字符串进行替换时，首先需要将子串两端的字符串截取出来，然后将子串前的字符串、字符串 2、子串后的字符串连接起来，存储到一块新内存中。

① 定义 3 个大小为 100 的字符数组，分别存储字符串 1、子串、字符串 2。

② 调用 scanf()函数分别从键盘输入 3 个字符串。

③ 定义替换函数 replace()，在函数内部，分别计算出字符串 1、子串、字符串 2 的长度，调用 strstr()函数查找到子串在字符串 1 中的位置。申请一块堆内存空间，将子串前的字符串存储到新空间，再分别将字符串 2、子串后面的字符串拼接到新分配空间。

本案例具体实现如下。

strcpy.c

```
1    #define _CRT_SECURE_NO_WARNINGS
2    #include <stdio.h>
3    #include <stdlib.h>
4    #include <string.h>
5    //字符串替换函数
6    char* replace(char* p1, char* psub, char* p2)
7    {
8        int len1 = strlen(p1);              //获取字符串 1 的长度
9        int sublen = strlen(psub);          //获取子串的长度
10       int len2 = strlen(p2);              //获取字符串 2 的长度
11       psub = strstr(p1, psub);            //获取子串在字符串 1 中的位置
12       if (psub == NULL)                   //如果返回 NULL，表明字符串 1 中没有相应子串
13           return NULL;
14       //分配内存空间，空间大小为字符串 1 加字符串 2 的长度减去子串的长度，再加上 1（存储0）
15       char* p = (char*)malloc(sizeof(char) * (len1 - sublen + len2) + 1);
16       memset(p, '\0', len1 - sublen + len2 + 1);
17       strncpy(p, p1, psub - p1);          //将子串前的字符复制到新分配空间
18       //定义临时指针 ptmp
19       char* ptmp = NULL;
20       strcat(p, p2);                      //将字符串 2 连接到新分配空间的字符串之后
21       ptmp = psub + sublen;               //ptmp 指向子串后面的字符位置
22       strcat(p, ptmp);                    //将子串后面的字符串拼接到新分配空间
23       return p;
24   }
25   int main()
26   {
27       char str1[100];
28       char substr[100];
29       char str2[100];
30       printf("请输入字符串 1：");
31       scanf("%s", str1);
32       getchar();
33       printf("请输入子串：");
```

```
34              scanf("%s", substr);
35              getchar();
36              printf("请输入字符串 2：");
37              scanf("%s", str2);
38              char* p = replace(str1, substr, str2);
39              if (p == NULL)
40                      printf("没有在主串中查找到要替换的子串\n");
41              else
42                      printf("替换后：%s\n", p);
43              return 0;
44          }
```

上述代码运行之后，分别输入字符串 1、子串、字符串 2，结果如图 8-18 所示。

图 8-18　例 8-9 运行结果

在例 8-9 中，第 6 行～第 24 行代码定义了字符串替换函数 replace()，该函数有 3 个参数，第 1 个参数 p1 表示主串，第 2 个参数 psub 表示要被替换掉的字符串，第 3 个参数 p2 表示要替换其他字符串的字符串。replace()函数返回值类型为 char*，返回替换后的字符串。

第 8 行～第 10 行代码分别调用 strlen()函数获取字符串 1、子串、字符串 2 的长度。第 11 行～第 13 行代码调用 strstr()函数在字符串 1 中查找子串的位置，如果返回结果为 NULL，就结束函数。

第 15 行代码调用 malloc()函数申请一块内存空间，空间大小为字符串 1 与字符串 2 的长度之和，减去子串的长度，这块内存空间就是用于存储替换后的字符串。第 16 行代码设计 memset()函数初始化申请的内存空间。

第 17 行代码调用 strncpy()函数将字符串 1 中，子串前的字符串复制到新分配空间。第 20 行代码调用 strcat()函数将字符串 2 连接到新分配空间。第 21 行代码将临时指针 ptmp 指向新分配空间子串后面的位置。第 22 行代码调用 strcat()函数将字符串 1 中子串后面的字符串拼接到新分配空间。第 23 行代码返回指向新空间的指针 p。

第 27 行～第 37 行代码定义 3 个字符串数组，并调用 scanf()函数读取 3 个字符串分别存储到对应字符数组中。第 38 行代码调用 replace()函数实现字符串替换。第 39 行～第 42 行代码使用 if 选择结构语句判断是否替换成功。

由图 8-18 可知，当根据提示输入 3 个字符串时，程序成功使用"nihao"替换了"hello"。

📖 多学一招：字符串的其他常用函数

在编程时有时需要将字符转换成整数或将整数转换成字符串。例如，将字符串表示的 IP 地址、端口等转换成十进制整数，就需要用到字符串与整数的转换函数。下面介绍 3 个字符串与整数的转换函数。

### 1. atoi()函数

atoi()函数用于将一个数字字符串转换为对应的十进制数，atoi()函数的声明如下。

```
int atoi(const char* str);
```

在上述语法格式中，atoi()接收一个数字字符串作为参数，返回转换后的十进制整数。如果转换失败，则返回 0。需要注意的是，由于 atoi 的声明位于 stdlib.h 文件中，因此需要使用#include 指令引用头文件 stdlib.h。

### 2. itoa()函数

Visusal Studio 编译器还提供了一个不在 C 语言标准中的函数 itoa()，它可以将一个整数转换为不同进制下的整数，以字符串形式存储到数组中。itoa()函数声明如下。

```
char* itoa(int val, char* dst, int radix);
```

在上述语法格式中，第 1 个参数 val 表示的是待转换的数；第 2 个参数表示的是目标字符数组，用于存储转换后的字符串；第 3 个参数表示的是要转换的进制，直接以 2、8、16 表示二进制、八进制、十六进制。

为了让读者更好地理解 atoi()函数与 itoa()函数的用法，下面通过一个案例演示这两个函数的用法。

例 8-10    atoi()函数和 itoa()函数的应用。

itoa_atoi.c

```
1      #include <stdio.h>
2      #include <string.h>
3      int main()
4      {
5          char* p = "-123";
6          printf("%d\n", atoi(p));
7          int num = 100;
8          char arr[100];
9          itoa(num,arr,16)          //将 num 转换为 16 进制，以字符串存储到数组 arr 中
10         printf("%s\n",arr);
11         return 0;
12     }
```

例 8-10 运行结果如图 8-19 所示。

图 8-19    例 8-10 运行结果

### 3. sprintf()函数

sprintf()函数是一个字符串格式化函数，它可以将格式化的数据写入字符串中。sprintf()函数与 printf()函数一样，也是一个变参函数，其函数声明如下。

```
int sprintf( char* buffer, const char* format, [ argument] ... );
```

在上述语法格式中，第 1 个参数表示目标字符数组（字符串），第 2 个参数表示格式化字符串，第 3 个参数表示需要格式化的数据。

例如，把整数 100 以字符串形式保存到字符数组 buf 中，示例代码如下。

```
char buf[10];
sprintf(buf, "%d", 100);
```

从上述代码可以看出，sprintf() 与 printf() 输出函数的使用方法类似，只不过 printf() 的输出目标是标准输出，而 sprintf() 将格式化的数据输出到指定的字符数组中。

为了让读者更好地理解 sprintf() 函数的用法，下面通过一个案例演示 sprintf() 函数的用法。

例 8-11    本案例要求从键盘输入一个学生的姓名、年龄，并将学生的姓名年龄保存到一个字符数组中，案例具体实现如下。

sprintf.c

```
1    #define _CRT_SECURE_NO_WARNINGS
2    #include <stdio.h>
3    #include <string.h>
4    int main()
5    {
6        char str[100];
7        char name[10];
8        int age;
9        printf("请输入姓名与年龄：\n");
10       gets(name);
11       scanf("%d", &age);
12       sprintf(str, "%s's age is %d\n", name, age); //格式化字符串
13       printf("%s\n", str);
14       return 0;
15   }
```

运行例 8-11，输入学生姓名和年龄，结果如图 8-20 所示。

图 8-20    例 8-11 运行结果

## 8.4  字符串作为函数参数

使用字符串作为函数参数时，可以将字符数组或指向字符串的指针作为实参传递给函数，无论是字符数组还是指针，传递的都是地址，当调用函数时根据传入的地址实现对字符串的操作。

理论微课 8-11：字符串作为函数参数

为了让读者更好地掌握字符串作为函数参数传递的用法,下面通过一个案例演示字符串作为函数参数的应用。

**例 8-12** 去除字符串两端空格。本案例中有一个字符串" I would that my life remain a tear and a smile ",要求编写一个程序去除字符串两端的空格。该案例的实现思路如下。

① 去掉字符串两端的空格要实现两个功能函数:去掉左边空格的函数,去掉右边空格的函数。

② 去掉左边空格函数的实现:遍历字符串中的字符,如果是空格就跳过,如果不是空格就将接下来的字符复制到一个新开辟的数组中。

③ 去掉右边的空格相对较简单:从尾部遍历字符串中的字符,如果是空格就赋值为'\0',直到遍历到的字符不是空格。

案例具体实现如下。

StringPara.c

```
1    #define _CRT_SECURE_NO_WARNINGS
2    #include <stdio.h>
3    #include <stdlib.h>
4    #include <string.h>
5    //去掉右边空格
6    void _mover(char* p)
7    {
8        char* temp = p + strlen(p) - 1;      //临时指针指向倒数第一个字符
9        while (*temp == ' ')                 //遍历字符,如果是空格,就赋值为'\0'
10       {
11           *temp = '\0';
12           temp--;
13       }
14   }
15   //去掉左边空格
16   void _movel(const char* p1, char* p2)
17   {
18       char* temp = (char*)p1;              //临时指针指向字符串开始
19       while (*temp == ' ')                 //如果是空格,就向后遍历
20           temp++;
21       while (*temp != '\0')                //如果遍历到的字符不是空格
22       {
23           *p2 = *temp;                     //将字符复制到新数组 p2 中,即 str 数组
24           p2++;
25           temp++;
26       }
27       *p2 = '\0';                          //最后的字符赋值为'\0'
28   }
29   int main()
30   {
31       char* p = "      I would that my life remain a tear and a smile      ";
32       char str[100] = { 0 };
33       printf("去掉左边空格:\n");
```

```
34          _movel(p,str);
35          printf("p = %s\nstr = %s\n", p, str);
36          printf("去掉右边空格:\n");
37          _mover(str);
38          printf("p = %s\nstr = %s", p, str);
39          return 0;
40      }
```

例 8-12 运行结果如图 8-21 所示。

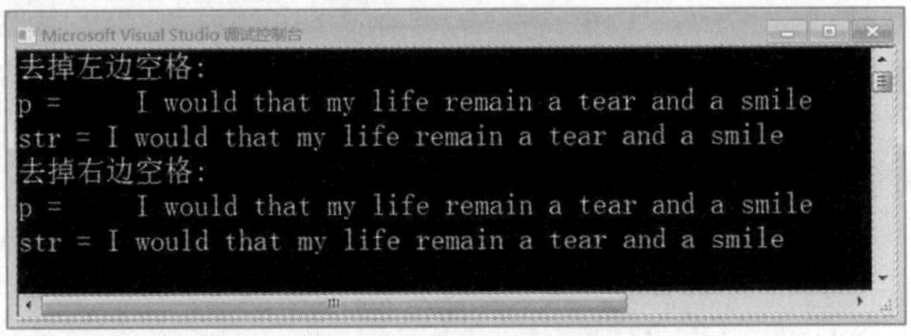

Microsoft Visual Studio 调试控制台
去掉左边空格:
p =     I would that my life remain a tear and a smile
str = I would that my life remain a tear and a smile
去掉右边空格:
p =     I would that my life remain a tear and a smile
str = I would that my life remain a tear and a smile

图 8-21 例 8-12 运行结果

在例 8-12 中，第 6 行～第 14 行代码定义了_mover()函数，用于去掉字符串右边的空格。第 8 行代码定义一个临时指针 temp，指向字符串末尾。第 9 行～第 13 行代码在 while 循环结构语句中，使用指针 temp 倒序遍历字符串，如果遍历到的字符是空格，则赋值为'\0'。

第 16～28 行代码定义了_movel()函数，用于去掉字符串左边的空格。第 18 行代码定义一个临时指针 temp 指向字符串开头。第 19 行～第 20 行代码使用 while 循环结构语句移动指针 temp 到第一个非空字符，去掉左边的空格。第 21 行～第 26 行代码使用 while 循环结构语句将指针 temp 指向的字符串复制到新数组 p2 中。第 27 行代码在新数组 p2 最后添加'\0'。

## 8.5 单个字符操作函数

在处理字符串时，通常会对字符串的单个字符进行操作，如转换大小写、判断字符是否是英文字母等，为此，C 语言提供了很多操作单个字符的函数，这些函数都包含在 ctype.h 头文件中。下面介绍几个常用的字符操作函数。

理论微课 8-12: 单个字符串操作函数

### 1. isalnum()函数

isalnum()函数用于判断一个字符是否为英文字母或数字字符，其声明如下。

```
int isalnum(int c);
```

在上述声明中，参数 c 表示要检测的字符，如果字符是英文字母或数字字符，返回非零值，否则返回 0。

### 2. isalpha()函数

isalpha()函数用于检测一个字符是否为英文字母，其声明如下。

```
int isalpha(int c);
```

在上述声明中，参数 c 表示要检测的字符，如果字符是英文字母（不区分大小写），则返回非零值，否则返回 0。

### 3. isspace()函数

isspace()函数用于检测一个字符是否为空白符，其声明如下。

```
int isspace(int c);
```

在上述声明中，参数 c 表示要检测的字符，如果字符是空白符，则返回非零值，否则返回 0。

isspace()函数默认的空白符见表 8-1。

表 8-1  isspace()函数默认的空白符

| 字符 | ASCII 码 | 说　明 |
| --- | --- | --- |
| ' ' | 32 | 空格 |
| '\t' | 9 | 水平制表符 |
| '\n' | 10 | 换行 |
| '\r' | 13 | 回车 |
| '\v' | 11 | 垂直制表符 |
| '\f' | 12 | 分页符 |

### 4. isblank()函数

isblank()函数用于检测一个字符是否为空格，其声明如下。

```
int isblank(int c);
```

在上述声明中，参数 c 表示要检测的字符，如果字符是空格，则返回非零值，否则返回 0。

isblank()函数是 C99 标准新增的一个函数，专指那些用来分隔一行文本中单词的空白符，不包括换行换页等效果的分隔符，因此严格来说，isblank()函数能识别的空白符只包括空格' '和水平制表符'\t'。

### 5. islower()函数

islower()函数用于检测一个字符是否为小写字母，其声明如下。

```
int islower(int c);
```

在上述声明中，参数 c 表示要检测的字符，如果字符是小写字母，则返回非零值，否则返回 0。

### 6. isupper()函数

isupper()函数用于检测一个字符是否为大写字母，其声明如下。

```
int upper(int c);
```

在上述声明中，参数 c 表示要检测的字符，如果字符是大写字母，则返回非零值，否则返回 0。

### 7. tolower()函数

tolower()函数用于将大写字母转换为小写字母，其声明如下。

```
int tolower(int c);
```

在上述声明中，参数 c 表示要检测的字符，如果字符是大写字母，则返回对应的小写字母，如果字符不是大写字母，则直接返回 c。

### 8. toupper()函数

toupper()函数用于将小写字母转换为大写字母，其声明如下。

```
int toupper(int c);
```

在上述声明中，参数 c 表示要检测的字符，如果字符是小写字母，则返回对应的大写字母，如果字符不是小写字母，则直接返回 c。

## 项目设计

本项目要实现加密解密过程，通过对项目分析，可以按照下列思路实现。

① 定义一个大小为 16 的字符数组，用于存储字符串。

② 调用 gets()函数从键盘输入字符串。

③ 定义加密函数 encode()，在函数内部，使用循环结构语句遍历字符串，对遍历到的单个字符，使用选择结构语句判断遍历到的字符是数字、字母或其他字符，按照加密规则进行转换。

④ 定义解密函数 decode()，解密规则与加密规则相反。在实现时，也需要使用循环结构语句遍历字符串，以遍历到的单个字符，使用选择结构语句判断字符是数字、字母或其他字符，按照与加密规则相反的规则进行转换。

## 项目实施

在 Visual Studio 2022 中新建项目 Passwd，在 Passwd 项目中添加 password.c 源文件，在 password.c 中编写源代码。本项目主要定义了 encode()函数与 decode()函数两个功能，下面分步骤讲解 encode()函数、decode()函数的实现与 main()函数的实现。

（1）实现 encode()函数

在实现 encode()函数时，首先调用 strlen()函数获取字符串（密码）的长度。然后使用循环结构语句遍历字符串，在循环结构语句内部，使用 if…else if…else 选择结构语句判断遍历到的字符是数字、字母或其他字符，按照加密规则进行转换。在判断单个字符时，可以调用单个字符操作函数进行判断。

实操微课 8-2：项目设计与实施- encode()函数

encode()函数的具体实现如下。

```
1    void encode(char* p)                      //加密
2    {
3        int len = strlen(p);                   //获取字符串长度
4        for (int i = 0; i < len; i++)          //循环遍历字符串
5        {
6            if (isalpha(p[i]))                 //判断字符是否是字母
7            {
8                if (isupper(p[i]))             //判断字符是否是大写字母
9                    p[i] = tolower(p[i]);      //是大写字母，就转换为小写
10               else
11                   p[i] = toupper(p[i]);      //否则就是小写字母，转换为大写
```

```
12              if ('z' != tolower(p[i]))          //如果转换之后不是 z
13                  p[i]++;                        //就向后移动一个，即转换为当前字母后一个
14              else                               //否则，就转换为 a 或者 A
15              {
16                  if (isupper(p[i]))             //如果转换之后是大写字母，就转换为 A
17                      p[i] = 'A';
18                  else                           //如果转换之后是小写字母，就转换为 a
19                      p[i] = 'a';
20              }
21          }
22          else if (isdigit(p[i]))               //如果字符是十进制数字
23          {
24              if ('9' != p[i])                   //并且不是 9
25                  p[i]++;                        //就加 1，即转换为后面的数字
26              else                               //否则，9 转换为 0
27                  p[i] = '0';
28          }
29      }
30  }
```

在 encode()函数实现中，第 3 行代码调用 strlen()函数获取字符串长度。第 4 行～第 29 行代码使用 for 循环结构语句遍历字符串。

在 for 循环结构语句内部，第 6 行～第 21 行代码使用 if 选择结构语句判断遍历到的单个字符是否是字母。如果遍历到单个字符是字母，则第 8 行～第 11 行代码判断字母的大小写，如果是大写字母，则转换为小写；如果是小写字母，则转换为大写。

第 12 行～第 20 行代码，判断当前字符是否是'z'或'Z'，如果当前字符不是'z'或'Z'，则将当前字符自增，即转换为它后面的字符。如果当前字符是'z'或'Z'，则将'z'转换为'a'，将'Z'转换为'A'。

第 22 行～第 29 行代码对数字字符进行处理，如果是遍历到的单个字符是数字，则判断数字是否为 9，如果不是 9，则进行自增，即转换为它后面的数字；如果数字是 9，则将数字转换为 0。

在 main()函数中调用 encode()函数进行测试。在测试 encode()函数时，从控制台输入一个字符串（密码），调用 encode()函数将字符串加密，输出加密后的字符串。encode()函数测试代码如下。

```
1   int main()
2   {
3       char str[16];
4       printf("请输入一个字符串：");
5       gets(str);
6       encode(str);
7       printf("加密：%s\n", str);
8       return 0;
9   }
```

运行 encode()测试代码，输入一个字符串，结果如图 8-22 所示。

图 8-22　encode()测试结果

由图 8-22 可知，当输入字符串"abc%\$123"时，加密之后变"BCD%\$234"，符合项目加密设计规则，表明 encode()函数实现成功。

（2）实现 decode()函数

在实现 decode()函数时，实现思路与 encode()函数相似，使用 for 循环结构语句遍历字符串，在 for 循环结构语句中，使用 if…else if…else 选择结构语句判断遍历到的单个字符是数字、字母或其他字符，然后按照加密规则相反的规则进行转换。

实操微课 8-3：项目设计与实施–decode()函数

decode()函数的具体实现如下。

```
1    void decode(char* p)                           //解密，过程与加密相反
2    {
3        int len = strlen(p);
4        for (int i = 0; i < len; i++)
5        {
6            if (isalpha(p[i]))
7            {
8                if (isupper(p[i]))
9                    p[i] = tolower(p[i]);
10               else
11                   p[i] = toupper(p[i]);
12               if ('a' != tolower(p[i]))
13                   p[i]--;
14               else
15               {
16                   if (isupper(p[i]))
17                       p[i] = 'Z';
18                   else
19                       p[i] = 'z';
20               }
21           }
22           else if (isdigit(p[i]))
23           {
24               if ('0' != p[i])
25                   p[i]--;
26               else
27                   p[i] = '9';
28           }
29       }
30   }
```

在 main()函数中调用 decode()函数进行测试，在测试 decode()函数时，从控制台输入一个字符串（密码），调用 decode()函数将字符串解密，输出解密后的字符串。decode()函数测试代码如下。

```
1      int main()
2      {
3          char str[16];
4          printf("请输入一个字符串：");
5          gets(str);
6          //encode(str);
7          //printf("加密：%s\n", str);
8          decode(str);
9          printf("解密：%s\n", str);
10         return 0;
11     }
```

运行 decode()函数测试代码，输入一个字符串，结果如图 8-23 所示。

图 8-23    decode()函数测试结果

由图 8-23 可知，当输入"abc%\$123"时，解密之后为"ZAB%\$012"，符合项目解密设计规则，表明 decode()函数实现成功。

（3）实现 main()函数

main()函数用于控制整个程序的执行流程。在 main()中，可以调用 printf()函数构建一个菜单，让用户输入数字选择加密、解密或退出。使用 switch 选择结构语句判断用户输入的选项，如果选择加密，则调用 encode()函数对字符串进行加密；如果选择解密，则调用 decode()函数对字符串进行解密。

main()函数的具体实现如下。

```
1      int main()
2      {
3          int flag = 0;
4          char str[16];                        //定义字符数组
5          printf("请输入一个字符串：\n");
6          gets(str);
7          printf("#######操作#########\n");
8          printf("    1.加密   \n");
9          printf("    2.解密   \n");
10         printf("    3.退出   \n");
11         printf("################\n");
12         scanf("%d", &flag);                  //获取输入的命令字符
13         switch (flag)
14         {
```

```
15          case 1:
16              encode(str);
17              printf("加密：%s\n", str);
18              break;
19          case 2:
20              decode(str);
21              printf("解密：%s\n", str);
22              break;
23          case 3:
24              break;
25      }
26      return 0;
27  }
```

在 main()函数中，第 3 行和第 4 行代码分别定义了整型变量 flag 和字符数组 str，分别用于存储用户输入的选项和密码。第 6 行代码调用 gets()函数读取用户输入的密码。第 7 行～第 11 行代码调用 printf()函数构建菜单界面，用户选择 1 就进行加密，用户选择 2 就进行解密，用户选择 3 就退出程序。

第 12 行代码调用 scanf()函数读取用户的输入。第 13 行～第 25 行代码使用 switch 选择结构语句判断用户的输入选项，如果用户输入 1，则调用 encode()函数加密；如果用户输入 2，则调用 decode()函数解密；如果用户输入 3，则退出程序。

加密解密函数在前面已经通过测试，main()函数实现之后，读者可以自行运行程序进行加密解密查看效果，这里不再赘述。

## 项目小结

在实现本项目的过程中，主要为读者讲解了字符串的相关知识。首先讲解了字符串的基础知识，包括字符数组、字符串、字符串与指针、字符串的输入输出；然后讲解了串的常用操作函数，包括字符串长度计算函数、字符串比较函数、字符串连接函数、字符串查找函数、字符串复制函数；最后讲解了字符串作为函数参数、单个字符操作函数。字符串的各种操作在实际开发中应用广泛，通过本项目的学习，读者能够掌握字符串的相关知识，并灵活运用到实际案例中。

## 习题

一、填空题

1. 字符串由一对英文半角状态的_____包括。

2. 字符串末尾都有一个_____结尾。

3. 计算字符串长度的函数为_____。

二、判断题

1. 一个字符串中全是空格，则该字符串是空字符串。 （    ）

2. 可以对字符指针赋值，但不能对数组名赋值。 （    ）

3. strcmp()函数比较两个字符串时，如果两个字符串长度相等，则返回 0。 （    ）

4. 通过字符串指针访问字符串中的单个字符，只能通过移动指针。（　　　）

5. puts()函数输出字符串时，会在字符串末尾自动添加换行符 '\n'。（　　　）

三、选择题

1. 下列选项中，gets()函数的终止符为（　　　）。

    A. 空格                                 B. \t

    C. \n                                  D. 0

2. 下列选项中，（　　　）函数能够完成两个字符串的连接。

    A. strcpy()                          B. strcat()

    C. strstr()                          D. strchr()

3. 下列选项中，用于判定字符是否为空格的函数为（　　　）。

    A. isalnum()                      B. isalpha()

    C. isspace()                      D. islower()

4. 阅读下列程序：

```
char *s="abcde";
s+=2;
printf("%d",s);
```

程序运行结果为（　　　）。

    A. cde                               B. 字符'c'

    C. 字符'c'的地址              D. 无确定的输出结果

5. 下列选项中，字符串赋值错误的是（　　　）。

    A. char s[10];strcpy(s,"abcdefg");     B. char s[10];s="abcdefg";

    C. char s[10]="abcdefg";               D. char t[]="abcdefg",*s=t ;

6. 设有如下的程序段：char s[] = "gir1", * t; t = s;则下列叙述错误的是（　　　）。

    A. s 和 t 完全相同

    B. 数组 s 中的内容和指针变量 t 中的内容相等

    C. s 数组长度和 t 所指向的字符串长度相等

    D. *t 与 s[0]相等

7. 下面程序段的运行结果是（　　　）。

```
int main()
{
    char s[]="example!",*t;
    t=s;
    while(*t!='p')
    {
        printf("%c",*t-32);
        t++;
    }
return 0;
}
```

    A. EXAMPLE!                      B. example!

  C. EXAM       D. example

四、简答题

1. 请简述字符指针与数组名的区别。

2. 请简述 gets()函数读取字符串时的特点。

五、编程题

1. 回文串是一个正读和反读都一样的字符串，它具有对称性，如"level"、"noon"、"civic"、"refer"等。请编写一个程序，从键盘输入一个英文字符串，判断该字符串是否为回文字符串。

2. 编写程序统计输入的一串字符中大写字母和小写字母的个数。

3. 请编写一个程序，从控制台输入英文单词，将输入英文语句中每个单词的第一个字母改成大写，然后输出该语句。

# 项目 9

## 贪吃蛇

PPT：项目9 贪吃蛇

教学设计：项目9 贪吃蛇

- 掌握结构体类型的定义，能够独立定义结构体类型。
- 掌握结构体变量的定义，能够独立定义结构体变量。
- 掌握结构体变量的初始化，能够独立完成结构体变量的初始化。
- 掌握结构体变量成员的访问，能够通过 "." 运算符和 "->" 运算符访问结构体变量成员。
- 了解结构体变量的内存管理，能够归纳出结构体变量内存管理的特点。
- 掌握结构体嵌套，能够访问嵌套结构体变量的成员。
- 了解嵌套结构体变量的内存管理，能够归纳出嵌套结构体变量内存管理的特点。
- 掌握结构体数组，能够完成结构体数组的定义、初始化与元素访问。
- 掌握结构体类型的数据作为函数参数，能够通过结构体类型的数据传递函数参数。
- 掌握 typedef 关键字，能够使用 typedef 关键字为类型取别名。

前面项目中所学的数据类型都是分散的、互相独立的，例如，定义 int a 和 char b 两个变量，这两个变量是毫无内在联系的。但在实际生活和工作中，经常需要处理一些关系密切的数据，如描述公司员工信息，包括姓名、部门、职位、电话、E-mail 地址等数据，由于这些数据的类型各不相同，因此，要想对这些数据进行统一管理，仅靠前面所学的基本类型和数组很难实现。为此，C 语言提供了结构体构造类型，它能够将相同类型或者不同类型的数据组织在一起成为集合，解决更复杂的数据处理问题。

## 项目导入

贪吃蛇是一款经典的手机游戏，通过控制蛇头方向吃食物，使得蛇变长，从而获得积分，既简单又耐玩。通过上、下、左、右键控制蛇的方向，寻找食物，每吃一口就能得到一定的积分，而且蛇的身子会越吃越长，身子越长难度就越大，贪吃蛇在行进过程中，不能碰墙，不能咬自己的身体，更不能咬自己的尾巴，否则游戏结束。等到了一定的分数，就能过关，然后继续玩下一关。本项目要求实现一款简单的贪吃蛇游戏。

实操微课 9-1：项目导入

## 知识准备

## 9.1 结构体类型的定义

理论微课 9-1：结构体类型的定义

结构体是一种构造数据类型，可以把相同或者不同类型的数据整合在一起，这些数据称为该结构体的成员。使用结构体类型存储数据时，首先要定义结构体类型，结构体类型的定义格式如下。

```
struct  结构体类型名称
{
    数据类型    成员名 1;
    数据类型    成员名 2;
    ……
    数据类型    成员名 n;
};
```

在上述格式中，struct 是定义结构体类型的关键字，struct 关键字后面是结构体类型名称。在结构体类型名称下的一对大括号中，声明了结构体类型的成员，每个成员由数据类型和成员名共同组成。

以描述学生信息为例，假设定义一个学生结构体，学生信息包含学号（num）、姓名（name）、性别（sex）、年龄（age）、地址（address），那么，存储学生信息的结构体类型可以定义为如下格式。

```
struct Student
{
    int num;
    char name[10];
    char sex;
    int age;
```

```
     char address[30];
   };
```

在上述定义中,结构体类型 struct Student 由 5 个成员组成,分别是 num、name、sex、age 和 address。在定义结构体类型时,需要注意以下几点。

① 结构体类型定义以关键字 struct 开头,后面跟的是结构体类型的名称,该名称的命名规则遵循标识符命名规则。

② 结构体类型与整型、浮点类型、字符类型等类似,只是数据类型,而非变量。

③ 定义好一个结构体类型后,并不意味着编译器会分配一块内存单元存放各个数据成员,它只是告诉编译系统结构体类型由哪些类型的成员组成、各占多少字节、按什么格式存储,并把它们当成一个整体来处理。

④ 定义结构体类型时,末尾的分号不可缺少。

## 9.2 结构体变量的定义

结构体类型与其他数据类型相同,其变量要通过数据类型定义,但结构体类型是一种自定义数据类型,其变量定义方式与其他数据类型有些许区别。结构体变量的定义方式主要有两种,下面分别进行介绍。

理论微课 9-2: 结构体变量的定义

(1)先定义结构体类型,再定义结构体变量

先定义结构体类型,再定义结构体变量,这种结构体变量定义方式与其他数据类型相同,其语法格式如下。

struct 结构体类型名 结构体变量名;

以 9.1 节定义的 struct Student 结构体类型为例,定义该结构体变量的示例代码如下。

struct Student stu1,stu2;

上述代码定义了 2 个 struct Student 类型变量 stu1 和 stu2,这时,stu1 和 stu2 便具有了结构体特征,编译器会为它们分配一段内存空间用于存储具体数据,具体如图 9-1 所示。

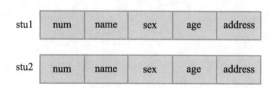

图 9-1　struct Student 结构体变量 stu1、stu2 的存储结构

使用结构体类型定义变量时,struct 关键字不可少,struct Student 作为整体才表示一个结构体类型。缺少 struct 关键字,程序编译不通过,错误示例代码如下。

Student stu1;　　　　　　//错误,缺少 struct 关键字

编译器在编译上述代码时会报错,提示未定义标识符"Student"。

(2)在定义结构体类型的同时定义结构体变量

定义结构体类型的同时定义结构体变量,其语法格式如下。

```
struct 结构体类型名称
{
    数据类型   成员名 1;
    数据类型   成员名 2;
    …
    数据类型   成员名 n;
}结构体变量名列表;
```

以定义 struct Student 结构体类型，并定义 struct Student 类型的变量 stu1、stu2 为例，具体示例如下。

```
struct Student
{
    int num;
    char name[10];
    char sex;
}stu1,stu2;
```

上述代码在定义结构体类型 struct Student 的同时定义了结构体变量 stu1 和 stu2，该方式的作用与先定义结构体类型、再定义结构体变量的作用相同，其中，stu1 和 stu2 中所包含的成员类型都是一样的。

## 9.3　结构体变量的初始化

结构体变量存储了一组不同类型的数据，为结构体变量初始化的过程，其实就是为结构体中各个成员初始化的过程。根据结构体变量定义方式的不同，可以将结构体变量初始化方式分为以下两种。

理论微课 9-3：结构体变量的初始化

① 在定义结构体类型时定义结构体变量，同时对结构体变量初始化，具体语法格式如下。

```
struct 结构体类型名称
{
    数据类型   成员名 1;
    数据类型   成员名 2;
    …
    数据类型   成员名 n;
}结构体变量 = {成员 1 的值,成员 2 的值,…成员 n 的值};
```

在初始化结构体变量时，变量值要用一对大括号括起来，各个成员值之间使用英文状态的逗号分隔开。

例如，定义一个 struct Person 结构体类型，该结构体类型的成员项包括编号（ID）、姓名（name）、性别（sex）3 项，在定义 struct Person 结构体类型时，定义变量 p，并对 p 进行初始化，示例代码如下。

```
struct   Person
{
    int ID;
    char name[10];
```

```
        char sex;
}p = {0001,"Zhang San",'M' };
```

上述代码在定义结构体类型 struct Person 的同时定义了结构体变量 p，并对 p 中的成员进行初始化。

② 先定义结构体类型，之后定义结构体变量并对结构体变量初始化，具体语法格式如下。

struct  结构体类型名称  结构体变量 = {成员 1 的值,成员 2 的值,…成员 *n* 的值};

以 struct Person 结构体类型为例，先定义 struct Person 结构体类型，然后定义 struct Person 类型的变量 p，并对其进行初始化，示例代码如下。

```
struct   Person
{
    int ID;
    char name[10];
    char sex;
};
struct Person p = {0001,"Zhang San",'M' };
```

在上述代码中，首先定义了一个结构体类型 struct Person，然后在定义结构体变量 p 时对其中的成员进行初始化。

---

📖 注意：

　　编译器在初始化结构体变量时，按照成员声明顺序从前往后匹配，而不是按照数据类型自动匹配。在初始化成员变量时，如果没有按顺序为成员变量赋值，或者只给一部分成员变量赋值，往往会匹配错误。例如，给 struct Person 结构体类型的变量 p 赋值时，只给其中的 name 与 sex 成员变量赋值，示例代码如下。

struct Person p = {"Zhang San",'M' };

上述代码在定义变量 p 时，只给 name 和 sex 赋值，但在编译时，编译器会从前往后将字符串"Zhang San"匹配给成员变量 ID，字符'M'匹配给成员变量 name，而成员变量 sex 没有值。这样，当变量 p 中的成员参与运算时就会发生错误。

## 9.4 结构体变量成员的访问

初始化结构体变量的目的是使用结构体变量中的成员。在 C 语言中，访问结构体变量成员的方式有直接访问和通过指针访问两种。本节将针对结构体变量成员的两种访问方式进行讲解。

### 9.4.1 直接访问结构体变量成员

理论微课 9-4：直接访问结构体变量成员

直接访问结构体变量的成员可以通过"."运算符实现，其格式如下。

结构体变量名.成员名;

例如，定义 struct Person 结构体类型的变量 p，根据上述格式访问变量 p 中的成员 name，示例代码如下。

```
struct Person                                  //定义结构体类型 struct Person
{
    int ID;
    char name[10];
    char sex;
};
struct Person p = { 0001,"Zhang San",'M' };    //定义结构体变量 p 并初始化
printf("name:%s\n", p.name);                   //结果为 Zhang San
```

在上述代码中，通过 "." 运算符访问了变量 p 的成员 name。通过 "." 运算符可以访问结构体变量成员，那么也可以通过这种方式修改结构体成员变量的值，例如，修改 struct Person 结构体变量 p 中成员 ID 的值，示例代码如下。

```
p.ID = 002;                                    //修改成员 ID 的值
```

上述代码中，通过 "." 运算符访问并修改了 struct Person 结构体变量 p 中成员 ID 的值。

为了让读者更好地掌握结构体变量成员的访问，下面通过一个案例演示结构体变量的成员访问。

**例 9-1**　名片制作。本案例要求编写一个程序，从键盘输入个人信息，在控制台输出一张名片，名片内容包括姓名、职位、联系方式、公司单位、地址。

名片内容包括姓名、职位、联系方式、公司单位、地址，这些内容都需要使用字符串存储，可以定义一个结构体 struct Card，在结构体内定义 5 个字符数组，分别用于存储姓名、职位、联系方式、公司单位、地址，从键盘输入相应数据，再整理格式以名片形式输出。案例具体实现如下。

struct1.c

```
1    #define _CRT_SECURE_NO_WARNINGS
2    #include <stdio.h>
3    #include <stdlib.h>
4    struct Card
5    {
6        char name[20];                //存储姓名
7        char position[50];            //存储职位
8        char phonenum[12];            //联系方式
9        char company[1024];           //公司单位
10       char adress[1024];            //地址
11   };
12   int main()
13   {
14       struct Card card;
15       printf("请输入个人信息：\n");
16       printf("姓名：");  scanf("%s", card.name);
17       getchar();
18       printf("职位：");  scanf("%s", card.position);
19       getchar();
20       printf("联系方式：");  scanf("%s", card.phonenum);
21       getchar();
22       printf("公司单位：");  scanf("%s", card.company);
23       getchar();
24       printf("地址：");  scanf("%s", card.adress);
```

| 25 | printf("名片制作中......\n 名片制作完成。\n"); |
|---|---|
| 26 | printf("----------------------------------------\n"); |
| 27 | printf("　　姓名: %s\n", card.name); |
| 28 | printf("　　职位: %s\n", card.position); |
| 29 | printf("联系方式: %s\n", card.phonenum); |
| 30 | printf("公司单位: %s\n", card.company); |
| 31 | printf("　　地址: %s\n", card.adress); |
| 32 | printf("----------------------------------------\n"); |
| 33 | return 0; |
| 34 | } |

上述代码运行之后，输入个人信息，结果如图 9-2 所示。

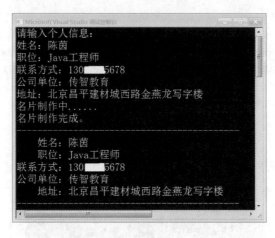

图 9-2　例 9-1 运行结果

在例 9-1 中，第 4 行～第 11 行代码定义了一个 struct Card 结构体类型，用于存储个人信息。第 14 行代码定义了 struct Card 类型的变量 card。第 15 行～第 24 行代码根据提示调用 scanf() 函数输入个人信息。

第 26 行～第 32 行代码通过 "." 运算符访问结构体变量成员并输出。由图 9-2 可知，程序成功输出了个人名片。

---

📝 **小提示：通过 "." 运算符初始化结构体变量**

在初始化结构体变量时，也可以通过 "." 运算符指定要初始化的成员变量，这就解决了未按照顺序初始化各成员变量时编译器匹配错误的问题，示例代码如下。

```
struct Person p = { .name = "chenwu",.sex = 'F', .ID = 0006 };      //未按顺序初始化
struct Person p = { .name = "chenwu",.sex = 'F'};                   //只初始化一部分成员
```

---

### 9.4.2　通过指针访问结构体变量成员

结构体变量与普通变量相同，在内存中都占据一块内存空间，同样可以定义一个指向结构体变量的指针。当程序中定义了一个指向结构体变量的指针后，可以通过 "指针名->成员变量名" 的方式访问结构体变量中的成员。

结构体指针的定义方式与一般指针类似，下面通过一个案例演示如何通过

理论微课 9-5: 通过指针访问结构体变量成员

指针访问结构体变量中的成员。

　　例 9-2　通过指针访问结构体变量中的成员。

struct2.c

```
1    #include <stdio.h>
2    struct    Person                                    //定义结构体类型 struct Person
3    {
4            int ID;
5            char name[10];
6            char sex;
7    };
8    int main()
9    {
10           struct Person p = { 0002,"zhouli",'F' };      //定义结构体变量 p
11           struct Person* ptr = &p;                      //定义指向变量 p 的指针 ptr
12           printf("%04d\n", ptr->ID);                    //输出成员 ID 的值
13           printf("%s\n", ptr->name);                    //输出成员 name 的值
14           printf("%c\n", ptr->sex);                     //输出成员 sex 的值
15           return 0;
16   }
```

例 9-2 运行结果如图 9-3 所示。

图 9-3　例 9-2 运行结果

　　在例 9-2 中，第 2 行~第 7 行代码定义了一个结构体类型 struct Person，包含 3 个成员 ID、name、sex。第 10 行代码定义了 struct Person 类型的变量 p，并进行了初始化。第 11 行代码定义了指向变量 p 的结构体指针 ptr。第 12 行~第 14 行代码通过结构体指针 ptr 访问并输出了变量 p 的各个成员。由图 9-3 可知，通过结构体指针 ptr 成功访问输出了结构体变量 p 的各个成员。

## 9.5　结构体变量的内存管理

　　结构体变量一旦被定义，系统就会为其分配内存。为方便系统对变量的访问，保证读取性能，结构体变量中各成员在内存中的存储遵循字节对齐机制，该机制的具体规则如下。

理论微课 9-6：结构体变量的内存管理

　　① 结构体变量的首地址能够被其最大基本类型成员的大小整除。

　　② 结构体每个成员相对于结构体首地址的偏移量都是该成员大小的整数倍。如果成员为数组，则以基类型大小为准。如有需要，编译器会在成员之间加上填充字节。

　　③ 结构体的总大小为结构体最大基本类型成员大小的整数倍，如有需要，编译器会在最末一个成员后面加上填充字节。

　　假设定义一个结构体类型 struct Note，并定义相应变量 nt，示例代码如下。

```
struct Note
{
    char a;
    double b;
    int c;
    short d;
};
struct Note nt;                      //定义 struct Note 类型的变量 nt
```

　　在上述代码中，按基础数据类型计算，char、double、int、short 这 4 种数据类型共占据 15 个字节。但作为结构体变量计算，拥有这 4 项成员的结构体变量共占据 24 个字节。

　　在 struct Note 变量 nt 中，double 类型变量 b 占据最多字节，是最大基本类型成员，编译器以 double 类型的长度 8 字节为准，按字节对齐机制为各成员变量分配内存。首先，编译器会寻找内存地址能被 double 数据类型大小（8 字节）整除的位置，作为结构体的首地址。接着编译器为每个成员变量分配内存空间，在为每个成员变量分配内存空间时，编译器会计算预分配内存空间的首地址相对于结构体首地址的偏移量是否是本成员的整数倍，且能够被 8（sizeof(double)）整除，若满足要求，就为成员分配内存空间，否则就在本成员和上一个成员之间填充一定数量的字节。最后，编译器会计算所有成员所占内存空间大小（包括填充字节）是否是 8（sizeof(double)）的整数倍，若是，则完成内存空间分配，否则，在最后一个成员后面填充一定数量字节。struct Note 结构体类型变量 nt 的各成员内存分配情况如图 9-4 所示。

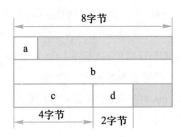

图 9-4　struct Note 类型变量 nt 各成员内存分配

　　在图 9-4 中，灰色区域是填充字节，变量 nt 中各成员的填充情况为：变量 a 占据 1 个字节，填充 7 个字节；变量 d 占据 2 个字节，末尾填充 2 个字节。

　　例 **9-3**　通过输出 struct Note 类型变量 nt 的地址及各成员的地址，以验证其内存分配情况。

struct_mem.c

```
1    #include <stdio.h>
2    struct Note                              //定义结构体类型
3    {
4        char a;
5        double b;
6        int c;
7        short d;
8    };
9    int main()
```

```
10    {
11            struct Note nt;                                //定义 struct Note 结构体变量
12            printf("&nt = %p\n", &nt);                     //输出结构体首地址
13            printf("&a = %p\n", &nt.a);                    //输出成员变量 a 的地址
14            printf("&b = %p\n", &nt.b);                    //输出成员变量 b 的地址
15            printf("&c = %p\n", &nt.c);                    //输出成员变量 c 的地址
16            printf("&d = %p\n", &nt.d);                    //输出成员变量 d 的地址
17            printf("size:%d\n", sizeof(nt));               //计算结构体变量 nt 的大小
18            return 0;
19    }
```

例 9-3 运行结果如图 9-5 所示。

图 9-5　例 9-3 运行结果

图 9-5 输出了 struct Note 类型的变量 nt 及其各个成员的地址，为了方便讲解，在使用地址时，直接使用后 6 位，前面的 0 省略。下面结合图 9-5 分析结构体变量 nt 及其各成员的内存分配情况，具体如下。

① 结构体变量 nt 的首地址为 23FBF8，可以被 8（sizeof(double)）整除。

② 成员变量 a 的地址与结构体变量首地址是同一个地址。

③ 成员变量 b 的地址为 23FC00，它与成员变量 a 的地址相差 8 字节，由于成员变量 a 为 char 类型，占 1 字节内存，因此成员变量 b 与成员变量 a 之间有 7 个字节的填充区域。

④ 成员变量 c 的地址为 23FC08，它与成员变量 b 的地址相差 8 字节，这正好是成员变量 b 的大小，表明成员变量 b 与成员变量 c 之间没有填充字节。

⑤ 成员变量 d 的地址为 23FC0C，它与成员变量 c 之间相差 4 字节，这正好是成员变量 c 的大小，表明成员变量 c 与成员变量 d 之间没有填充字节。

⑥ 成员变量 d 的地址与结构体变量首地址相差 20 字节，由于成员变量 d 为 short 类型，占据 2 字节内存，如此计算，结构体变量 nt 各成员所占内存大小为 22 字节（20+2）。由于 22 不能被 8（sizeof(double)）整除，因此编译器在成员变量 d 后面填充了 2 个字节，结构体变量 nt 占内存总大小为 24 字节。

## 9.6　结构体嵌套

结构体中的成员除了基本类型、指针、数组，还可以是一个结构类型的变量，这种情况称为结构体嵌套。本节将针对结构体嵌套进行详细讲解。

理论微课 9-7：访问嵌套结构体变量成员

### 9.6.1 访问嵌套结构体变量成员

结构体中的成员除了基本类型、指针、数组，还可以是一个结构体类型的变量，这种情况称为结构体嵌套。结构体嵌套的示例代码如下。

```
struct   A                    //定义结构体类型 struct A
{
    int num;
};
struct   B                    //定义结构体类型 struct B
{
    //…;
    struct A a;               //嵌套 struct A 类型变量 a
};
```

结构体嵌套使用时，访问内部结构体变量的成员时，先通过外层结构体变量访问内部结构体变量，然后再通过内部结构体变量访问成员，即访问内部结构体变量的成员需要使用两次"."运算符。

为了让读者更好地掌握结构体嵌套的定义与嵌套结构体变量的成员访问，下面通过一个案例演示结构体嵌套的定义与访问。

例 9-4　员工生日。某公司为加强员工对企业的归属感与认同感，让每位员工都感受到公司大家庭的温暖，同时也为进一步推动公司企业文化建设，特为员工提供生日福利。在系统中录入员工的生日信息，当某个员工生日时，系统会自动弹出提示消息。本案例要求编写一个程序，在员工信息中添加员工生日信息，并在生日时祝福员工生日快乐，通知员工领取生日礼物。

员工生日信息包括年、月、日 3 个变量，可以定义一个结构体存储生日信息。员工信息一般也是使用结构体存储，添加生日信息就是在员工结构体中添加一个生日结构体变量，即在一个结构体中嵌套另一个结构体变量。案例具体实现如下。

struct_nest.c

```
1    #define _CRT_SECURE_NO_WARNINGS
2    #include <stdio.h>
3    #include <stdlib.h>
4    struct Birth                 //生日结构体
5    {
6        int year;
7        int month;
8        int day;
9    };
10   struct Employee              //员工结构体
11   {
12       int ID;
13       char name[50];
14       char phonenum[12];
15       struct Birth birth;      //员工结构体中包含 struct Birth 结构体变量
16   };
```

```
17      int main()
18      {
19          struct Employee em = { 1001,"Lily","13012345678",{1996,10,22} };
20          int month, day;
21          printf("请输入日期（月份与天）：\n");
22          scanf("%d%d", &month, &day);
23          if (month == em.birth.month && day == em.birth.day)
24              printf("Lily 生日快乐\n 请您今日下班之前\n
25                          到员工服务中心领取您的专属生日礼物！\n");
26          return 0;
27      }
```

运行例 9-4 的程序，输入一个日期，运行结果如图 9-6 所示。

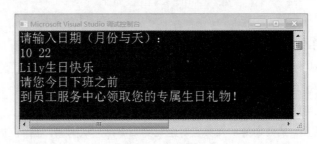

图 9-6　例 9-4 运行结果

在例 9-4 中，第 4 行～第 9 行代码定义了结构体类型 struct Birth，用于表示生日。第 10 行～第 16 行代码定义了结构体类型 struct Employee，用于存储员工信息，struct Employee 结构体类型中有一个 struct Birth 类型的变量 birth，用于表示员工生日。

第 19 行代码定义了 struct Employee 结构体类型的变量 em，并进行了初始化。变量 em 初始化信息显示该员工生日为 10 月 22 日。第 22 行～第 25 行代码调用 scanf() 函数从控制台输入生日日期（月份与天），并使用 if 选择结构语句判断输入的生日日期是否与员工生日是同一天，如果是同一天，则给出提示信息。

由图 9-6 可知，当输入日期为 10 月 22 日时，是员工 Lily 的生日，系统会祝福 Lily 生日快乐，并提醒 Lily 领取生日礼物。

注意：

结构体不能嵌套自身结构体类型的变量，因为嵌套自身结构体类型变量时，结构体类型还未定义，编译器无法确定自身类型的变量需要分配多少内存空间，错误示例代码如下。

```
struct   Person                //定义结构体类型 struct Person
{
    int ID;
    char name[10];
    char sex;
    struct Person p1;          //错误，嵌套自身结构体类型的变量
};
```

上述结构体在编译时，编译器会报错，提示 p1 使用未定义的 struct Person。虽然结构体无法嵌

套自身结构体类型的变量，但却可以嵌套自身结构体类型的指针变量，这是因为指针变量的大小只与计算机系统架构有关，编译器可以确定指针变量的大小并为其分配内存空间。嵌套自身结构体类型指针变量的示例代码如下。

```
struct   Person                              //定义结构体类型 struct Person
{
    int ID;
    char name[10];
    char sex;
    struct Person* ptr;                      //正确，嵌套自身结构体类型的指针变量
};
```

在上述代码中，struct Person 结构体类型嵌套了 struct Person 结构体类型的指针变量 ptr，定义 struct Person 结构体类型的变量 p1 和 p2，并对它们进行初始化，示例代码如下。

```
struct Person p1 = { 0010,"lisi",'M'};
struct Person p2 = { 0007,"wangwu",'F',&p1 } ;     //取变量 p1 的地址赋值给 ptr
```

上述代码中，定义了 struct Person 结构体变量 p1 与 p2，在变量 p2 中，取变量 p1 的地址赋值给成员 ptr。通过变量 p2 中的指针 ptr 可以访问到变量 p1 中的成员，示例代码如下。

```
p2.ptr->ID;                                  //访问 struct Person 结构体变量 p1 的成员 ID
p2.ptr->name;                                //访问 struct Person 结构体变量 p1 的成员 name
p2.ptr->sex;                                 //访问 struct Person 结构体变量 p1 的成员 sex
```

### 9.6.2 嵌套结构体变量的内存管理

理论微课 9-8：嵌套结构体变量的内存管理

当结构体中存在结构体类型成员时，结构体变量在内存中的存储依旧遵循内存对齐机制，此时结构体以其普通成员和结构体成员中的最长数据类型为准，对各成员进行对齐。

例如，对于结构体类型 struct Person，该结构体中包含一个 struct Birth 结构体类型的成员变量，示例代码如下。

```
struct Birth                                 //定义结构体类型 struct Birth
{
    int year;
    int month;
    int day;
};
struct   Person                              //定义结构体类型 struct Person
{
    int ID;
    char name[10];
    char sex;
    struct Birth birthDate;                  //包含 struct Birth 结构体变量 birthDate
};
```

在 struct Person 结构体中，int 类型为最长数据类型，因此，struct Person 结构体变量在内存中以 4 字节为准进行对齐。struct Person 结构体变量的内存示意图如图 9-7 所示。

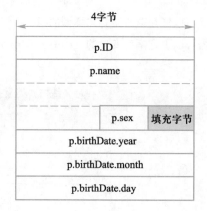

图 9-7　struct Person 结构体变量的内存示意图

下面通过一个案例输出 struct Person 类型的变量及其各成员变量的地址。

例 9-5　输出 struct Person 类型的变量及其各成员变量的地址。

printAddr.c

```
1    #include <stdio.h>
2    struct Birth                    //定义结构体类型 struct Birth
3    {
4        int year;
5        int month;
6        int day;
7    };
8    struct  Person                  //定义结构体类型 struct Person
9    {
10       int ID;
11       char name[10];
12       char sex;
13       struct Birth birthDate;      //包含 struct Birth 结构体类型的变量 birthDate
14   };
15   int main()
16   {
17       struct Person p = { 0006,"chenyan",'F',{1980,1,1} };
18       printf("&p:%p\n", &p);                          //输出结构体变量 p 的地址
19       printf("ID:%p\n", &p.ID);                       //输出成员 ID 的地址
20       printf("name:%p\n", &p.name);                   //输出成员 name 的地址
21       printf("sex:%p\n", &p.sex);                     //输出成员 sex 的地址
22       //输出成员 birthDate.year 地址
23       printf("birthDate.year:%p\n", &p.birthDate.year);
24       //输出成员 birthDate.month 地址
25       printf("birthDate.month:%p\n", &p.birthDate.month);
26       //输出成员 birthDate.day 地址
27       printf("birthDate.day:%p\n", &p.birthDate.day);
28       return 0;
29   }
```

例 9-5 运行结果如图 9-8 所示。

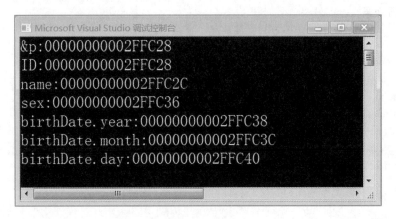

图 9-8 例 9-5 运行结果

图 9-8 输出了 struct Person 类型的变量 p 及其各个成员的地址，为了方便讲解，在使用地址时，直接使用后 6 位，前面的 0 省略。下面结合图 9-8 分析结构体变量 p 及其各成员的内存分配情况，具体如下。

① 结构体变量 p 的首地址为 2FFC28，可以被 4（sizeof(int)）整除。

② 成员变量 ID 的地址与结构体变量首地址是同一个地址。

③ 成员变量 name 的地址为 2FFC2C，它与成员变量 ID 的地址相差 4 字节，它是 char 类型大小的 4 倍。

④ 成员变量 sex 的地址为 2FFC36，它与成员变量 name 的地址相差 10 字节，这正好是成员变量 name 的大小，由于 10 可以被 1（sizeof(char)）整除，所以成员变量 name 和 sex 之间没有填充字节。

⑤ 成员变量 birthDate.year 的地址为 2FFC38，它与成员变量 sex 之间相差 2 字节，而 sex 是 char 类型变量，只占一个字节，表明成员变量 birthDate.year 与成员变量 sex 之间有一个填充字节。birthDate.year 的地址与首地址相差 16，可以被 4（birthDate.year 的大小）整除，符合字节对齐规则。

⑥ 成员变量 birthDate.month 的地址为 2FFC3C，与 birthDate.year 的地址相差 4 字节。

⑦ 成员变量 birthDate.day 的地址为 2FFC40，与 birthDate.month 的地址相差 4 字节。birthDate.day 的地址与首地址相差 24，birthDate.day 本身大小为 4 字节，结构体变量 p 的总大小为 28，它可以被 4 整除，不必填充字节，因此结构体变量 p 的总大小为 28。

## 9.7 结构体数组

一个结构体变量可以存储一组数据，如一个学生的序号、姓名、性别等数据。如果有 10 个学生的信息需要存储，可以采用结构体数组。与前面讲解的数组不同，结构体数组中的每个元素都是结构体类型的数据。本节将针对结构体数组的定义与初始化、结构体数组的访问进行详细讲解。

### 9.7.1 结构体数组的定义与初始化

假设一个班有 20 个学生，描述这 20 个学生的信息，可以定义一个容量为

理论微课 9-9：结
构体数组的定义
与初始化

20 的 struct Student 类型的数组。与结构体变量定义方式一样，结构体数组的定义方式也有两种，下面分别进行介绍。

① 先定义结构体类型，后定义结构体数组，具体示例如下。

```
struct Student                       //定义 struct Student 结构体类型
{
    int num;
    char name[10];
    char sex;
};
struct Student stus[20];             //定义 struct Student 结构体数组 stus
```

② 在定义结构体类型的同时定义结构体数组，具体示例如下。

```
struct Student
{
    int num;
    char name[10];
    char sex;
}stus[20];
```

结构体数组的初始化方式与普通类型的数组类似，都是通过为元素赋值的方式完成的。由于结构体数组中的每个元素都是一个结构体变量，因此，在为每个元素赋值时，需要将其成员的值依次放到一对大括号中。

例如，定义一个大小为 3 的 struct Student 结构体数组 students，可以采用下面两种方式初始化 students 数组。

① 先定义结构体类型，然后定义结构体数组并初始化结构体数组，具体示例如下。

```
struct Student
{
    int num;
    char name[10];
    char sex;
};
struct Student students[3] = {{0001, "Zhang San",'M'},
                             {0002, "Li Si",'W'},
                             {0003, "Zhao Liu",'M'}
                            };
```

② 在定义结构体类型的同时，定义结构体数组并初始化结构体数组，具体示例如下。

```
struct Student
{
    int num;
    char name[10];
    char sex;
}students[3] = {{0001, "Zhang San",'M'},
                {0002, "Li Si",'W'},
                {0003, "Zhao Liu",'M'}
               };
```

当然，初始化结构体数组时，也可以不指定结构体数组的长度，系统在编译时，会自动根据初始化元素个数决定结构体数组的长度。例如，下列初始化结构体数组的方式也是合法的。

```
struct Student
{
    int num;
    char name[10];
    char sex;
}students[] = {{0001, "Zhang San",'M'},
                {0002, "Li Si",'W'},
                {0003, "Zhao Liu",'M'}
            };
```

### 9.7.2 结构体数组的访问

结构体数组的访问是指对结构体数组元素的访问，由于结构体数组的每个元素都是一个结构体变量，因此，结构体数组元素的访问就是对数组元素中的成员进行访问，其语法格式如下。

理论微课 9-10:
结构体数组的访问

结构体数组[索引].成员名

为了帮助读者更好地掌握结构体数组的访问，下面通过一个案例演示结构体数组的定义与访问。

例 9–6 计算学生平均成绩。每次考试结束之后，老师都会对学生成绩进行各个维度的评估，以判定学生的学习情况，假设一个小组中有 3 个学生，每个学生有 3 门课程的成绩需要统计。本案例要求编写一个程序，对这 3 个学生的成绩进行统计，具体要求如下。

① 从键盘输入学生的学号、姓名和 3 门课程的成绩。

② 计算出每个学生的平均成绩，并依次把每个学生的学号、姓名和平均成绩输出在控制台上。

学生信息与成绩可以使用结构体进行存储，多个学生的信息及成绩，需要使用结构体数组进行存储。使用循环结构语句遍历结构体数组读取学生信息。案例具体实现如下。

structArr.c

```
1   #define _CRT_SECURE_NO_WARNINGS
2   #include <stdio.h>
3   #include <stdlib.h>
4   struct student
5   {
6       char num[6];
7       char name[10];
8       int score[3];
9       float average;
10  }stu[5];                              //定义结构体数组
11  int main()
12  {
13      int i, j, k;
14      float sum;
15      for (i = 0; i < 3; i++)           //通过循环依次输入 3 个学生的信息
16      {
17          printf("请输入学生信息:\n");
```

```
18          printf("学号: ");
19          scanf("%s", stu[i].num);              //输入学号
20          printf("姓名: ");
21          scanf("%s", stu[i].name);             //输入姓名
22          sum = 0;
23          for (j = 0; j < 3; j++)               //输入 3 门成绩
24          {
25              printf("score%d: ", j + 1);
26              scanf("%d", &stu[i].score[j]);
27              sum += stu[i].score[j];           //累加成绩
28          }
29          stu[i].average = sum / 3;             //算出平均成绩
30          printf("--------------------------------------------------\n");
31      }
32      for (k = 0; k < 3; k++)                   //最后输出 3 个学生的信息以及平均成绩
33      {
34          printf("学号: %s\n", stu[k].num);
35          printf("姓名: %s\n", stu[k].name);
36          printf("平均成绩: %.1f\n", stu[k].average);
37      }
38      return 0;
39  }
```

上述代码运行之后，分别输入几个学生的信息，结果如图 9-9 所示。

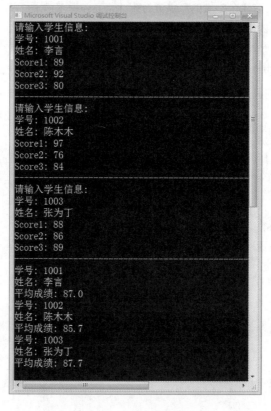

图 9-9　例 9-6 运行结果

在例 9-6 中，第 4 行～第 10 行代码定义了 struct Student 结构体类型，用于存储学生信息。第 17 行～第 21 行代码在 for 循环结构语句中，调用 scanf()函数输入学生学号、姓名。第 23 行～第 28 行代码在 for 循环结构语句中，调用 scanf()函数输入学生的 3 门课成绩。第 29 行代码计算学生的平均成绩。第 32 行～第 37 行代码使用 for 循环结构语句输出 3 个学生的信息和平均成绩。

由图 9-9 可知，输入 3 个学生信息之后，程序成功输出了 3 个学生的信息和平均成绩。

## 9.8 结构体类型数据作为函数参数

函数不仅可以传递简单的变量、数组、指针等类型的数据，还可以传递结构体类型的数据，如结构体变量、结构体数组、结构体指针。

理论微课 9-11：
结构体类型数据
作为函数参数

结构体变量作为函数参数的用法与普通变量类似，都需要保证调用函数的实参类型和被调用函数的形参类型相同。结构体变量作为函数参数时，也是值传递，被调函数中改变结构体成员变量的值，主调函数中的结构体变量不受影响。

结构体数组作为函数参数与普通数组作为函数参数一样，都是传递的数组首地址，在被调函数中改变结构体数组元素的成员变量，主调函数中的结构体数组也会跟着改变。

结构体指针变量用于存放结构体变量的首地址，将结构体指针作为函数参数传递时，其实就是传递结构体变量的首地址，在被调函数中改变结构体变量成员的值，那么主调函数中结构体变量成员的值也会被改变。

下面通过一个案例演示结构体类型数据作为函数参数的使用。

例 9-7　中国有句俗语叫"三天打鱼两天晒网"，它用来比喻学习或做事时断时续，没有恒心，不能坚持下去。但是对于我们来说，学习是一件持之以恒的事情，日积月累，才能有质的飞跃，正所谓不积跬步，无以至千里；不积小流，无以成江海。所以要想在某一方面有所成就，必得经过坚持不懈的努力，不能三天打鱼两天晒网。

在本案例中，要对三天打鱼两天晒网进行一次深入分析，假设某人从 2000 年 1 月 1 日起开始三天打鱼两天晒网，请编写一个程序实现如下功能，从键盘输入 2000 年 1 月 1 日开始的任意一天，判断这一天此人是打鱼还是晒网。

对案例进行分析，打鱼晒网的日期可以使用结构体进行存储。判断打鱼还是晒网，需要计算输入的日期距离 2000 年 1 月 1 日有多少天。要利用循环求出指定日期距 2000 年 1 月 1 日的天数，当遇到闰年时需要稍加注意，闰年二月为 29 天，平年二月为 28 天。判断闰年的方法为：如果能被 4 整除且不能被 100 整除，或者能被 400 整除，则该年是闰年，否则不是闰年。

案例的具体实现如下。

structPara.c

```
1    #define _CRT_SECURE_NO_WARNINGS
2    #include <stdio.h>
3    #include <stdlib.h>
4    struct date {
5        int year;
6        int month;
7        int day;
8    };
```

```
9      int days(struct date today)
10     {
11         static int day_tab[2][13] = {
12             { 0, 31, 28, 31, 30, 31, 30, 31, 31, 30, 31, 30, 31, }, //每月的天数
13             { 0, 31, 29, 31, 30, 31, 30, 31, 31, 30, 31, 30, 31, },
14         };
15         int i, leap;
16         //判定 year 为闰年还是平年，leap = 0 为平年，leap = 1 为闰年
17         leap = today.year % 4 == 0 && today.year % 100 != 0
18                 || today.year % 400 == 0;
19         for (i = 1; i < today.month; i++)            //计算本年中自 1 月 1 日起的天数
20             today.day += day_tab[leap][i];
21         return today.day;
22     }
23     int main()
24     {
25         struct date today, term;
26         int yearday, year, day;
27         printf("请输入日期:\n");
28         scanf("%d/%d/%d", &today.year, &today.month, &today.day);    //输入日期
29         term.month = 12;                             //设置月份的初始值
30         term.day = 31;                               //设置某日的初始值
31         for (yearday = 0, year = 2000; year < today.year; year++)
32         {
33             term.year = year;
34             yearday += days(term);                   //计算从 2000 年至指定年的前一年共有多少天
35         }
36         yearday += days(today);                      //加上指定年中到指定日期的天数
37         day = yearday % 5;                           //求余数
38         if (day > 0 && day < 4)
39             printf("今日打鱼!\n");                   //把结果输出到控制台上
40         else
41             printf("今日晒网!\n");
42         return 0;
43     }
```

上述代码运行之后，输入一个日期，结果如图 9-10 所示。

图 9-10   例 9-7 运行结果

理论微课 9-12:
typedef

## 9.9  typedef

typedef 关键字用于为现有数据类型取别名，例如，前面所学过的结构体、指针、数组、int、

double 等都可以使用 typedef 关键字为它们另取一个名字。使用 typedef 关键字可以方便程序的移植，减少对硬件的依赖性。

使用 typedef 关键字语法格式如下。

```
typedef 数据类型 别名;
```

在上述语法格式中，数据类型可以是基本数据类型、构造数据类型、指针等，下面介绍如何使用 typedef 为常见数据类型取别名。

### 1. 为基本类型取别名

使用 typedef 关键字为 unsigned int 类型取别名，示例代码如下。

```
typedef unsigned int uint;
uint i,j,k;
```

上述语句将 int 数据类型定义成 uint，则在程序中可以用 uint 定义无符号整型变量。

### 2. 为数组类型取别名

使用 typedef 关键字为数组取别名，示例代码如下。

```
typedef char NAME[10];
NAME class1,class2;
```

上述语句定义了一个长度为 10 的字符数组名 NAME，并用 NAME 定义了两个字符数组 class1 和 class2，等效于 char class1[10]和 char class2[10]。

### 3. 为结构体取别名

使用 typedef 关键字为结构体类型 struct Student 取别名，示例代码如下。

```
typedef struct Student
{
    int num;
    char name[10];
    char sex;
}STU;
STU stu1;
```

上述代码先定义了一个 struct Student 类型的结构体，并使用 typedef 关键字为其取了别名 STU，之后用别名 STU 定义了结构体变量 stu1。此段代码中定义结构体变量的语句等效于下面这行语句。

```
struct  Student  stu1;
```

注意：

　　使用 typedef 关键字只是对已存在的数据类型取别名，而不是定义新的数据类型。有时也可以用宏定义来代替 typedef 的功能，但是宏定义在预处理阶段只会被替换，它不进行正确性检查，且在某些情况下不够直观，而 typedef 直到编译时才替换，相比之下使用更加灵活。

## 9.10 共用体

共用体又叫联合体，是一种特殊的数据类型，它允许多个成员使用同一块内存，灵活地使用共用体可以减少程序所使用的内存。本节将针对共用体进行详细讲解。

### 9.10.1　共用体类型的定义

在 C 语言中，共用体类型同结构体类型一样，都属于构造类型，它在定义

上与结构体类型相似。定义共用体类型的语法格式如下。

```
union  共用体类型名称
{
        数据类型    成员名 1;
        数据类型    成员名 2;
        ……
        数据类型    成员名 n;
};
```

在上述语法格式中，union 是定义共用体类型的关键字，其后是定义的共用体类型名称，在共用体类型名称下的大括号中，定义了共用体类型的成员项。

共用体类型的定义方式与结构体类型类似，示例代码如下。

```
union data
{
    short m;
    float x;
    char c;
 };
```

上述代码定义了一个共用体类型 union data，该类型包含 3 个不同类型的成员组成。

### 9.10.2　共用体变量的定义

共用体变量的定义和结构体变量的定义类似，主要有两种定义方式。假如要

定义两个 union data 类型的共用体变量 data1 和 data2，则定义方式如下。

① 先定义共用体类型，再定义共用体变量，格式如下。

```
union  共用体类型名称  共用体变量名称;
```

以 9.10.1 节定义的 union  data 共用体类型为例，定义两个 union  data 类型的共用体变量 data1 和 data2，示例代码如下。

```
union data
{
    short m;
    float x;
    char c;
};
union data data1,data2;
```

② 在定义共用体类型的同时定义共用体变量，语法格式如下。

```
union  共用体类型名称
{
```

```
        数据类型    成员名1;
        数据类型    成员名2;
        ……
        数据类型    成员名 n;
}变量名列表;
```

定义两个 union data 类型的共用体变量 data1 和 data2，示例代码如下。

```
union data
{
        short m;
        float x;
        char c;
}data1,data2;
```

### 9.10.3　共用体变量的内存管理

共用体变量的内存管理不同于结构体变量的内存管理，共用体变量在同一
时刻，只有一个成员是有效的。共用体的内存分配必须要符合以下两项准则。

理论微课 9-15:
共用体变量的内
存管理

- 共用体的内存必须大于或等于其成员变量中最大数据类型（包括基
  本数据类型和数组）的大小。
- 共用体的内存必须是最宽基本数据类型的整数倍，如果不是，则填充字节。

下面通过两个共用体的内存分析来解释上述准则。

① 成员变量都是基本数据类型的共用体，具体如下。

```
union Data
{
        short m;
        float x;
        char c;
}a;
```

共用体变量 a 中占内存最大的数据类型为 float，系统会按照 float 为变量 a 分配内存，即共用
体变量 a 的内存大小为 4 字节，如图 9-11 所示。

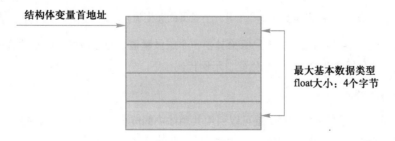

图 9-11　共用体 a 的内存大小

② 成员变量包含数组类型的共用体，具体如下。

```
union
{
```

```
        short m;
        float x;
        char c;
        char name[5];
    }b;
```

共用体 b 中占内存最大的数据类型为 float，为 4 字节，但是如果按照最大基本数据类型分配内存，无法满足 char 类型的数组 name 的存储要求。要满足存储要求，系统必须按照 char 类型的数组 name 分配内存，并在后面填充字节，使填充后的内存大小是最宽基本数据类型的整数倍。

满足上述两个条件，系统需要填充 3 个字节，共 8 个字节。共用体变量 b 的内存大小如图 9-12 所示。

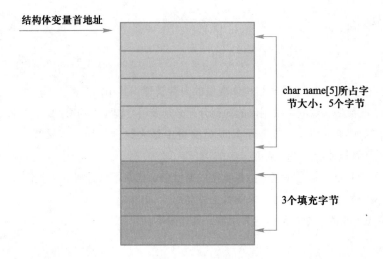

图 9-12　共用体变量 b 的内存大小

### 9.10.4　共用体变量的初始化

定义了共用体变量之后，需要对共用体变量进行初始化，对共用体变量进行初始化时只能对其中一个成员进行初始化。

理论微课 9-16：
共用体变量的初
始化

共用体变量初始化格式如下。

union  共用体类型名  共用体变量 = {其中一个成员的类型值}

从上述语法格式可以看出，尽管只能给其中一个成员赋值，但必须用大括号括起来。例如，对 union data 类型的共用体变量 a 进行初始化，示例代码如下。

union data a = {8};

完成了共用体变量的初始化后，就可以引用共用体中的成员了，共用体变量的引用方式与结构体类似，可以使用 "." 运算符和指针运算符 "->"，其格式如下。

共用体变量.成员名
共用体指针->成员名

例如，下列代码定义了 union data 类型的共用体变量 a 和指针 p。

```
union data
{
        int m;
        float x;
        char c;
};
union data a, *p = &a;
```

如果要引用共用体变量 a 中的 m 成员，则可以使用下列方式。

| | |
|---|---|
| a.m; | //引用共用体变量 a 中的成员 m |
| p->m | //引用共用体指针变量 p 所指向的变量成员 m |

 注意：

　　虽然共用体变量的引用方式与结构体类似，但两者是有区别的，在程序执行的任何特定时刻，结构体变量中的所有成员是同时驻留在该结构体变量所占用的内存空间中，而共用体变量仅有一个成员驻留在共用体变量所占用的内存空间中。

　　为了让读者更好地掌握共用体，下面通过一个案例演示共用体的应用。

　　例 9-8　　角色与权限。人们在平常使用网站或软件产品时，在登录时，很多会要求选择角色，如管理员登录、个人登录等，当选择不同角色登录时，用户所拥有的权限也是不同的，例如，一个公司的内部平台，管理员登录之后，可以调整员工的薪资范畴、调整员工级别等，而个人登录之后，只能查看和操作个人的信息。这就是角色不同，与之关联的权限也不相同。这样把角色与权限关联的方案称为基于角色的访问管理（Role-Based Access Control，RBAC），这是产品设计当中非常重要的一个权限管理方案。

　　在互联网还不发达的时候，由于用户也较少，通常是注册一个用户就会给用户分配相应的权限，但随着互联网的发展，用户数量越来越庞大，如果再逐个用户的赋予权限，操作非常繁琐，于是专业人员提出了 RBAC 设计方案，即使用角色将用户与权限关联起来，每个角色赋予不同的权限，用户在注册时选择角色，只要用户关联了角色就获得了该角色对应的权限。

　　假设学校购买一个学生信息管理系统，该系统有教务员、老师、学生 3 个角色，3 个角色的权限分别如下。

- 教务员：管理学生信息，如对姓名、年龄、性别、学号、籍贯、班级、宿舍等信息进行添加、修改、删除等操作。
- 老师：管理学生成绩，如添加成绩、修改成绩、对成绩进行排序等。
- 学生：查看自己的个人信息，并添加、修改手机号。

　　本案例要求编写一个程序，模拟用户登录，如果是教务员，就提示进入学生信息管理页面，为学生添加学号；如果是老师，就提示进入学生成绩管理页面，为学生添加成绩；如果是学生，就提示进入个人信息查看页面，添加自己的手机号。

　　教务员、老师、学生在登录时都需要输入姓名、选择角色，这些数据的类型都是相同的，可以使用结构体整合姓名、角色信息。但是他们是不同的角色，登录之后所需要执行的操作也不相同，具体需要执行哪种操作，需要根据角色来定。教务员、老师和学生所能进行的操作综合在一起，根据角色进行"单选"，这种功能可以使用共用体实现。案例实现思路如下。

① 声明登录结构体，在结构体中定义登录需要的数据，姓名、角色，需要进行的操作以共用体形式存储。

② 从控制台输入登录用户姓名、角色，根据角色判断要执行的操作。

案例具体实现如下。

union.c

```
1    #define _CRT_SECURE_NO_WARNINGS
2    #include <stdio.h>
3    #include <stdlib.h>
4    #include <string.h>
5    struct Login                    //登录结构体
6    {
7        char name[20];             //用户姓名
8        char role[10];             //用户角色
9        union Info
10       {
11           int ID;                //如果是教务员，为学生添加学号
12           float score;           //如果是老师，为学生添加成绩
13           char phone[12];        //如果是学生，添加自己的手机号
14       }info;
15   };
16   int main()
17   {
18       struct Login login;
19       printf("请输入自己的姓名：");
20       scanf("%s", login.name);
21       getchar();
22       printf("请选择用户角色（教务员/老师/学生）：");
23       scanf("%s", login.role);
24       getchar();
25       if (strcmp(login.role,"教务员") == 0)
26       {
27           printf("请为当前学生添加学号：");
28           scanf("%d", &login.info.ID);
29           printf("添加完成，谢谢管理员！\n");
30       }
31       if (strcmp(login.role, "老师") == 0)
32       {
33           printf("请为当前学生添加成绩：");
34           scanf("%f", &login.info.score);
35           printf("添加完成，谢谢老师！");
36       }
37       if (strcmp(login.role, "学生") == 0)
38       {
39           printf("请添加您的手机号：");
40           scanf("%s", login.info.phone);
41           printf("添加完成，谢谢！");
42       }
```

```
43          return 0;
44     }
```

运行例 9-8，根据提示输入相应信息，运行两次，结果分别如图 9-13 和图 9-14 所示。

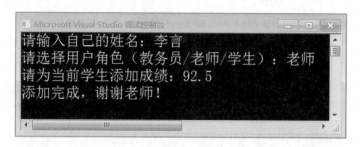

图 9-13　例 9-8 运行结果（1）

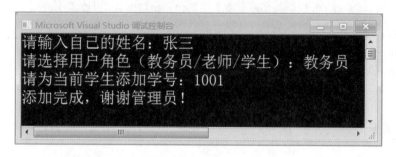

图 9-14　例 9-8 运行结果（2）

在例 9-8 中，第 5 行～第 15 行代码定义了 struct Login 结构体类型，用于存储用户的姓名、角色等信息。在 struct Login 结构体内部，第 9 行～第 14 行代码定义了一个共用体 union Info，用于存储角色信息，如果是教务员，就为学生添加学号；如果是老师，就为学生添加成绩；如果是学生，就添加自己的手机号。

第 18 行～第 23 行代码定义 struct Login 类型的变量 login，调用 scanf() 函数从控制台输入用户的姓名、角色信息。第 25 行～第 42 行代码使用 if 选择结构语句判断用户输入的角色，根据角色完成相应的任务。

运行程序，由图 9-13 和图 9-14 可知，当用户角色为老师时，需要为学生添加成绩；当用户角色为教务员时，需要为学生添加学号。用户角色存储在共用体中，每一次选择角色，只有一个成员是有效的。

## 9.11　枚举

在日常生活中有许多对象的值是有限的，可以一一列举的，如一个星期只有周一到周日、一年只有一月到十二月等。把这些量声明为整型，字符型或其他类型显然是不妥当的。为此，C 语言提供了一种称为"枚举"的类型。

枚举类型用于定义值可以被一一列举的变量。枚举类型的声明方式比较特殊，定义枚举类型的关键字为 enum，具体格式如下。

理论微课 9-17：
枚举

enum 枚举名 {标识符 1 = 整型常量 1, 标识符 2 = 整型常量 2,…};

在上述格式中，enum 为用于声明枚举类型的关键字，枚举名表示枚举类型的名称。以表示月份的枚举类型为例，声明枚举类型的示例如下。

enum month { JAN = 1, FEB = 2, MAR = 3, APR = 4, MAY = 5, JUN = 6,
　　　　　 JUL = 7, AUG = 8, SEP = 9, OCT = 10, NOV = 11, DEC = 12 };

上述代码声明了一个枚举类型 month，enum month 枚举类型有 12 个枚举值，也称为枚举常量，每个枚举值都使用一个整型数值进行标识。定义枚举类型之后，就可以使用该类型定义变量，定义 enum month 类型的变量，示例代码如下。

enum month lastMonth, thisMonth, nextMonth;

上述代码定义了 3 个 enum month 类型的枚举变量：lastMonth、thisMonth、nextMonth，这些变量的值必须要从 enum month 枚举类型中获取，给 3 个变量赋值，示例代码如下。

lastMonth = APR;　　　　　//给 lastMonth 赋值为 APR
thisMonth = MAY;　　　　　//给 thisMonth 赋值为 MAY
nextMonth = JUN;　　　　　//给 nextMonth 赋值为 JUN

💡 注意：

枚举值是常量，不是变量，在程序中不能为其赋值。例如，在程序中对 MAR 再次赋值是错误的，示例代码如下。

MAR = 20;　　　　　//错误：枚举值 MAR 是常量，不能赋值

📖 多学一招：枚举类型的快速定义

在定义枚举类型时，如果不给枚举值指定具体的整型数值标识，它会默认该枚举值的整型数值等于前一枚举值的值加 1。因此可以将上面 enum month 枚举类型的定义简化成。

enum month{JAN = 1, FEB, MAR, APR, MAY, JUN, JUL, AUG, SEP, OCT, NOV, DEC};

在上述代码中，FEB、MAR、JUN 等的值依次是 2、3、4 等，如果不指定第一个枚举值 JAN 对应的常量，则它的默认值是 0。

## 项目设计

贪吃蛇游戏启动时，可以根据菜单选择不同的功能，如开始游戏、退出游戏等，当选择开始游戏时，则启动游戏；选择退出游戏，则游戏退出。

在玩游戏时，贪吃蛇的生命值、吃食物获得的积分、游戏说明等都显示在屏幕上。游戏结束时，显示本次游戏得分。

上述游戏过程可以用一个流程图表示，如图 9-15 所示。

实操微课 9-2：项目设计-结构设计

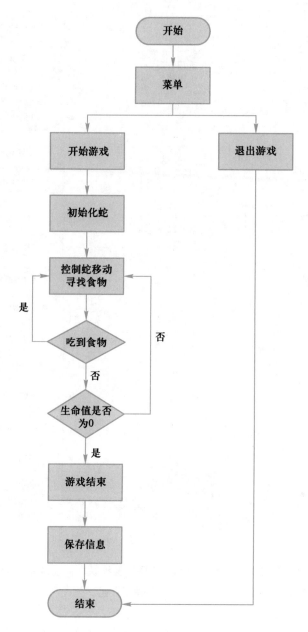

图 9-15　贪吃蛇游戏流程图

　　对如图 9-15 所示流程进行分析，在本项目中，贪吃蛇游戏需要在规定范围内进行，即在游戏界面中构建坐标系、绘制地图（规定游戏活动范围）等，在地图中初始化贪吃蛇（包括贪吃的位置、长度、生命值等）。贪吃蛇初始化完成之后，需要创建食物，然后控制贪吃蛇移动寻找食物，在这个过程中，控制贪吃蛇上、下、左、右移动。此外，还需要设计游戏规则，如果贪吃蛇撞墙或咬到自己，则贪吃蛇死亡，消耗生命值，重新生成一条贪吃蛇；如果贪吃蛇生命值为 0 时，贪吃蛇再次撞到墙壁或自己，则游戏结束。

　　由上述分析可知，本项目需要实现的模块包括界面管理模块、贪吃蛇初始化模块、食物模块、游戏规则设计模块、贪吃蛇移动控制模块，具体如图 9-16 所示。

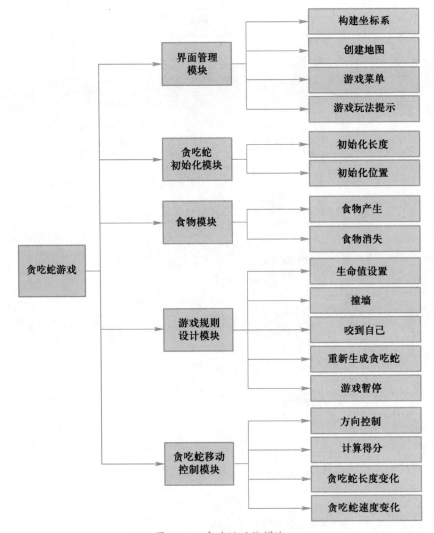

图 9-16  贪吃蛇功能模块

图 9-16 展示了贪吃蛇游戏所需要实现的功能模块及模块之间的联系，为了让读者能够明确系统中每个功能的具体作用，下面针对这些模块分别进行介绍。

（1）界面管理模块

在该模块中，通过 Windows API（Windows 应用程序编程接口）窗口坐标函数构建坐标系，并根据坐标系统绘制地图，即规定游戏范围。该模块可以自定义坐标位置显示，如游戏菜单、游戏提示。此外，游戏开始后在窗口实时显示贪吃蛇位置。

（2）贪吃蛇初始化模块

在该模块中，根据地图大小初始化贪吃蛇的位置、长度，在初始化贪吃蛇时，使用链表存储贪吃蛇身体。

（3）食物模块

在该模块中，初始化食物出现的位置，需要注意食物不能出现在贪吃蛇身体上或墙壁上，贪吃蛇吃掉食物之后，食物要消失，食物消失之后需要再次随机生成。

（4）游戏规则设计模块

在该模块中，需要设计游戏规则，如果贪吃蛇撞墙或者咬到自己，则贪吃蛇会死亡，消耗生命值，然后再重新生成一条贪吃蛇，直到生命值消耗殆尽。此外，该模块还负责游戏的运行与暂停，如果按下空格键，则游戏暂停或继续运行。

（5）贪吃蛇移动控制模块

在该模块中，要控制贪吃蛇上、下、左、右移动寻找食物，如果吃到食物，则贪吃蛇得分增加，贪吃蛇可以使用加速键获取更高的分。这些都会实时显示在屏幕上。

完成系统的需求分析后，需要根据需求设计项目。项目设计包括数据设计与功能设计两部分，数据设计规定了项目需要定义的变量，以及如何组织这些变量；功能设计就是函数设计，即声明函数，并明确函数功能。下面分别介绍贪吃蛇游戏中的数据设计与功能设计。

1. 数据设计

由于贪吃蛇游戏中涉及蛇头、蛇身、食物等的位置信息，这些位置信息使用坐标（x,y）表示，因此可以定义一个结构体存储贪吃蛇节点和食物。结构体定义如下。

实操微课 9-3：项目设计-数据和功能设计

```
typedef struct snake          //蛇身的一个节点
{
    int x;                    //横坐标
    int y;                    //纵坐标点
    struct snake* next;
}SNAKE;
```

一个结构体变量表示一个节点，而贪吃蛇由多个节点构成，因此可以使用链表存储贪吃蛇的所有节点。

此外，贪吃蛇的生命值、得分、长度、运动方向等都需要用变量保存，该项目中需要定义的主要变量见表 9-1。

表 9-1　贪吃蛇游戏需要定义的变量

| 变量声明 | 含义描述 |
| --- | --- |
| struct snake | 用于存储贪吃蛇节点和食物 |
| int len | 用于存储贪吃蛇长度 |
| int factor | 食物分值 |
| int direct | 贪吃蛇运行方向 |
| int delay | 贪吃蛇运行时间间隔 |
| SNAKE* head | 贪吃蛇蛇头指针 |
| SNAKE* food | 食物指针 |
| SNAKE* pHead | 遍历贪吃蛇时所用中间指针 |
| int score | 游戏得分 |
| int life | 贪吃蛇生命值 |

2. 功能设计

贪吃蛇游戏包括 6 个模块，每个模块的功能都需要不同的函数实现，有的甚至会有多个函数，根据每个模块的功能可以初步设计每个模块下的函数及其功能。

（1）界面管理模块

该模块需要实现的功能包括构建坐标、绘制地图、显示游戏说明、制定游戏菜单，该模块需要实现的功能函数见表 9-2。

表 9-2　界面管理模块要实现的功能函数

| 函数声明 | 功能描述 |
| --- | --- |
| void posShow(int x, int y); | 控制台窗体中任意位置信息显示 |
| void createMap(); | 绘制地图 |
| void gameTips(); | 显示游戏玩法说明 |
| void gameMenu(); | 制定游戏菜单 |

（2）贪吃蛇初始化模块

该模块要对贪吃蛇的初始位置、长度等进行初始化，该模块要实现的功能函数见表 9-3。

表 9-3　贪吃蛇初始化模块要实现的功能函数

| 函数声明 | 功能描述 |
| --- | --- |
| void initSnake(); | 初始化贪吃蛇 |

（3）食物模块

该模块用于随机产生食物，该模块要实现的功能函数见表 9-4。

表 9-4　食物模块要实现的功能函数

| 函数声明 | 功能描述 |
| --- | --- |
| void createFood(); | 随机产生食物 |

（4）游戏规则设计模块

该模块的主要功能是设计贪吃蛇游戏规则，如果贪吃蛇在移动过程中撞墙或咬到自己，则贪吃蛇死亡，重新生成一条贪吃蛇，消耗生命值，如果生命值消耗殆尽，则结束游戏。除此之外，该模块还要控制游戏的运行与暂停，当按下空格键时游戏要暂停或继续运行。该模块要实现的功能函数见表 9-5。

表 9-5　游戏规则设计模块要实现的功能函数

| 函数声明 | 功能描述 |
| --- | --- |
| void crossWall(); | 判断贪吃蛇是否撞墙 |
| void biteSelf(); | 判断贪吃蛇是否咬到自己 |
| void snakeReborn(); | 重新生成一条贪吃蛇 |
| void pause(); | 控制游戏暂停或继续 |

（5）贪吃蛇移动控制模块

该模块主要功能为控制贪吃蛇上、下、左、右移动寻找食物，如果贪吃蛇吃到食物，则得分增加、身体增长、速度加快。该模块需要实现的功能函数见表 9-6。

表 9-6　贪吃蛇移动控制模块需要实现的功能函数

| 函数声明 | 功能描述 |
| --- | --- |
| void moveRules(); | 用于判断贪吃蛇移动是否符合规则 |
| void snakeMove(); | 实现贪吃蛇向上、向下、向左、向右移动 |

## 项目实施

由于项目内容较多，下面分步骤讲解项目的实现过程。

### 1. 定义 snake.h 文件

实操微课 9-4：项目实施-定义 snake.h 文件

在 Visual Studio 2022 中新建项目 Snake，在 Snake 项目中添加头文件 snake.h，用于定义贪吃蛇游戏项目所需要的宏、变量。此外，项目需要实现的功能函数也在 snake.h 文件中声明。snake.h 文件的定义如下。

```
1    #include<stdio.h>
2    #include<time.h>
3    #include<windows.h>
4    #include<stdlib.h>
5    #include<conio.h>
6    //宏定义
7    #define UP 76
8    #define DOWN 52
9    #define LEFT 78
10   #define RIGHT 43
11   //定义结构体
12   typedef struct snake              //蛇身的一个节点
13   {
14       int x;                        //横坐标
15       int y;                        //纵坐标点
16       struct snake* next;
17   }SNAKE;
18   //其他变量定义
19   int len;                          //贪吃蛇长度
20   int factor;                       //食物分值
21   int direct;                       //贪吃蛇运动方向
22   int delay;                        //运行的时间间隔
23   SNAKE* head;                      //蛇头指针
24   SNAKE* food;                      //食物指针
25   SNAKE* pHead;                     //遍历蛇的时候用到的指针
26   int score;                        //游戏得分
27   //函数声明
28   void posShow();
29   void createMap();
30   void initSnake();
```

```
31        int biteSelf();
32        void createFood();
33        void crossWall();
34        void snakeMove();
35        void pause();
36        void moveRules();
37        void snakeReborn();
38        void saveInfo();
39        int checkInfo();
40        void gameTips();
41        void gameMenu();
```

在 snake.h 文件中，第 7 行～第 10 行代码分别定义了 UP、DOWN、RIGHT、LEFT 这 4 个宏定义，用于表示贪吃蛇的移动方向。第 12 行～第 17 行代码定义了一个结构体 SNAKE，用于存储贪吃蛇节点与食物，在该结构体中，x、y 表示坐标，next 是指向下一个节点的指针。第 19 行～第 26 行代码定义了项目所需的主要变量。第 28 行～第 41 行代码声明了项目要实现的功能函数，在后续项目的讲解中，这些函数会陆续在不同的模块文件中实现。

📝 提示：

　　贪吃蛇生命值 life 没有定义在 snake.h 文件中，life 变量只需要在游戏规则设计模块中使用，因此 life 变量作为该模块的全局变量进行定义。

### 2. 界面管理模块的实现

在 Snake 项目中添加源文件 gameMap.c，在 gameMap.c 文件中实现界面管理模块，该模块主要用于构建坐标体系、绘制地图、显示游戏说明、制定游戏菜单。在 gameMap.c 源文件中，首先要包含 snake.h 头文件，并且定义表示贪吃蛇生命的变量 life，具体代码如下。

```
#include "snake.h"
extern int life;
```

通过项目设计可知，该模块需要实现 4 个函数，分别是 posShow()、createMap()、gameTips()、gameMenu()，下面分别讲解这 4 个函数的实现过程。

实操微课 9-5：
项目实施-
posShow()函数

（1）实现 posShow()函数

posShow()函数用于将数据输出到指定坐标处，在该函数中，调用 Windows API 函数实现任意坐标的显示。posShow()函数具体实现如下。

```
1     /********************************************************
2     *函数名：posShow(int x, int y)
3     *返回值：无
4     *功能：控制台窗体中任意位置信息显示
5     ********************************************************/
6     void posShow(int x, int y)
7     {
8         COORD pos;                    //坐标点结构体
9         HANDLE hOutput;              //windows 句柄，返回操作的资源对象
10        pos.X = x;
11        pos.Y = y;
```

| 12 | hOutput = GetStdHandle(STD_OUTPUT_HANDLE); | //获取键盘输入 |
| 13 | SetConsoleCursorPosition(hOutput, pos); | //设置显示位置 |
| 14 | } | |

第 8 行代码定义一个 COORD 类型的结构体变量 pos，用于存储坐标，COORD 是 Windows API 中定义的结构体类型，用于存储坐标位置，其原型如下。

```
typedef struct _COORD {
    SHORT X;
    SHORT Y;
} COORD,*PCOORD;
```

其中，X、Y 分别表示横坐标与纵坐标，它们都是短整型变量，SHORT 是 short 的宏定义。一个 COORD 结构，用于指定新的光标位置（以字符为单位），坐标是屏幕缓冲区字符单元格的列和行，坐标必须位于控制台屏幕缓冲区的边界内。

第 9 行代码 HANDLE 是 Windows API 中定义返回使用资源的句柄，定义句柄类型变量 hOutput，其原型是指向任意类型的指针类型，定义如下。

```
typedef void* HANDLE;
```

第 10 行和第 11 行代码将参数坐标 x 与 y 赋值给 pos 结构体变量中的 X 与 Y。

第 12 行和第 13 行代码，调用 GetStdHandle()函数获取窗口输出缓冲区句柄，并调用 SetConsoleCursorPosition()函数设置光标显示的位置。

posShow()函数定义好之后，对其进行测试。在 Snake 项目中添加源文件 main.c，在 main.c 中定义 main()函数，在 main()函数中调用 posShow()函数，指定一个位置，输出一个数据，测试 posShow()函数。posShow()函数测试代码如下。

```
15   #include <stdio.h>
16   #include <stdlib.h>
17   #include "snake.h"
18   int main()
19   {
20       int x = 2, y = 2;
21       posShow(x, y);                  //调用 posShow()函数指定位置
22       printf("*");                    //输出一个"*"符号
23       return 0;
24   }
```

运行 posShow()函数测试代码，结果如图 9-17 所示。

图 9-17　posShow()函数测试结果

由图 9-17 可知，posShow()函数的测试代码在指定的（2，2）位置输出了一个"*"符号，表

明 posShow()函数实现成功。

（2）实现 createMap()函数

实操微课 9-6：
项目实施–
createMap()函数

createMap()函数用于绘制地图，即界定游戏范围。createMap()函数实现思路比较简单，直接调用循环结构语句在指定位置输出边框即可。

createMap()函数具体实现如下。

```
1    /********************************************************
2    *函数名： createMap()
3    *返回值：无
4    *功能：创建贪吃蛇活动范围窗口，自定义位置显示游戏信息
5    ********************************************************/
6    void createMap()
7    {
8        int i;
9        for (i = 0; i < 58; i += 2)      //打印上、下边框
10       {
11           posShow(i, 0);
12           printf("■");
13           posShow(i, 26);
14           printf("■");
15       }
16       for (i = 1; i < 26; i++)         //打印左、右边框
17       {
18           posShow(0, i);
19           printf("■");
20           posShow(56, i);
21           printf("■");
22       }
23   }
```

在 createMap()函数中，第 9 行～第 15 行代码，使用 for 循环打印上、下边框，上边框纵坐标保持 0 不变，下边框纵坐标保持 26 不变。

第 16 行～第 22 行代码使得 for 循环打印左、右边框，左边框横坐标保持 0 不变，右边框横坐标保持 56 不变。

由该函数可知，地图边框的左上角坐标为（0，0），右上角坐标为（56，0），左下角坐标为（0，26），右下角坐标为（56，26）。

在 main()函数中调用 createMap()函数进行测试，测试代码如下。

```
24   #include <stdio.h>
25   #include <stdlib.h>
26   #include "snake.h"
27   int main()
28   {
29       /*
30       int x = 2, y = 2;
31       posShow(x, y);
32       printf("*");
33       */
```

```
34        createMap();
35        system("pause");
36        return 0;
37    }
```

运行 createMap() 函数的测试代码，结果如图 9-18 所示。

图 9-18　createMap()函数结果

由图 9-18 可知，createMap() 函数成功绘制了地图，表明 createMap() 函数实现成功。

（3）实现 gameTips ()函数

gameTips() 函数用于显示游戏说明，该函数没有太多逻辑，只是要注意，在显示游戏说明时，要计算好显示位置，不能将说明显示在游戏边框内。gameTips() 函数具体实现如下。

实操微课 9-7：
项目实施-
gameTips()函数

```
1     /**************************************************
2     *函数名：  gameTips()
3     *返回值：无
4     *功能：贪吃蛇窗口右侧显示玩法信息
5     **************************************************/
6     void gameTips()
7     {
8         posShow(65, 2);
9         printf("===========================\n");
```

```
10          posShow(80, 3);
11          printf("生命值：%d\n", life);
12          posShow(65,4 );
13          printf("===========================\n");
14          posShow(75, 6);
15          printf("|游戏玩法|\n");
16          posShow(65, 8);
17          printf("1.使用方向键控制蛇的移动.\n");
18          posShow(65, 10);
19          printf("2.F1 贪吃蛇加速，F2 贪吃蛇减速.\n");
20          posShow(65, 12);
21          printf("3.Esc 退出游戏,空格键暂停游戏.\n");
22      }
```

在 main()函数中调用 gameTips()函数进行测试，注意在调用 gameTips()函数时，gameTips()函数中的 life 需要设置一个初始值。gameTips()函数测试代码如下。

```
23      #include <stdio.h>
24      #include <stdlib.h>
25      #include "snake.h"
26      int main()
27      {
28          /*
29          int x = 2, y = 2;
30          posShow(x, y);
31          printf("*");
32          */
33          //createMap();
34          //system("pause");
35          gameTips();
36          return 0;
37      }
```

运行 gameTips()函数测试代码，结果如图 9-19 所示。

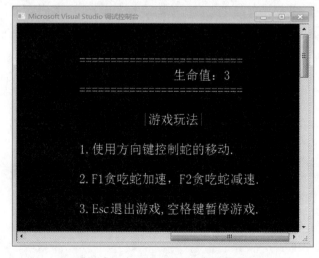

图 9-19  gameTips()函数测试结果

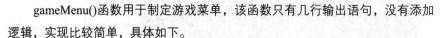

由图 9-19 可知，gameTips()函数实现成功。

（4）实现 gameMenu()函数

gameMenu()函数用于制定游戏菜单，该函数只有几行输出语句，没有添加逻辑，实现比较简单，具体如下。

```
1    /*****************************************************
2    *函数名：gameMenu()
3    *返回值：无
4    *功能：游戏开始菜单显示
5    *****************************************************/
6    void gameMenu()
7    {
8        posShow(40, 3);
9        printf("贪吃蛇游戏");
10       posShow(40, 6);
11       printf("按 1 开始贪吃蛇游戏");
12       posShow(40, 8);
13       printf("按 2 退出贪吃蛇游戏");
14       posShow(40, 10);
15       printf("选项：");
16   }
```

在 main()函数中调用 gameMenu()函数进行测试，测试代码如下。

```
17   #include <stdio.h>
18   #include <stdlib.h>
19   #include "snake.h"
20   int main()
21   {
22       /*
23       int x = 2, y = 2;
24        posShow(x, y);
25        printf("*");
26       */
27       //createMap();
28       //system("pause");
29       //gameTips();
30       gameMenu();
31       return 0;
32   }
```

运行 gameMenu()函数测试代码，结果如图 9-20 所示。

由图 9-20 可知，gameMenu()函数实现成功。

图 9-20 gameMenu()函数测试结果

### 3. 贪吃蛇初始化模块的实现

在 Snake 项目中添加源文件 snakeInit.c，在 snakeInit.c 文件中实现贪吃蛇初始化模块，该模块要对贪吃蛇的位置、长度等进行初始化。在 snakeInit.c 文件中，首先需要包含 snake.h 头文件，然后将游戏分数 score 初始化为 0，具体代码如下。

实操微课 9-9：
项目实施–
initSnake()函数

```
1    #include "snake.h"
2    score = 0;                                    //游戏得分初始化为 0
```

snakeInit.c 文件需要实现一个 initSnake()函数，用于初始化贪吃蛇。其实现思路如下：指定贪吃蛇的初始长度，在循环结构语句中调用 malloc()函数申请内存空间，用于存储贪吃蛇身体。申请完内存空间之后，使用循环结构语句将贪吃蛇显示输出到控制台。

initSnake()函数具体实现如下。

```
3    /************************************************
4     *函数名：initSnake()
5     *返回值：无
6     *功能：初始化贪吃蛇，包括贪吃蛇的长度、得分、运行时间间隔等
7     ************************************************/
8    void initSnake()
9    {
10       SNAKE* body = NULL;
11       int i;
12       len = 4;                                   //贪吃蛇长度为 4
13       delay = 300;                               //时间间隔为 300 ms
14       body = (SNAKE*)malloc(sizeof(SNAKE));      //贪吃蛇身体由链表构成
15       body->x = 24;
16       body->y = 5;
17       body->next = NULL;
18       for (i = 1; i <= len; i++)                 //贪吃蛇初始化长度大小节点
19       {
20           head = (SNAKE*)malloc(sizeof(SNAKE));
21           head->next = body;
22           head->x = 24 + 2 * i;
23           head->y = 5;
24           body = head;
25       }
26       while (body != NULL)                       //在终端显示贪吃蛇
```

```
27              {
28                  posShow(body->x, body->y);
29                  printf("■");
30                  body = body->next;
31              }
32      }
```

在 initSnake()函数实现中，第 10 行代码定义了一个 SNAKE 结构体指针 body。第 12～13 行代码分别初始化贪吃蛇长度为 4，贪吃蛇移动时间间隔为 300 ms。第 14～17 行代码调用 malloc()函数为 body 分配一块内存空间，并设置其坐标位置为（24，5），然后使 body->next 指向 NULL。

第 18 行～第 25 行代码使用 for 循环结构语句通过头插法向贪吃蛇中插入节点，在插入节点时，纵坐标保持 5 不变，横坐标向右增加，这样初始化的贪吃蛇就是水平向右。第 26 行～第 31 行代码使用 while 循环将初始好的贪吃蛇显示出来，在 while 循环中，调用 posShow()函数在给定的坐标处以■符号形式显示贪吃蛇节点。

initSnake()函数实现完成之后，在 main()函数中调用 initSnake()函数进行测试。在测试 initSnake()函数时，可以调用 createMap()函数、gameTips()函数将游戏界面绘制出来。initSnake()函数测试代码如下。

```
33      #include <stdio.h>
34      #include <stdlib.h>
35      #include "snake.h"
36      int main()
37      {
38          system("cls");
39          createMap();
40          gameTips();
41          initSnake();
42          return 0;
43      }
```

运行 initSnake()函数测试代码，结果如图 9-21 所示。

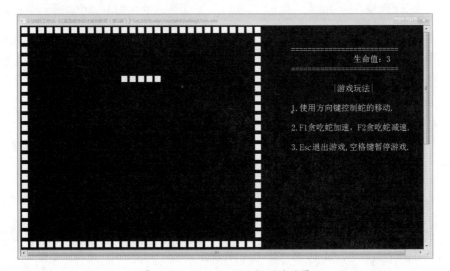

图 9-21　initSnake()函数测试结果

由图 9-21 可知，程序成功初始化了一条贪吃蛇，表明 initSnake()函数实现成功。

4. 食物模块的实现

在 Snake 项目中添加源文件 createFood.c，在 createFood.c 文件中实现食物
模块，食物模块用于随机产生食物，并判断贪吃蛇是否吃到食物，如果贪吃蛇吃
到食物，则重新产生一个新的食物。由项目设计可知，食物模块需要实现一个函
数 createFood()。

实操微课 9-10:
项目实施-
createFood()函数

createFood()函数用于产生食物，其实现思路如下：食物使用 SNAKE 结构体变量进行存储，以
时间为种子生成随机数，随机确定食物生成的位置。生成食物之后，使用 if 选择结构语句判断贪吃
蛇是否吃到食物，判断标准是蛇头与食物坐标是否重合。如果贪吃蛇吃到了食物，则释放食物节点，
重新生成食物。

createFood()函数具体实现如下。

```
1    #include "snake.h"
2    /********************************************************
3    *函数名：createFood()
4    *返回值：无
5    *功能：贪食蛇随机食物产生
6    ********************************************************/
7    void createFood()
8    {
9        srand((unsigned)time(NULL));
10       SNAKE* newFood;
11       newFood = (SNAKE*)malloc(sizeof(SNAKE));
12       factor = 5;
13       do
14       {
15           newFood->x = rand() % 52 + 2;
16           newFood->y = rand() % 24 + 1;
17       } while ((newFood->x % 2) != 0);        //产生的 x 轴坐标点为偶数
18       posShow(newFood->x, newFood->y);        //食物位置显示
19       food = newFood;                         //将 newFood 指针赋值给 food
20       printf("■");                            //输出食物
21       pHead = head;
22       while (pHead->next == NULL)             //判断贪吃蛇是否吃到食物
23       {
24           if (pHead->x == newFood->x && pHead->y == newFood->y)
25           {
26               delay = delay - 30;
27               free(newFood);                  //吃到食物后释放食物节点开辟的空间
28               createFood();                   //吃到食物后再次产生食物
29           }
30           pHead = pHead->next;
31       }
32   }
```

在 createFood()函数中，第 10 行～第 12 行代码定义了一个 SNAKE 结构体变量 newFood，并
为其分配一块内存空间，然后为该食物赋予一个 5 分的分值。第 13 行～第 17 行代码为食物产生一

个随机坐标，do…while 循环的作用是保证食物的横坐标是 2 的倍数，这样才能保证贪吃蛇吃到食物时能精确对齐。第 18 行～第 20 行代码将食物以■符号形式显示在坐标系中。第 21 行～第 31 行代码，判断贪吃蛇是否吃到了食物，判断条件是贪吃蛇蛇头的坐标与食物坐标重合，如果贪吃蛇吃掉了食物，则重新生成一个食物。

在 main()函数中调用 createFood()函数进行测试，测试代码如下。

```
1    #include <stdio.h>
2    #include <stdlib.h>
3    #include "snake.h"
4    int main()
5    {
6        system("cls");
7        createMap();
8        gameTips();
9        initSnake();
10       createFood();
11       return 0;
12   }
```

运行 createFood()函数测试代码，结果如图 9-22 所示。

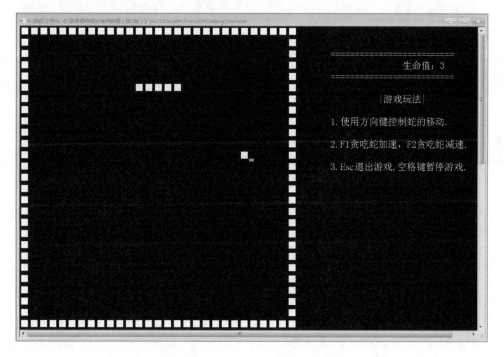

图 9-22　createFood()函数测试结果

由图 9-22 可知，程序成功产生了一个食物，表明 createFood()函数实现成功。

5. 贪吃蛇移动控制模块的实现

在 Snake 项目中添加源文件 snakeCtrl.c，在 snakeCtrl.c 文件中实现贪吃蛇移动控制模块，贪吃蛇移动控制模块主要控制贪吃蛇上、下、左、右移动寻找食物，当贪吃蛇吃到食物时，食物消失，重新生成一个新的食物，贪吃蛇会变长、得分增加等，该模块涉及很多变量的动态变化，因此是所有模块中逻辑最复杂的。

　　由项目设计可知，贪吃蛇移动控制模块需要实现 snakeMove()函数和 moveRules()函数两个函数。下面分别讲解这两个函数的实现。

（1）snakeMove()函数

　　snakeMove()函数用于控制贪吃蛇上、下、左、右移动寻找食物。其实现思路如下：使用上、下、左、右键控制贪吃蛇移动方向，以向上移动为例，当按向上方向键时，让贪吃蛇横坐标不变，纵坐减 1。使用 if 选择结构语句判断贪吃蛇头与食物坐标是否重合，如果重合，表明贪吃蛇吃到了食物，贪吃蛇长度增加，并调用 posShow()函数将长度增加后的贪吃蛇显示在控制台上，然后调用 createFood()函数重新生成食物。如果贪吃蛇没有吃到食物，就通过坐标变换显示贪吃蛇的移动。

实操微课 9-11：
项目实施-
snakeMove()函数

　　贪吃蛇向下、向左、向右移动的逻辑思路与向上移动类似。snakeMove()函数的具体实现如下。

```
1    /*********************************************
2    *函数名：snakeMove()
3    *返回值：无
4    *功能：贪吃蛇移动方向控制、计算长度变化、得分
5    *********************************************/
6    void   snakeMove()
7    {
8        SNAKE* nextPos = NULL;                    //贪吃蛇移动时，存储蛇头下一个节点
9        nextPos = (SNAKE*)malloc(sizeof(SNAKE));
10       if (direct == UP)
11       {
12           nextPos->x = head->x;                 //横坐标不变
13           nextPos->y = head->y - 1;             //纵坐标减 1 （向上）
14             //吃到食物后，蛇的长度增加
15           if (nextPos->x == food->x && nextPos->y == food->y)
16           {
17               nextPos->next = head;
18               head = nextPos;
19               pHead = head;
20               while (pHead != NULL)             //显示贪吃蛇增减后的长度
21               {
22                   posShow(pHead->x, pHead->y);
23                   printf("■");
24                   pHead = pHead->next;
25               }
26               score = score + factor;           //计算得分
27               createFood();                     //重新产生食物
28           }
29           else                                  //如果没有吃到食物
30           {
31               nextPos->next = head;
32               head = nextPos;
33               pHead = head;
34               while (pHead->next->next != NULL)
```

```
35                        {
36                                posShow(pHead->x, pHead->y);
37                                printf("■");
38                                pHead = pHead->next;
39                        }
40                        posShow(pHead->next->x, pHead->next->y);
41                        printf(" ");
42                        free(pHead->next);                    //释放贪吃蛇节点
43                        pHead->next = NULL;
44                }
45        }
46        if (direct == DOWN)
47        {
48                nextPos->x = head->x;
49                nextPos->y = head->y + 1;
50                if (nextPos->x == food->x && nextPos->y == food->y)
51                {
52                        nextPos->next = head;
53                        head = nextPos;
54                        pHead = head;
55                        while (pHead != NULL)
56                        {
57                                posShow(pHead->x, pHead->y);
58                                printf("■");
59                                pHead = pHead->next;
60                        }
61                        score = score + factor;
62                        createFood();
63                }
64                else
65                {
66                        nextPos->next = head;
67                        head = nextPos;
68                        pHead = head;
69                        while (pHead->next->next != NULL)
70                        {
71                                posShow(pHead->x, pHead->y);
72                                printf("■");
73                                pHead = pHead->next;
74                        }
75                        posShow(pHead->next->x, pHead->next->y);
76                        printf(" ");
77                        free(pHead->next);
78                        pHead->next = NULL;
79                }
80        }
81        if (direct == LEFT)
82        {
```

```
83              nextPos->x = head->x - 2;
84              nextPos->y = head->y;
85              if (nextPos->x == food->x && nextPos->y == food->y)
86              {
87                  nextPos->next = head;
88                  head = nextPos;
89                  pHead = head;
90                  while (pHead != NULL)
91                  {
92                      posShow(pHead->x, pHead->y);
93                      printf("■");
94                      pHead = pHead->next;
95                  }
96                  score = score + factor;
97                  createFood();
98              }
99              else
100             {
101                 nextPos->next = head;
102                 head = nextPos;
103                 pHead = head;
104                 while (pHead->next->next != NULL)
105                 {
106                     posShow(pHead->x, pHead->y);
107                     printf("■");
108                     pHead = pHead->next;
109                 }
110                 posShow(pHead->next->x, pHead->next->y);
111                 printf(" ");
112                 free(pHead->next);
113                 pHead->next = NULL;
114             }
115         }
116     if (direct == RIGHT)
117     {
118             nextPos->x = head->x + 2;
119             nextPos->y = head->y;
120             if (nextPos->x == food->x && nextPos->y == food->y)
121             {
122                 nextPos->next = head;
123                 head = nextPos;
124                 pHead = head;
125                 while (pHead != NULL)
126                 {
127                     posShow(pHead->x, pHead->y);
128                     printf("■");
129                     pHead = pHead->next;
130                 }
131                 score = score + factor;
```

```
132                    createFood();
133                }
134            else
135                {
136                    nextPos->next = head;
137                    head = nextPos;
138                    pHead = head;
139                    while (pHead->next->next != NULL)
140                    {
141                        posShow(pHead->x, pHead->y);
142                        printf("■");
143                        pHead = pHead->next;
144                    }
145                    posShow(pHead->next->x, pHead->next->y);
146                    printf(" ");
147                    free(pHead->next);
148                    pHead->next = NULL;
149                }
150        }
151        posShow(66, 3);
152        printf("得分：%d\n", score);
153    }
```

在 snakeMove() 函数中，第 8 行和第 9 行代码定义了一个贪吃蛇节点，并为其分配空间。第 10 行～第 45 行代码处理贪吃蛇向上移动的情况，如果贪吃蛇向上移动。第 12 行和第 13 行代码节点保持横坐标不变，纵坐标减 1（向上）。第 15 行代码判断贪吃蛇是否吃到食物，判断条件为节点坐标与食物坐标重合，如果吃到食物。第 17 行～第 19 行代码将节点 nextPos 转换为蛇头。第 20 行～第 25 行代码使用一个 while 循环将变长后的贪吃蛇打印出来。第 26 行代码更改游戏得分。第 27 行代码重新生成一个食物。

第 64 行～第 79 行代码处理贪吃蛇没有吃到食物的情况。第 66 行～第 68 行代码将节点 nextPos 转换为蛇头。第 69 行～第 74 行代码使用 while 循环将贪吃蛇打印出来，循环条件为 pHead->next->next != NULL，因此打印出的贪吃蛇长度并未变长。第 75 行～第 78 行代码将最后一个节点使用空白显示，然后释放最后一个节点，使 pHead->next 指向 NULL。

贪吃蛇向下、向左、向右移动时处理方式与向上移动时逻辑相似，这里不再赘述。

snakeMove() 函数用于实现贪吃蛇移动规则，由于贪吃蛇游戏还缺少其他功能，如读取按键等，所以 snakeMove() 函数暂且无法进行效果测试。

（2）moveRules() 函数

moveRules() 函数用于判断控制贪吃蛇的移动。其实现思路如下：Windows API 函数读取用户按下的按键，使用 if…else if…else 选择结构语句判断用户按下的哪个按键，根据按键进行不同处理。用户按下按键之后，经过延迟处理，判断贪吃蛇是否撞墙、是否咬到自己，如果没有撞墙或咬到自己就移动贪吃蛇。

实操微课 9-12：
项目实施-
moveRules()函数

moveRules() 函数具体实现如下。

```
1    /**************************************************
2    *函数名：moveRules()
```

```
3        *返回值：无
4        *功能：贪吃蛇方向（使用系统按键宏定义）、速度控制、规则判断
5        *********************************************************/
6        void moveRules()                              //控制游戏
7        {
8            direct = RIGHT;
9            while (1)
10           {
11               //按向上方向键，且贪吃蛇移动不与向上按键反向
12               if (GetAsyncKeyState(VK_UP) && direct != DOWN)
13                   direct = UP;
14               else if (GetAsyncKeyState(VK_DOWN) && direct != UP)
15                   direct = DOWN;
16               else if (GetAsyncKeyState(VK_LEFT) && direct != RIGHT)
17                   direct = LEFT;
18               else if (GetAsyncKeyState(VK_RIGHT) && direct != LEFT)
19                   direct = RIGHT;
20               else if (GetAsyncKeyState(VK_SPACE))
21                   pause();
22               else if (GetAsyncKeyState(VK_ESCAPE))
23               {
24                   system("cls");
25                   exit(0);
26               }
27               else if (GetAsyncKeyState(VK_F1))
28               {
29                   if (delay >= 50)
30                   {
31                       delay = delay - 30;
32                       factor = factor + 2;
33                       if (delay == 320)
34                       {
35                           factor = 2;
36                       }
37                   }
38               }
39               else if (GetAsyncKeyState(VK_F2))
40               {
41                   if (delay < 350)
42                   {
43                       delay = delay + 30;
44                       factor = factor - 2;
45                       if (delay == 350)
46                       {
47                           factor = 1;
48                       }
49                   }
50               }
51               Sleep(delay);
```

```
52              //游戏规则判断
53              crossWall();
54              biteSelf();
55              moveRules();
56          }
57      }
```

在 moveRules()函数中，第 12 行~第 19 行代码分别判断贪吃蛇移动方向是否符合规则，贪吃蛇向下移动时，按向上方向键无效；贪吃蛇向上移动时，按向下方向键无效；贪吃蛇向右移动时，按向左方向键无效；贪吃蛇向左移动时，按向右方向键无效。

第 20 行和第 21 行代码，如果按空格键，则调用 pause()函数，暂停或继续游戏。

第 22 行~第 26 行代码，如果按 Esc 键，则游戏退出。

第 27 行~第 38 行代码，如果按 F1 键，则缩短贪吃蛇移动的延迟时间，使贪吃蛇加速，并且将食物的分值增加 2。

第 39 行~第 50 行代码，如果按 F2 键，则增加贪吃蛇移动的延迟时间，使贪吃蛇运行速度减慢，并且将食物分值减去 2。

第 53 行和第 54 行代码，判断贪吃蛇是否撞墙或咬到自己。

如果贪吃蛇移动符合所有规则，则游戏正常运行。

moveRules()函数中需要判断贪吃蛇是否撞墙或咬到自己，由于贪吃蛇撞墙或咬到自己的功能尚未实现，所以 moveRules()函数暂且无法进行效果测试。

### 6. 游戏规则设计模块的实现

在 Snake 项目中添加源文件 gameRules.c，在 gameRules.c 文件中实现游戏规则设计模块，该模块主要功能是设计游戏规则，处理贪吃蛇撞墙、咬到自己、游戏暂停等情况。在 gameRules.c 文件中，需要包含 snake.h 头文件，定义并初始化贪吃蛇生命值、分数等变量，具体如下。

```
1    #define _CRT_SECURE_NO_WARNINGS
2    #include "snake.h"
3    int life = 3;
4    int flag = 0;                    //用于返回值，作为状态的判断
5    extern int score;
```

由项目设计可知，gameRules.c 需要实现 4 个函数，下面分别进行讲解。

#### （1）snakeReborn()函数

snakeReborn()函数用于重新生成一条贪吃蛇。当贪吃蛇撞墙、咬到自己时，贪吃蛇会死亡，需要重新生成一条贪吃蛇，其实现思路如下：首先判断贪吃蛇生命值是否为 0，如果贪吃蛇生命值为 0，则退出游戏；如果贪吃蛇生命值不为 0，则重新绘制游戏界面、初始化贪吃蛇开始游戏。

实操微课 9-13：
项目实施-
snakeReborn()函数

snakeReborn()函数具体实现如下。

```
1    /**********************************************
2    *函数名：snakeReborn()
3    *返回值：无
4    *功能：如果贪吃蛇生命值不为 0 且死亡时重新生成贪吃蛇
5    **********************************************/
6    void snakeReborn()
```

```
7      {
8          char ch, key = 0;
9          if (life == 0)
10         {
11             system("cls");
12             posShow(24, 13);
13             printf("贪吃蛇死亡。得分：%d\n", score);
14             exit(0);
15         }
16         if (flag == 1 || flag == 2)
17         {
18             system("cls");
19             createMap();
20             gameTips();
21             initSnake();
22             createFood();
23             moveRules();
24         }
25     }
```

在 snakeReborn()函数中，第 9 行~第 15 行代码，如果贪吃蛇生命值为 0，则游戏结束，在坐标（24，13）处输出贪吃蛇游戏得分，退出游戏。

第 16 行~第 24 行代码，在生命值不为 0 的情况下，如果贪吃蛇撞墙或咬到自己，则调用相应函数绘制地图、初始化贪吃蛇等，重新开始游戏。

snakeReborn()函数用于重新生成一条贪吃蛇，在贪吃蛇撞墙或咬到自己时调用，在 main()函数中无法单独调用测试效果。

（2）crossWall()函数

crossWall()函数用于判断贪吃蛇是否撞墙，其实现思路比较简单，使用 if 选择结构语句判断贪吃蛇的头部坐标是否与 4 个边框的坐标重合，如果重合则表明撞墙。crossWall()函数具体实现如下。

实操微课 9-14:
项目实施-
crossWall()函数

```
1      /******************************************************
2      *函数名：crossWall()
3      *返回值：无
4      *功能：判断贪吃蛇是否撞墙
5      ******************************************************/
6      void crossWall()
7      {
8          //游戏窗口建立时的大小作为活动范围
9          if (head->x == 0 || head->x == 56 || head->y == 0 || head->y == 26)
10         {
11             flag = 1;
12             life--;
13             snakeReborn();
14         }
15     }
```

在 crossWall()函数中，第 9 行代码进行条件判断，head->x = 0 是与左边框相撞，head->x = 56

是与右边框相撞，head->y = 0 是与上边框相撞，head->y = 26 是与下边框相撞。贪吃蛇与任意一条边框相撞，则生命值减 1，flag 标识赋值为 1，表明贪吃蛇撞墙，然后重新生成一条贪吃蛇。

（3）biteSelf()函数

biteSelf()函数用于判断贪吃蛇是否咬到自己。其实现思路如下：使用循环结构语句判断蛇头节点是否与某个蛇身节点重合，如果重合，表明贪吃蛇咬到自己。当贪吃蛇咬到自己时，生命值减 1，然后重新生成一条贪吃蛇。

实操微课 9-15:
项目实施-
biteSelf()函数

biteSelf()函数具体实现如下。

```
1    /*********************************************
2    *函数名：biteSelf()
3    *返回值：2:自身相撞，0：没有撞到自己
4    *功能：判断是否咬到自己
5    *********************************************/
6    int biteSelf()
7    {
8        SNAKE* self;
9        self = head->next;
10       int flag;
11       while (self != NULL)
12       {
13           //遍历链表，判断蛇头节点是否与蛇身节点值相等
14           if (self->x == head->x && self->y == head->y)
15           {
16               life--;
17               flag = 2;
18               snakeReborn();
19               return flag;
20           }
21           self = self->next;
22       }
23       return 0;
24   }
```

在 biteSelf()函数中，第 8 行和第 9 行代码定义了一个 SNAKE 结构体指针 self，并将 self 指向蛇头后面的节点。第 11 行～第 22 行代码通过一个 while 循环遍历蛇身节点，判断蛇头与蛇身节点是否相撞，判断条件是蛇头坐标与蛇身坐标重合，如果重合，表明贪吃蛇咬到自己，则贪吃蛇生命值减 1，flag 标识赋值为 2，然后调用 snakeReborn()函数重新生成一条贪吃蛇。

（4）pause()函数

pause()函数功能是读取空格键来暂停或继续游戏。其实现思路如下：使用一个无限循环结构语句监控读取用户按下的按键，如果用户按空格键，则跳出循环。pause()函数具体实现如下。

实操微课 9-16:
项目实施-
pause()函数

```
1    /*********************************************
2    *函数名：  pause()
3    *返回值：无
4    *功能：第一次按下空格键时暂停游戏，第二次按下时继续游戏
5    *********************************************/
```

```
6    void pause()
7    {
8        while (1)
9        {
10           Sleep(300);
11           if (GetAsyncKeyState(VK_SPACE))    //按键是空格键
12               break;
13       }
14   }
```

pause()函数实现完成之后，贪吃蛇游戏的各个功能模块基本完成，在 main()函数中进行测试，测试代码如下。

```
15   #include <stdio.h>
16   #include <stdlib.h>
17   #include "snake.h"
18
19   int main()
20   {
21       system("cls");            //清屏
22       createMap();              //构建地图
23       gameTips();               //游戏说明
24       initSnake();              //初始化贪吃蛇
25       createFood();             //生成食物
26       moveRules();              //移动贪吃蛇
27       return 0;
28   }
```

上述测试代码运行之后，可以通过方向键控制贪吃蛇移动，截取某个游戏界面，结果如图 9-23 所示。

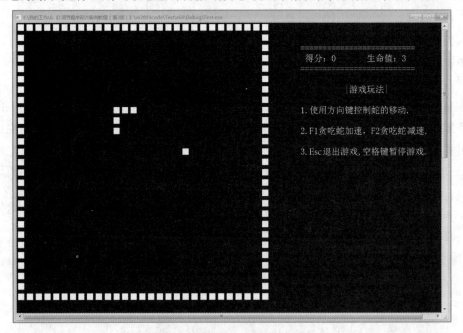

图 9-23　贪吃蛇游戏测试结果

### 7. main()函数实现

贪吃蛇游戏是一个多场景游戏，为使游戏场景显示完全，需要设置游戏界面中的窗口大小。在 main()函数中可以进行界面构建、窗口设置等操作。

main()函数具体实现如下。

实操微课 9-17：
项目实施-main()
函数

```c
1    #define _CRT_SECURE_NO_WARNINGS
2    #include "snake.h"
3    int main()
4    {
5        int ch;
6        system("cls");                       //清空屏幕
7    loop:
8        //设置控制台窗口宽度为100、高度为30
9        system("mode con cols = 100 lines = 30");
10       gameMenu();
11       scanf("%d", &ch);
12       fflush(stdin);
13       switch (ch)
14       {
15       case 1:
16           system("cls");
17           createMap();
18           gameTips();
19           initSnake();
20           createFood();
21           moveRules();
22           break;
23       case 2:
24           exit(0);
25           break;
26       default:
27               printf("\a");            //输入不是1、2、3，发出警告
28               fflush(stdout);          //清空输出缓冲区
29               goto loop;
30       }
31       getchar();
32       return 0;
33   }
```

在 main.c 文件中，第 6 行和第 7 行代码清空屏幕，并为下面的代码作一个标记 loop。第 9 行和第 10 行代码调用 system()函数设置控制台窗口宽度为 100、高度为 30，然后调用 gameMenu()函数显示游戏菜单。

第 11 行代码调用 scanf()函数从键盘读取用户输入。第 13 行～第 50 行代码使用 switch 语句处理用户的输入。第 15 行～第 22 行代码，如果用户输入 1，则调用相应函数绘制地图、初始化贪吃蛇等，开始游戏。第 23 行～第 25 行代码，如果用户输入 2，则退出游戏。第 26 行～第 29 行代码处理其他情况。

至此，贪吃蛇游戏代码部分已经完成。由于前面已经对贪吃蛇功能模块进行了测试，这里不再展示贪吃蛇运行效果，读者可以自行运行测试。

## 项目小结

在实现本项目的过程中，主要为读者讲解了结构体的相关知识。首先讲解了结构体的基础知识，包括结构体类型的定义、结构体变量的定义、结构体变量的初始化、结构体变量的成员访问以及结构体变量的存储方式；然后讲解了结构体的嵌套和结构体数组；最后讲解了结构体类型的数据作为函数参数和 typedef 关键字。通过本项目的学习，读者能够掌握结构体的定义、初始化以及引用方式，为后期学习复杂数据类型的处理提供有力的支持。

## 习题

一、填空题

1. 通过结构体变量访问成员时使用_____运算符。

2. 通过结构体指针访问成员时使用_____运算符。

3. 关键字_____用于给数据类型起别名。

4. 共用体类型使用关键字_____定义。

5. 枚举类型使用关键字_____定义。

6. 第一个枚举值不指定值，则它的默认值为_____。

二、判断题

1. 结构体类型定义完成之后，系统会为结构体类型分配内存。　　　　　　　（　　　）

2. 结构体类型最后的分号可以省略。　　　　　　　　　　　　　　　　　（　　　）

3. 结构体变量的内存大小能够被其最大基本成员大小整除。　　　　　　　（　　　）

4. 嵌套结构体的内存管理不再遵循字节对齐机制。　　　　　　　　　　　（　　　）

5. 共用体变量同一时刻只有一个成员是有效的。　　　　　　　　　　　　（　　　）

6. 枚举类型属于数组。　　　　　　　　　　　　　　　　　　　　　　　（　　　）

三、选择题

1. 关于结构体，下列说法中正确的是（　　　　）。

　　A. 结构体类型使用 struct 关键字定义

　　B. 结构体只能包含基本类型的成员

　　C. 结构体的成员使用()包括起来

　　D. 结构体类型名称可以使用关键字

2. 有如下定义：

```
struct Data
{
    int num;
    char name[20];
    char sex;
```

```
};
```

则 struct Data 所占内存大小为（　　　　）。

    A. 24            B. 25        C. 28        D. 32

3. 请阅读下列程序：

```
struct cmp
{
    int x;
    int y;
}cnum[2] = { 1,3,2,7 };
printf("%d\n", cnum[0].x / cnum[1].y * cnum[1].x);
```

程序的运行结果为（　　　　）。

    A. 0            B. 1         C. 3        D. 6

4. 请阅读下列程序：

```
struct Student
{
    int age;
    char num[8];
};
struct Student stu[3] = {
        {20,"200401"},
        {21,"200402"},
        {19,"200403"}
};
struct Student* p = stu;
```

下列选项中，对结构体变量成员引用，错误的是（　　　　）。

    A. (p++)->num                B. p->num

    C. (*p).num                  D. stu[3].age

5. 关于共用体，下列描述正确的是（　　　　）。

    A. 可以对共用体变量名直接赋值

    B. 一个共用体变量中可以同时存放其所有成员

    C. 一个共用体变量中不可以同时存储其所有成员

    D. 共用体类型定义中不能出现结构体类型的成员

6. 若有如下定义：enum season { spring,summer = 3,autumn,winter };则 winter 的值为（　　　　）。

    A. 0                  B. 1

    C. 4                  D. 5

7. 阅读下列程序：

```
struct Country
{
    int num;
    char name[10];
};
```

```
int main()
{
    struct Country countrys[5] =
                { 1,"China",2,"USA",3,"France",4,"England",5,"Spanish" };
    struct Country* p;
    p = countrys + 2;
    printf("%d,%c", p->num, (*p).name[2]);
    return 0;
}
```

程序运行结果为（　　　）。

A．3，a                                   B．4，g

C．2，U                                   D．5，S

四、简答题

1．请简述结构体变量的内存管理方式。

2．请简述共用体类型的存储特点。

五、编程题

1．请编写程序实现以下功能。

① 从键盘输入 5 位学生一组信息，包括学号、姓名、数学成绩、计算机成绩。

② 计算每位同学的平均分和总分。

③ 按照总分从高到低排序。

2．请编写程序实现以下功能。

① 定义一个结构体类型，成员包括年、月、日。

② 编写一个函数 days()，计算本日是本年中的第几天。

---

📝 提示：

　注意闰年问题。

---

项目

# 俄罗斯方块

PPT：项目 10 俄罗斯方块

PPT

教学设计：项目 10 俄罗斯方块

- 掌握不带参数的宏，能够定义不带参数的宏。
- 掌握宏的取消，能够取消程序中不再使用的宏。
- 掌握带参数的宏，能够定义带参数的宏以实现更复杂的功能。
- 掌握文件包含，能够通过文件包含调用已经定义好的功能程序。
- 掌握条件编译指令的使用，能够使用条件编译指令实现程序的编译简化。
- 了解断言，掌握断言的作用及如何取消断言。

# 项目导入

俄罗斯方块是一款经典的游戏，在游戏过程中可通过不同的方向键控制俄罗斯方块使其变形、移动、加速下落等。当不同形状的俄罗斯方块堆满一行就将该行消除，获得分数。如果俄罗斯方块垂直堆满游戏屏幕，则游戏结束。本项目要求实现一个俄罗斯方块游戏。

实操微课 10-1：
项目导入

鉴于项目具有一定难度，下面带领读者做一个项目需求分析，读者可以根据需求完成项目设计与项目实现。这里对俄罗斯方块游戏进行分析，项目要实现的需求如下。

① 游戏开始时，提示开始游戏，在此基础上按任意键开始游戏。

② 在玩游戏时，俄罗斯方块有 7 种基础形状，如图 10-1 所示。俄罗斯基础形状有 7 种，每种形状可有 3 个旋转方向，因此，俄罗斯方块一共有 21 种变形。

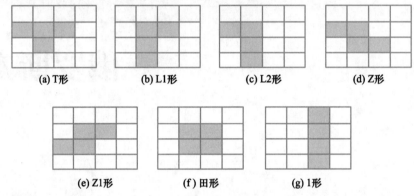

(a) T形　　(b) L1形　　(c) L2形　　(d) Z形

(e) Z1形　　(f) 田形　　(g) 1形

图 10-1　俄罗斯方块 7 种基础形状

③ 在玩游戏时，使用左、右方向键控制俄罗斯方块的移动，使用下方向键加速俄罗斯方块下落，使用上方向键控制俄罗斯方块旋转，使用空格键控制游戏暂停与继续，使用 Esc 键退出游戏。

④ 玩游戏时，俄罗斯方块显示在右侧，左侧显示游戏说明，游戏说明包括俄罗斯方块预览、按键说明、游戏得分等，俄罗斯方块游戏场景示意图如图 10-2 所示。

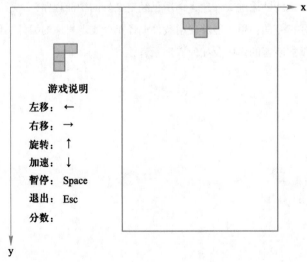

图 10-2　俄罗斯方块游戏场景示意图

⑤ 玩游戏时，俄罗斯方块堆满一行就消除该行，消除一行可得 100 分。

⑥ 游戏过程中，如果俄罗斯方块垂直堆满屏幕，则结束本次游戏，并根据用户输入（y 或 n）决定是否重新开始游戏。

⑦ 游戏结束时，将游戏得分存储到文件中，以供实时查询。

根据上述需求分析，俄罗斯方块游戏过程可以用一个流程图表示，如图 10-3 所示。

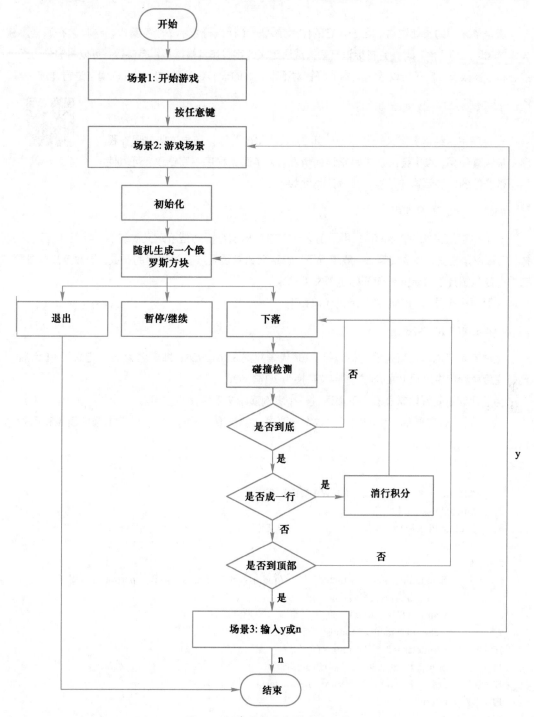

图 10-3　俄罗斯方块游戏流程图

知识准备

## 10.1　宏

宏是最常用的预处理功能之一，它的作用是用一个标识符表示一个字符串，这样，在源程序被编译器处理之前，预处理器会将标识符替换成所定义的字符串。根据是否带参数，可以将宏分为无参数宏和带参数宏。宏还可以取消。本节将针对不带参数的宏、带参数的宏以及取消宏进行详细讲解。

### 10.1.1　不带参数的宏

理论微课 10-1：
不带参数的宏

在程序中，经常会定义一些常量，如 3.14、"ABC" 等，如果这些常量在程序中被频繁使用，难免会出现书写错误的情况。为了避免程序书写错误，可以使用不带参数的宏表示这些常量，其语法格式如下。

#define 标识符 字符串

在上述语法格式中，#define 用于定义一个宏，标识符指的是所定义的宏名，字符串指的是宏体，它可以是常量、表达式等。一般情况下，宏定义语句需要放在源程序的开头，函数定义的外面，它的有效范围是从宏定义语句开始至源文件结束。

下面看一个具体的宏定义，示例代码如下。

#define PI 3.1415926

上述宏定义的作用就是使用标识符 PI 来代表数据 3.1415926，即宏名为 PI。定义了 PI 之后，凡是在后面程序中出现 PI 的地方都会被替换为 3.1415926。

为了让读者更好地掌握宏，下面通过一个案例演示宏的定义与应用。

例 10-1　计算圆的面积和周长。本案例要求从键盘输入圆的半径，计算出圆的面积和周长并输出，案例具体实现如下。

definePI.c

```
1    #define _CRT_SECURE_NO_WARNINGS
2    #include <stdio.h>
3    #define PI 3.1415926                //宏定义
4    int main()
5    {
6        float radius, area, perimeter;        //radius: 半径, area: 面积, perimeter: 周长
7        printf("请输入圆的半径: ");
8        scanf("%f", &radius);
9        area = PI * radius * radius;
10       perimeter = 2 * PI * radius;
11       printf("圆的面积为: %f\n", area);
12       printf("圆的周长为: %f\n", perimeter);
13       return 0;
14   }
```

运行例 10-1，当输入半径为 2.5 时，程序运行结果如图 10-4 所示。

图 10-4 例 10-1 运行结果

在例 10-1 中，第 3 行代码定义了一个宏 PI，其值为 3.1415926。第 9 行和第 10 行代码计算圆的面积和周长时直接使用宏 PI 参与了计算。第 11 行和第 12 行代码输出了圆的面积和周长，由图 10-4 可知，程序成功计算出圆的面积和周长。

在例 10-1 中，第 3 行代码定义了宏 PI 之后，在后面程序中，只要出现 PI 的地方，程序在预处理时都会将 PI 替换为 3.1415926。预处理之后，第 9 行和第 10 行代码如下。

```
area = 3.1415926 * radius * radius;
perimeter = 2 * 3.1415926 * radius;
```

如果程序在计算时，要求修改 PI 的值以使计算结果的精确度更高，那么直接修改宏 PI 的值即可。

 脚下留心：宏定义注意事项

① 宏定义的末尾不能加分号，如果加了分号，将被视为被替换字符串的一部分。由于宏定义只是简单的字符串替换，并不进行语法检查，因此，宏替换的错误要等到系统编译时才能被发现。

例如，有如下宏定义。

```
#define MAX 20;
//...
if(result == MAX)
    printf("equal");
```

经过宏定义替换后，其中的 if 语句如下。

```
if(result == 20;)
```

显然上述语句存在语法错误。

② 如果宏定义中的字符串出现运算符，需要在合适的位置加上括号，如果不添加括号可能会出现错误，例如，有如下宏定义。

```
#define S 3+4
//...
a = S * c;
```

对于表达式 a = S * c，宏定义替换后的代码如下。

```
a = 3 + 4 * c;
```

这样的运行结果显然不符合需求。因此，在定义宏 S 时，应加上小括号，代码如下。

```
#define S (3 + 4)
//...
a = S * c;                      //预处理之后：a = (3 + 4) * c;
```

③ 宏定义允许嵌套，宏定义中的字符串中可以使用已经定义的宏名。示例代码如下。

```
#define PI 3.141592        //定义宏 PI
#define P PI * 5           //使用已经定义的宏 PI 定义另一个宏
printf("%f", P);
```

嵌套定义的宏，在预处理时也会依次替换，宏替换后的代码如下。

```
printf("%f", 3.141592 * 5);
```

④ 宏定义不支持递归，下面的宏定义是错误的。

```
#define MAX MAX+5
```

## 10.1.2　带参数的宏

理论微课 10-2：
带参数的宏

不带参数的宏只能完成一些简单的替换数值操作，如果希望程序在完成替换的过程中，能够进行一些更加灵活的操作，如根据不同的半径计算圆的周长，这时可以使用带参数的宏。定义带参数的宏的语法格式如下。

```
#define 标识符(参数 1，参数 2，…) 字符串
```

和不带参数的宏定义格式相比，带参数的宏定义语法格式中多了一个包含若干参数的括号，括号中的多个参数之间使用逗号分隔。对于带参数的宏定义来说，同样需要使用字符串替换宏名，使用实参替换形参。

下面通过一个案例演示带参数的宏的定义与应用。

例 10-2　计算圆的周长。在本案例中，将计算圆周长的功能定义为一个宏，案例具体实现如下。

definePara.c

```
1    #define _CRT_SECURE_NO_WARNINGS
2    #include <stdio.h>
3    #define PI 3.14                            //定义宏 PI
4    #define COMP_CIR(x)   2 * PI * x           //定义带参数的宏 COMP_CIR
5    int main()
6    {
7        double r;
8        printf("请输入半径：\n");
9        scanf("%lf", &r);
10       printf("圆的周长 = %lf\n", COMP_CIR(r));   //引用宏 COMP_CIR
11       return 0;
12   }
```

运行例 10-2，当输入半径为 2.5 时，程序运行结果如图 10-5 所示。

图 10-5 例 10-2 运行结果

在例 10-2 中，第 3 行代码定义了宏 PI，其值为 3.14。第 4 行代码定义了一个带参数的宏 COMP_CIR，它带一个参数 x，作用是计算半径为 x 的圆的周长。第 10 行代码调用宏 COMP_CIR 计算出半径为 r 的圆的周长，并将周长输出。由图 10-5 可知，当输入半径为 2.5 时，周长为 15.700000。

在例 10-2 中，第 10 行代码在预处理时，由于宏 COMP_CIR 嵌套了宏 PI，程序首先会将宏 PI 替换成 3.14，然后将参数 x 替换成半径 r，替换后的代码如下。

```
printf("圆的周长  = %lf\n", 2 * 3.14 * r);
```

通过上述例子，有的读者可能会认为，带参数的宏和带参数的函数可以实现同样的功能，但两者却有着本质上的不同，具体见表 10-1。

表 10-1 带参数的宏与带参数的函数的区别

| 基本操作 | 带参数的宏定义 | 带参数的函数 |
| --- | --- | --- |
| 处理时间 | 预处理 | 编译、运行时 |
| 参数类型 | 无 | 需定义参数类型 |
| 参数传递 | 不分配内存，无值传递的问题 | 分配内存，将实参值带入形参 |
| 运行速度 | 快 | 相对较慢，因为函数的调用会涉及内存分配、参数传递、压栈、出栈等操作 |

带参宏非常灵活，而且宏在程序预处理时就执行了，相比于函数，宏的"开销"要小一些，因此很多程序员喜欢使用宏代替一些函数的功能。

但是，在使用带参数的宏时，务必要注意参数替换问题，如定义带参宏 ABS，用于计算参数的绝对值，示例代码如下。

```
#define ABS(x) ((x) >= 0 ? (x) : -(x))        //定义宏计算 x 的绝对值
```

上面代码定义了带参数的宏 ABS，用于计算参数 x 的绝对值，宏体是一个条件表达式，如果参数 x>0，就返回 x 本身作为其绝对值，如果 x>0 不成立，就取-x 作为其绝对值。

例 10-3 宏 ABS 本身没有任何问题，例如，定义 double x = 12，传入参数 x，计算结果为 12。但是，当传入++x 时，计算结果会出现错误，具体如下。

abs.c

```
1    #include <stdio.h>
2    #define ABS(x) ((x) >= 0 ? (x) : -(x))        //定义宏计算 x 的绝对值
3    double compAbs(double x)                        //定义函数计算 x 的绝对值
```

```
4     {
5         return x >= 0 ? x : -x;
6     }
7  int main()
8     {
9         double x = 12, y = 12;
10        printf("ABS(++x) = %f\n", ABS(++x));           //宏 ABS 计算++x 的绝对值
11        printf("compAbs(++y) = %f\n", compAbs(++y));   //compAbs()计算++y 绝对值
12        return 0;
13    }
```

例 10-3 运行结果如图 10-6 所示。

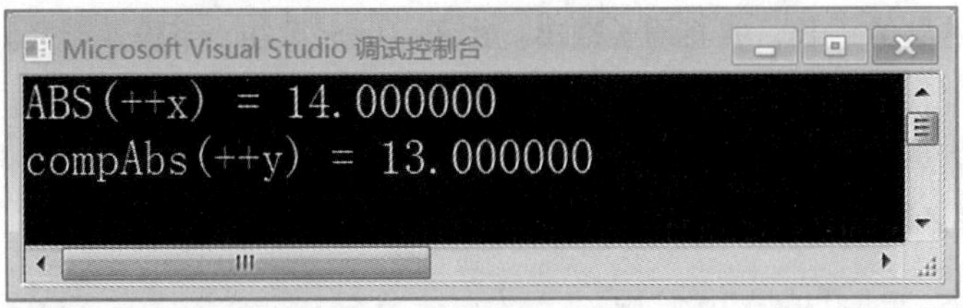

图 10-6　例 10-3 运行结果

在例 10-3 中，第 2 行代码定义了宏 ABS。第 3 行～第 6 行代码定义了 compAbs()函数，宏 ABS 和函数 comAbs()都用于计算绝对值。第 10 行和第 11 行代码，分别调用宏 ABS 和 compAbs()函数计算++x 和++y 的绝对值。从图 10-6 中可以看出，两者计算出的结果不一样。

显然 compAbs()函数计算出的结果 13 才是正确的。这是因为宏 ABS 在预处理时，会将参数进行替换，替换后的表达式如下。

((++x) >= 0 ? (++x) : -(++x)));

在上述代码中，当 x 等于 12 时，首先会被自增为 13，判断 13 >= 0 成立，则取（++x）作为整个表达的结果，再次执行++x 操作，x 的结果变为 14，将 14 返回作为整个表达式的结果，造成计算结果错误。因此，在使用宏代替函数时，一定要注意这样的参数替换问题，避免程序出现错误。

### 10.1.3　取消宏的定义

#undef 指令用于取消宏。在#define 定义了一个宏之后，可以使用#undef 取消该宏，如果预处理器在编译源代码时，发现#undef 指令，那么#undef 后面这个宏就会被取消，无法生效。

理论微课 10-3:
取消宏的定义

#undef 取消宏的语法格式如下。

#undef 宏名称

📖 多学一招：预定义宏

stdio.h 标准库定义了 5 个关于源程序编译信息的宏，利用这些宏可以轻松获得程序运行信息，有助于编程人员进行程序调试。这 5 个预定义宏的名称及含义见表 10-2。

表 10-2　stdio.h 标准库关于源程序编译信息的 5 个预定义宏

| 预定义宏 | 说　明 |
|---|---|
| _DATE_ | 定义源文件编译日期的宏 |
| _FILE_ | 定义源代码文件名的宏 |
| _LINE_ | 定义源代码中行号的宏 |
| _TIME_ | 定义源文件编译时间的宏 |
| _FUNCTION_ | 定义当前所在函数名的宏 |

## 10.2　文件包含

文件包含也是一种预处理语句，它的作用就是将一个源程序文件包含到另外一个源程序文件中。文件包含常用的格式有以下两种。

格式 1：

#include <文件名>

格式 2：

#include "文件名"

理论微课 10-4：
文件包含

上述两种格式都可以实现文件包含，不同的是，格式 1 是标准格式，当使用这种格式时，C 编译系统将在系统指定的路径下搜索尖括号（< >）中的文件。当使用格式 2 时，系统首先会在用户当前工作目录中搜索双引号（""）中的文件，如果找不到，再按系统指定的路径进行搜索。

编写 C 语言程序时，一般使用第 1 种格式包含 C 语言标准库文件，使用第 2 种格式包含自定义的文件。下面通过一个案例演示文件包含的用法。

例 10-4　本案例定义了两个文件：foo.h 和 project.c，在文件 foo.h 中定义了一个宏 NUM，project.c 文件需要引用宏 NUM，则可以在 project.c 文件中包含文件 foo.h，具体实现如下。

foo.h

```
1    #define NUM    100
```

project.c

```
1    #include <stdio.h>              //包含标准库文件 stdio.h
2    #include "foo.h"                //包含自定义文件 foo.h
3    int main()
4    {
5        int num = NUM;
6        printf("引用 foo.h 文件中的宏 NUM 的值：\n");
7        printf("num = %d\n", num);
8        return 0;
9    }
```

例 10-4 运行结果如图 10-7 所示。

图 10-7　例 10-4 运行结果

在例 10-4 中，在 project.c 文件中，第 1 行和第 2 行代码包含了标准库文件 stdio.h 和自定义文件 foo.h。第 5 行代码引用了 foo.h 中定义的宏 NUM。第 6 行代码调用 stdio.h 文件中的 printf() 函数输出了 num 的值。由图 10-7 可知，程序成功获取到 foo.h 中的 NUM 值，并将其输出到控制台。

在预处理中，project.c 文件中的#include 预编译指令将被包含文件的内容插入该预编译指令的位置，代码会被替换成如下形式。

```
//插入 stdio.h 标准库文件内容
#define NUM     15                      //将 foo.h 文件内容插入该位置
int num = 15;                           //将宏 NUM 替换为 15
printf("num = %d\n", num);
```

## 10.3　条件编译

在运行大型程序时，有时出于代码优化的考虑，希望源代码中一部分内容只在指定条件下进行编译。这种只对程序一部分内容指定条件编译的情况称为条件编译。在 C 语言中，条件编译指令有很多种，本节将针对比较常用的 3 种条件编译指令进行讲解。

### 10.3.1　#if#else#endif

#if #else #endif 指令可以根据条件（常量表达式的值）决定某段代码是否执行。通常情况下，#if 指令、#else 指令和#endif 指令结合在一起使用，其语法格式如下。

理论微课 10-5:
#if/#else/#endif
指令

```
#if 常量表达式
    程序段 1
#else
    程序段 2
#endif
```

上述语法格式中，编译器只会编译程序段 1 或者程序段 2。如果常量表达式条件成立，编译器会编译程序段 1，否则编译程序段 2。

#if #else #endif 指令的用法比较简单，下面通过一个案例演示#if#else#endif 指令的使用。

例 10-5　在本案例中，定义 SYSTEM 宏表示系统平台，根据宏 SYSTEM 的值判断使用哪个系统平台，具体案例实现如下。

if_else_endif.c

```
1     #include <stdio.h>
2     //定义宏
```

```
3       #define WIN32   0
4       #define x64              1
5       #define SYSTEM win32
6       int main()
7       {
8       //通过判断宏 SYSTEM 的值，输出程序支持的平台
9       #if SYSTEM == win32
10              printf("使用 Win32 平台\n");
11          #else
12              printf("使用 x64 平台\n");
13          #endif
14          return 0;
15      }
```

例 10-5 运行结果如图 10-8 所示。

图 10-8　例 10-5 运行结果

在例 10-5 中，第 3 行和第 4 行代码定义了两个宏，分别用于表示 Windows 32 位和 Windows 64 位平台。第 5 行代码定义了宏 SYSTEM，其值为 win32。由于定义的宏 SYSTEM 是 32 位，因此，在使用条件编译指令判断 SYSTEM 值时，#if 条件成立，程序输出使用 Win32 平台。

### 10.3.2　#ifdef

理论微课 10-6: #ifdef 指令

在 C 语言中，如果想判断某个宏是否被定义，可以使用#ifdef 指令，通常情况下，该指令需要和#endif 指令一起使用，#ifdef 指令的语法格式如下。

```
#ifdef  宏名
    程序段 1
#else
    程序段 2
#endif
```

在上述语法格式中，#ifdef 指令用于控制单独的一段源码是否需要编译，它的功能类似于一个单独的#if/#endif。

下面通过一个案例演示#ifdef 条件编译指令的应用。

例 **10-6**　调试与运行。在本案例中，程序有两种模式：调试模式和运行模式。如果程序中定义了 DEBUG 宏，则开启调试模式，否则开启运行模式。案例具体实现如下。

ifdef.c

```
1       #include <stdio.h>
2       //定义宏 DEBUG
3       #define DEBUG
```

```
4    int main()
5    {
6    //判断是否定义宏 DEBUG
7    #ifdef DEBUG
8        printf("程序进入调试模式...\n");
9    #else
10        printf("运行程序...\n");
11   #endif
12        return 0;
13   }
```

例 10-6 运行结果如图 10-9 所示。

图 10-9　例 10-6 运行结果

在例 10-6 中，第 3 行代码定义了宏 DEBUG。第 7 行～第 11 行代码使用#ifdef 编译指令判断是否定义了宏 DEBUG，如果定义了，程序就进入调试模式，否则进入运行模式。由图 10-9 可知，程序进入调试模式，这是因为程序中定义了宏 DEBUG。如果注释掉宏 DEBUG 的定义，再次运行程序，程序会进入运行模式。

## 10.3.3 #ifndef

#ifndef 指令的含义与#ifdef 指令相反，它用于判断一个宏是否未被定义，如果指定的宏未被定义，则编译#ifndef 指令下的程序，否则跳过。#ifndef 通常与#else、#endif 结合使用，其语法格式如下。

理论微课 10-7：
#ifndef 指令

```
#ifndef   宏名
      程序段 1
#else
      程序段 2
#endif
```

使用#ifndef 指令判断宏是否未被定义的示例代码如下。

```
#define   DEBUG
#ifndef   DEBUG
    printf("程序进入运行模式...\n");
#else
    printf("程序进入调试模式...\n");
#endif
```

上述代码中，首先定义了宏 DEBUG，然后使用#ifndef 指令判断宏 DEBUG 是否未被定义，如果未被定义，则程序进入运行模式。但由于宏 DEBUG 被定义了，#ifndef 指令下的语句会被跳过，不进行编译，而#else 指令下的语句会被编译，输出"程序进入调试模式..."。如果将宏 DEBUG 的定义语句去掉,则#ifndef 指令下的语句会被编译,从而打印"程序进入运行模式..."。

#ifndef 指令常用于多文件包含中,如果一个项目有多个文件,有的文件会包含其他文件,如果文件重复包含,编译器会报错。例如,在一个项目中编写的头文件 bar1.h、bar2.h 中都包含头文件 foo.h,主函数文件同时包含了 bar1.h 和 bar2.h,那么,foo.h 就被重复包含,此时编译器会报错。文件重复包含可以通过#ifndef 指令解决。下面介绍使用#ifndef 指令解决文件重复包含的问题,具体步骤如下。

## 1. 定义 foo.h 文件

首先定义一个头文件 foo.h,具体如下。

```
struct Foo
{
    int num;
};
```

上述 foo.h 头文件中定义了 struct Foo 结构体类型,它包含一个整型成员变量 num。

## 2. 定义 bar1.h 与 bar1.c 文件

定义头文件 bar1.h,具体如下。

```
#include "foo.h"
void bar1(struct Foo f);
```

头文件 bar1.h 中声明了一个函数 bar1(),它的参数是一个 struct Foo 结构体类型的变量,因此需要在 bar1.h 中包含头文件 foo.h。

bar1()函数的实现在源文件 bar1.c 中,为了简便,将 bar1()函数定义为空函数,则 bar1.c 文件具体实现如下。

```
#include "bar1.h"
void bar1(struct Foo f)
{
}
```

## 3. 定义 bar2.h 和 bar2.c 文件

在 bar2.h 文件中也声明了一个函数 bar2(),它的参数也是一个 struct Foo 结构体类型的变量,bar2.h 文件具体如下。

```
#include "foo.h"
void bar2(struct Foo f);
```

bar2()函数的实现在源文件 bar2.c 中,它也是一个空函数,bar2.c 文件具体如下。

```
#include "bar2.h"
void bar2(struct Foo f)
{
}
```

## 4. 定义 main.c 文件

在 main.c 文件中定义 main()函数,在 main()函数中定义一个 struct Foo 结构体类型的变量 f,并调用 bar1()函数和 bar2()函数,main.c 文件具体如下。

```
1    #include "foo.h"
2    #include "bar1.h"
3    #include "bar2.h"
4    int main()
5    {
6        struct Foo f = { 1 };
7        bar1(f);
8        bar2(f);
9        return 0;
10   }
```

编译程序，Visual Studio 2022 会报错，如图 10-10 所示。

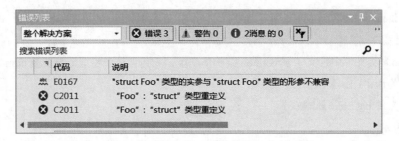

图 10-10 Visual Studio 2022 编译错误

从图 10-10 中可以看出，程序提示 struct Foo 类型重定义错误。这是因为在 main.c 文件中，第 1 行代码使用#include 指令引用了一次 foo.h，该文件中定义了 struct Foo 结构体类型。第 2 行和第 3 行代码引入了 bar1.h 和 bar2.h，bar1.h 和 bar2.h 虽然没有定义 struct Foo 结构体类型，但是这两个头文件都分别引用了 foo.h，因此，经过预处理之后，main.c 文件中的代码如下。

```
struct Foo
{
    int num;
};
struct Foo
{
    int num;
};
void bar1(struct Foo f);
struct Foo
{
    int num;
};
void bar2(struct Foo f);
int main()
{
    struct Foo f = { 1 };
    bar1(f);
    bar2(f);
    return 0;
}
```

这样的 main.c 文件显然不能通过编译。头文件的嵌套导致了 foo.h 最终被多次引用，从而导致 main.c 中多次出现 struct Foo 结构体类型的定义。

5. 使用#ifndef 指令解决重复包含

为了解决上述问题，可以使用#ifndef 指令和#define 指令组合，对 foo.h 文件进行修改，修改后的代码如下。

```
#ifndef _FOO_H_
#define _FOO_H_
struct Foo
{
    int num;
};
#endif
```

上述代码包含了#ifndef 条件编译指令，该指令内部有一条#define 指令，初次编译时由于宏"_FOO_H_"尚未定义，#ifndef 条件成立，调用#define 指令定义_FOO_H_宏，编译 struct Foo 结构体类型。当 foo.h 中的内容被再次编译后，宏_FOO_H_已经被定义了，#ifndef 的条件不成立，内容将被跳过，如此便保证了 struct Foo 结构体类型的定义仅可以被编译一次。利用#ifndef 指令经过预处理后的 main.c 中的代码相当于下列代码。

```
#ifndef _FOO_H_
#define _FOO_H_
struct Foo
{
    int num;
};
#endif
#ifndef _FOO_H_
#define _FOO_H_
struct Foo
{
    int num;
};
#endif
void bar1(struct Foo f);
#ifndef _FOO_H_
#define _FOO_H_
struct Foo
{
    int num;
};
#endif
void bar2(struct Foo f);
int main()
{
    struct Foo f = { 1 };
    bar1(f);
```

```
        bar2(f);
        return 0;
    }
```

此时再编译程序就不会报错了，尽管 struct Foo 结构体类型的定义出现了 3 次，但是因为#ifndef
条件编译指令，struct Foo 结构体类型只会被编译一次。由此可见，当在头文件中嵌套自定义头文
件时，使用#ifndef 可以有效避免重定义错误的发生。

## 10.4　断言

在程序开发过程中，特别是在调试程序时，往往会对某些假设条件进行检查，C 语言提供了断
言来捕获这些假设，以帮助程序员对代码进行快速调试。在 C 语言中，断言是
一个很有用的工具，本节将进行详细介绍。

### 10.4.1　断言的作用

C 语言中的断言使用宏 assert()实现，assert()的声明格式如下。

理论微课 10-8:
断言的作用

```
void assert( int expression );
```

assert()接受一个表达式 expression 作为参数，如果表达式值为真，继续往下执行程序；如果表
达式值为假，assert()会调用 abort()函数终止程序的执行，并提示失败信息。assert()宏定义在 assert.h
库文件中，使用 assert()宏进行断言时，要包含 assert.h 标准库。

下面通过一个案例演示断言的使用。

例 10-7　能不能除零？ 在本案例中，定义一个 func()函数实现除法功能。func()函数的除数不
能为 0，为了检测 func()函数的除数是否为 0，可以使用断言实现。案例具体实现如下。

assert.c

```
1    #define _CRT_SECURE_NO_WARNINGS
2    #include <stdio.h>
3    #include <assert.h>                    //包含 assert.h 标准库文件
4    int func(int a, int b)                 //定义 func()函数
5    {
6        assert(b != 0);                    //断言除数 b 是否为 0
7        return a / b;
8    }
9    int main()
10   {
11       int x, y;
12       printf("请输入两个整数：");
13       scanf("%d%d", &x, &y);
14       int result = func(x, y);           //调用 func()函数
15       printf("两个数相除结果：%d\n", result);
16       return 0;
17   }
```

运行例 10-7，当除数非 0 时，程序的运行结果如图 10-11 所示。

图 10-11  例 10-7 除数非 0 时的运行结果

在例 10-7 中，第 4 行～第 8 行代码定义了 func()函数。第 6 行代码使用 assert()宏断言除数是否为 0。第 14 行代码调用 func()函数计算两个数的除法结果。由图 10-11 可知，当除数非 0 时，程序可以正常计算两个数相除的结果。

当输入的除数为 0 时，断言失败，程序会报错并弹出错误提示框，当除数为 0 时，运行结果与错误提示框分别如图 10-12 和图 10-13 所示。

图 10-12  例 10-7 除数为 0 时的运行结果

图 10-13  例 10-7 除数为 0 时的错误提示框

由图 10-12 可知，当除数为 0 时，程序断言失败，并且提示 main.c 文件中第 6 行出现断言失败。由图 10-13 可知，程序断言失败后，系统调用 abort()函数终止了程序的运行。

使用断言可以有效查找程序错误根源，但是，断言一次只能检测一个条件。如果有多个条件需要检测，则需要多次使用断言，但频繁使用断言会增加程序开销，降低程序的运行效率。此外，断言失败会强制终止程序，不适合嵌入式程序和服务器程序。断言检查只能作为程序调试的辅助条件，不能代替条件检测。

## 10.4.2  取消断言

断言一般用于程序调试中，在程序调试结束后需要取消断言，但如果在程序调试时使用了很多断言，逐条取消比较麻烦，C 语言允许通过宏定义语句

理论微课 10-9：
取消断言

#define NDEBUG 禁用 assesrt()断言。

在程序调试结束后，将#define NDEBUG 宏定义语句插入 assert.h 标准库之前，就可以禁用程序中所有的断言，示例代码如下。

```
#include <stdio.h>
#define NDEBUG                    //取消断言
#include <assert.h>
//……
```

10.4.1 节定义的函数 func()因为增加了断言，调用 func(10,0)时，程序终止，如果在 assert.h 头文件之前添加#define NDEBUG 宏定义语句，断言就会取消。使用 0 作为除数运行程序时，虽然程序会抛出异常并终止，但抛出异常与断言调用 abort()函数终止程序并不一样，并且抛出异常也不显示程序出错的详细信息。

💡注意：

　　#define NDEBUG 宏定义语句必须放在 assert.h 头文件之前，如果放在 assert.h 文件后面，无法取消断言。

 项目设计

对图 10-3 所展示的游戏流程进行分析，在本项目中，俄罗斯方块游戏需要在规定的范围内进行，即游戏界面，在界面中构建坐标系、绘制游戏场景（规定俄罗斯方块移动范围）。在游戏过程中，控制游戏执行、暂停或退出。

由上述分析可知，本项目可划分为窗口构建模块、俄罗斯方块生成模块、游戏规则制定模块 3 个功能模块。每个模块完成不同的功能，俄罗斯方块功能模块划分如图 10-14 所示。

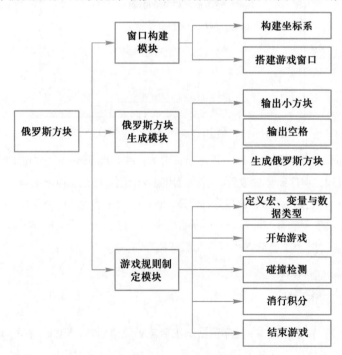

图 10-14　俄罗斯方块功能模块划分

图 10-14 展示了俄罗斯方块游戏所需要实现的功能模块及模块之间的联系，为了让读者能够明确系统中每个功能的具体作用，下面分别介绍这些模块。

（1）窗口构建模块

在该模块中，调用 Windows API 中定义的结构体和函数构建坐标体系，在坐标体系中移动光标、隐藏光标。同时，在坐标系中绘制游戏场景，设置游戏边界，划分游戏区域与游戏说明区域。

（2）俄罗斯方块生成模块

该模块主要功能包括在指定位置输出方块或空格、绘制俄罗斯方块 7 种形状及 21 种旋转状态，随机生成俄罗斯方块。

（3）游戏规则制定模块

该模块定义了程序需要的宏、变量与数据类型。同时，该模块还制定了游戏规则，在俄罗斯方块下落过程中进行碰撞检测，如果俄罗斯方块堆满一行就消行积分。如果俄罗斯方块堆积到顶部就结束本次游戏，根据用户输入（y 或 n）决定是否重新开始游戏。同时，在游戏执行过程中，程序可接受键盘输入，通过判断输入的按键执行不同的操作，如左移、右移、游戏暂停等。

划分项目模块功能之后，根据项目模块功能进行项目设计。项目设计包括数据设计与功能设计两部分，数据设计规定了项目需要定义的变量、宏和数据类型，以及如何组织这些变量、宏与数据类型；功能设计就是函数设计，即声明函数，并明确函数功能。下面分别介绍俄罗斯方块游戏中的数据设计与功能设计。

1. 数据设计

俄罗斯方块项目划分为 3 个模块，下面针对需要定义的数据进行分析。

（1）窗口构建模块

该模块主要是调用 Windows API 构建坐标体系，实现光标的移动与隐藏，

实操微课 10-2：项目设计-数据设计

并且在坐标体系中搭建游戏场景。在坐标系中划分游戏场景，需要定义两个宏标识坐标系的水平方向游戏范围与垂直方向游戏范围，代码如下。

```
#define COORD_X 30          //定义水平方向的游戏范围
#define COORD_Y 29          //定义垂直方向的游戏范围
```

在上述代码中，COORD_X 标识水平方向游戏范围，COORD_Y 标识垂直方向游戏范围。

（2）俄罗斯方块生成模块

该模块主要功能是在指定位置输出小方块或空格，随机生成俄罗斯方块。每个俄罗斯方块由 4 个小方块构成。在设计时，4 个小方块可以使用 4×4 矩阵（二维数组）存储。俄罗斯方块的基础形状有 7 种，可以使用一个大小为 7 的一维数组存储这 7 个基础俄罗斯方块，即一维数组中每个元素是一个二维数组。但是，每个俄罗斯方块有 3 个旋转方向，即 3 个变形状态，一维数组无法满足其旋转要求，因此可以使用一个 7×4 的二维数组存储俄罗斯方块。俄罗斯方块存储设计如图 10-15 所示。

图 10-15 所示为一个 7×4 的二维数组，第 1 列用于存储俄罗斯方块的基础形状，其他 3 列用于存储俄罗斯方块的每个旋转状态。每个俄罗斯方块由 4 个小方块组成，这 4 个小方块使用二

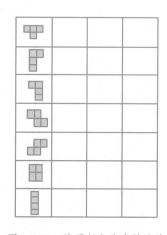

图 10-15 俄罗斯方块存储设计

维数组存储，即二维数组的每个元素也是一个二维数组。

可以定义一个结构体表示俄罗斯方块，结构体成员为一个 4×4 的二维数组，表示一个俄罗斯方块用 4×4 的二维数组存储。定义一个 7×4 的结构体二维数组，存储俄罗斯方块及其变形状态。表示俄罗斯方块的结构体代码如下。

```
typedef struct Tetris              //定义 struct Tetris 结构体类型
{
    int diamonds[4][4];            //diamonds 二维数组，4×4 矩阵
}TETRIS;
TETRIS tetris[7][4];               //7×4 结构体二维数组
```

在上述代码中，TETRIS 是表示俄罗斯方块的结构体，结构体成员 diamonds 是一个 4×4 二维数组，用于存储单个俄罗斯方块，diamonds 元素值为 1 表示小方块，值为 0 表示空。tetris 是存储俄罗斯方块的 7×4 二维数组。

游戏在执行过程中，俄罗斯方块会下落，下落过程中俄罗斯方块可能会碰到两侧墙壁、下边界墙壁或其他俄罗斯方块，下落到底部之后，程序会判断小方块是否堆满一行，如果堆满一行就消行积分。下落的俄罗斯方块也需要变量进行存储，为此，可以定义一个二维数组 blockages，该数组要足够大，覆盖整个游戏区域。根据坐标，将空格、墙壁、小方块存储到 blockages 二维数组中。

在游戏过程中，根据 blockages 数组中的元素状态完成碰撞检测、消行积分等功能，blockages 二维数组的定义如下。

```
int  blockages[COORD_Y][COORD_X + 10];
```

上述代码定义了 blockages[COORD_Y][COORD_X+10]二维数组，其行长度为 29、列长度为 40，该数组覆盖了坐标系内的游戏区域。blockages 二维数组示意图如图 10-16 所示。

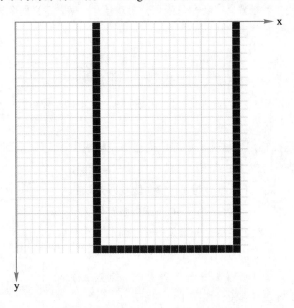

图 10-16　blockages 二维数组示意图

在图 10-16 中，blockages 二维数组每个元素可用一个坐标表示，即 blockages[0][0]用坐标（0，0）表示，如此，blockages 二维数组的行和列大小就与坐标系水平方向和垂直方向的游戏区域大小

相等。blockages 数组元素值为 0 表示存储的空格，元素值为 1 表示存储的小方块，元素值为 2 表示存储的墙壁符号。

在游戏过程中，当俄罗斯方块移动时，假设俄罗斯方块中的某个小方块所在位置是（x，y），通过判断 blockags[x][y]处是否为墙壁或小方块进行碰撞检测。当俄罗斯方块到达底部时，通过判断 blockages 行元素之和是否等于两堵墙壁之间的差值来确定俄罗斯方块是否堆满一行（小方块宏定义值为 1）。

由于 blockages 二维数组存储了空格、小方块、墙壁，因此需要定义空格、小方块、墙壁的宏定义，代码如下。

```
#define WALL 2              //墙壁
#define BLOCK 1             //小方块
#define BLANK 0             //空格
```

（3）游戏规则制定模块

该模块主要制定游戏规则，如开始游戏、碰撞检测、消行积分、结束游戏等。游戏过程中需要通过各种按键完成游戏状态的切换，因此需要定义宏表示按键，代码如下。

```
#define SPACE 32           //空格键
#define UP 72              //上方向键
#define LEFT   75          //左方向键
#define RIGHT 77           //右方向键
#define DOWN 80            //下方向键
#define ESC 27             //退出键
```

此外，该模块还需要定义一些变量，如分数、随机数等，该模块定义的变量如下。

```
int score = 0;             //游戏分数
int ranNum = 0;            //随机数
int pause = 0;             //pause 变量控制游戏状态，0 为执行游戏，1 为暂停游戏
```

### 2. 功能设计

俄罗斯方块游戏包括 3 个模块，每个模块的功能都需要不同的函数实现，有的甚至会有多个函数，根据功能可以初步设计每个模块中的函数。

实操微课 10-3：
项目设计-功能
设计

（1）窗口构建模块

该模块需要实现的功能是在构建的坐标系中移动光标、隐藏光标，并且绘制游戏场景。该模块需要实现的功能函数见表 10-3。

表 10-3　窗口构建模块要实现的功能函数

| 函数声明 | 功能描述 |
| --- | --- |
| void movePos(int x, int y); | 移动光标，并隐藏光标 |
| void drawScene(); | 绘制游戏场景 |

（2）俄罗斯方块生成模块

该模块主要是在指定位置输出小方块或空格，随机生成俄罗斯方块。该模块要实现的功能函数见表 10-4。

表 10-4    俄罗斯方块生成模块要实现的功能函数

| 函数声明 | 功能描述 |
| --- | --- |
| void generateTetris(); | 生成俄罗斯方块 |
| void printBlock(int base, int roCon, int x, int y); | 输出小方块 |
| void printBlank(int base, int roCon, int x, int y); | 输出空格 |

（3）游戏规则制定模块

该模块完成游戏规则的制定，包括开始游戏方式、碰撞检测规则、消行积分规则、退出游戏方式等。该模块要实现的功能函数见表 10-5。

表 10-5    游戏规则制定模块要实现的功能函数

| 函数声明 | 功能描述 |
| --- | --- |
| void startGame(); | 开始游戏 |
| bool collision(int n, int rotate, int x, int y); | 碰撞检测 |
| int eliminate(); | 消行积分 |
| void gameOver(); | 结束游戏 |

## 项目实施

在 Visual Studio 2022 中创建项目 Teris，由于项目模块较多，下面分步骤讲解每个模块的具体实现。

### 1. 窗口构建模块的实现

窗口构建模块用于构建游戏界面，该模块主要是通过 Windows API 中定义的控制台坐标系建立游戏窗口，获取移动坐标点的值并隐藏控制台中的光标。

在 Teris 项目中添加 window.h 和 window.c 文件，用于实现窗口构建模块。在 window.h 文件中定义宏、声明函数等。由项目设计可知，在 window.h 文件中，需要定义横坐标与纵坐标范围，需要声明的函数有 movePos()、drawScene()。window.h 文件具体定义如下。

实操微课 10-4：
项目实施-
window.h 文件
实现

window.h

```
#include <Windows.h>
//#include"rule.h"
#define COORD_X 30
#define COORD_Y 29
//extern score;                    //引用 score 变量
void movePos(int x, int y);       //移动坐标
void drawScene();                 //初始化界面
```

window.h 文件定义完成，需要在 window.c 文件中实现功能函数，下面分别讲解每个功能函数的实现。

（1）movePos()函数

movePos()函数的作用是将光标移动到指定坐标处，并隐藏光标。movePos()

实操微课 10-5：
项目实施-
movePos()函数

函数实现思路如下：调用 Windows API 函数设置光标并隐藏光标。movePos()函数具体实现如下。

```
1    /**********************************************
2    *函数名：movePos()
3    *返回值：无
4    *功能：移动坐标
5    **********************************************/
6    void movePos(int x, int y)            //移动坐标
7    {
8        COORD coord;                //定义 COORD 结构体变量 coord
9        coord.X = x;
10       coord.Y = y;
11       //设置光标位置
12       SetConsoleCursorPosition(GetStdHandle(STD_OUTPUT_HANDLE), coord);
13       //隐藏光标
14       HANDLE hOut = GetStdHandle(STD_OUTPUT_HANDLE);
15       CONSOLE_CURSOR_INFO cursor_info = { 1,0 };
16       SetConsoleCursorInfo(hOut, &cursor_info);
17   }
```

在 movePos()函数实现中，第 8 行代码定义 COORD 类型的结构体变量 coord，用于存储坐标点。COORD 是 Windows API 中定义的结构体类型，用于定义控制台屏幕缓冲区中字符单元格的坐标，其原型如下。

```
typedef struct _COORD {
    SHORT X;
    SHORT Y;
} COORD,*PCOORD;
```

COORD 构建的坐标系原点（0，0）位于缓冲区的左上角。其中，X、Y 分别表示横坐标与纵坐标，它们都是短整型变量，SHORT 是 short 的重定义。

一个 COORD 结构，用于指定新的光标位置（以字符为单位），坐标是屏幕缓冲区字符单元格的行和列，坐标必须位于控制台屏幕缓冲区的边界内。在 movePos()函数中，将参数 x 赋值给了 coord.X，将参数 y 赋值给了 coord.Y。

第 12 行代码调用 SetConsoleCursorPosition()函数设置光标位置。SetConsoleCursorPosition()函数用于设置指定控制台屏幕缓冲区中的光标位置，函数原型如下。

```
BOOL WINAPI SetConsoleCursorPosition(
  _In_ HANDLE hConsoleOutput,
  _In_ COORD dwCursorPosition
);
```

SetConsoleCursorPosition()函数有两个参数，含义分别如下。

● hConsoleOutput：控制台屏幕缓冲区的句柄。

● dwCursorPosition：一个COORD结构，用于指定新的光标位置。

如果函数调用成功则返回非 0 值，否则返回 0。需要注意的是，SetConsoleCursorPosition()函数的第二个参数为 GetStdHandle()函数的返回值，GetStdHandle()函数用于检索指定标准设备的句柄（标准输入、标准输出或标准错误），函数原型如下。

```
HANDLE WINAPI GetStdHandle(
    _In_ DWORD nStdHandle
);
```

GetStdHandle()函数的参数为标准设备，可以是下列值之一。

- STD_INPUT_HANDLE：标准输入设备。
- STD_OUTPUT_HANDLE：标准输出设备。
- STD_ERROR_HANDLE：标准错误设备。

GetStdHandle()函数调用成功，返回指定设备的句柄；函数调用失败，返回 INVALID_HANDLE_VALUE。本项目调用该函数是为了获取控制台（标准输出设备）的句柄，因此返回的是控制台的句柄。

第 14 行代码调用 GetStdHandle()函数获取标准输出设备句柄，赋值给 HANDLE 类型变量 hOut。HANDLE 是 Windows API 中定义的通用资源句柄，其原型是指向任意类型的指针类型，定义如下。

```
typedef void *HANDLE;
```

第 15 行代码定义 CONSOLE_CURSOR_INFO 结构体变量 cursor_info，并对其进行初始化。CONSOLE_CURSOR_INFO 是 Windows API 定义的设置光标属性的结构体，它包含有关控制台光标的信息，其定义如下。

```
typedef struct_CONSOLE_CURSOR_INFO{
    DWORD dwSize;
    BOOL bVisible;
}CONSOLE_CURSOR_INFO, *PCONSOLE_CURSOR_INFO;
```

CONSOLE_CURSOR_INFO 结构体有两个成员，具体如下。

- dwSize：光标填充的字符单元格的百分比。
- bVisible：光标的可见性。bVisible 值为 1 表示光标可见，值为 0 表示光标不可见。

在第 15 行代码中，CONSOLE_CURSOR_INFO 结构体变量 cursor_info 中的成员 bVisible 值为 0，表示光标不可见。

第 16 行代码调用 SetConsoleCursorInfo()函数设置光标不可见。SetConsoleCursorInfo()函数用于设置指定控制台屏幕缓冲区的光标大小和可见性，其原型如下。

```
BOOL WINAPI SetConsoleCursorInfo(
    _In_ HANDLE hConsoleOutput,
    _In_ const CONSOLE_CURSOR_INFO *lpConsoleCursorInfo
);
```

SetConsoleCursorInfo()函数有两个参数，具体如下。

- hConsoleOutput：标准输出设备句柄。
- lpConsoleCursorInfo：指向 CONSOLE_CURSOR_INFO 结构体变量的指针。

函数调用成功，返回非 0 值；函数调用失败，返回 0。

movePos()函数实现完成之后，在 Teris 项目中添加 main.c 文件，在 main.c 文件中定义 main() 函数，在 main()函数中调用 movePos()函数进行测试。测试时，调用 movePos()函数定位光标，在定位处输出一行信息，具体测试代码如下。

```
18    #include <stdio.h>
19    #include <stdlib.h>
```

```
20    #include "window.h"
21    int main()
22    {
23        movePos(2,5);
24        printf("光标定位");
25        return 0;
26    }
```

运行 movePos()函数测试代码，结果如图 10-17 所示。

图 10-17　movePos()函数测试结果

由图 10-17 可知，movePos()函数成功在坐标（2，5）处输出了定位信息，表明 movePos()函数实现成功。

（2）drawScene()函数

drawScene()函数的功能是绘制游戏场景。其实现思路如下：使用循环结构语句遍历 blockages 数组，将指定位置的数组元素设置为墙壁，即在指定位置输出墙壁。在游戏范围外的位置，输出游戏说明。drawScene()函数的具体实现如下。

实操微课 10-6：
项目实施-
drawScene()函数

```
1     /***************************************************
2     *函数名：drawScene()
3     *返回值：无
4     *功能：绘制游戏场景
5     ***************************************************/
6     void drawScene()
7     {
8         for (int i = 0; i < COORD_Y; i++)              //垂直方向遍历
9         {
10            for (int j = 11; j < COORD_X; j++)         //水平方向遍历
11            {
12                if (j == 11 || j == COORD_X-1)         //左右边界位置
13                {
14                    blockages[i][j] = WALL;            //存储墙壁符号
15                    movePos(2 * j, i);                 //移动光标到指定位置
16                    printf("%c", 3);                   //输出墙壁（左右墙壁）
17                }
18                else if (i == COORD_Y-1)               //下边界位置
19                {
20                    blockages[i][j] = WALL;            //存储墙壁符号
21                    movePos(2 * j, i);                 //移动光标位置指定位置
22                    printf("%c", 3);                   //输出墙壁（下边墙壁）
23                }
```

```
24                      else
25                          blockages[i][j] = BLANK;          //存储空格
26                  }
27          }
28          movePos(4, COORD_Y - 20);                         //移动光标到（4, 9）位置
29          printf("※游戏说明※");                            //输出"游戏说明"
30          movePos(4, COORD_Y - 18);                         //移动光标到（4, 11）位置
31          printf("左移：←");
32          movePos(4, COORD_Y - 16);                         //移动光标到（4, 13）位置
33          printf("右移：→");
34          movePos(4, COORD_Y - 14);                         //移动光标到（4, 15）位置
35          printf("旋转：↑");
36          movePos(4, COORD_Y - 12);                         //移动光标到（4, 17）位置
37          printf("加速：↓");
38          movePos(4, COORD_Y - 10);                         //移动光标到（4, 19）位置
39          printf("暂停: SPACE");
40          movePos(4, COORD_Y - 8);                          //移动光标到（4, 21）位置
41          printf("退出: Esc");
42          movePos(4, COORD_Y - 6);                          //移动光标到（4, 23）位置
43          printf("分数：%d", score);
44      }
```

在 drawScene()函数实现过程中，第 8 行～第 27 行代码通过 for 循环嵌套遍历坐标系的垂直方向和水平方向，在适当的位置输出墙壁。第 12 行～第 17 行代码，当 j = 11 或 j = COORD_X-1 时，输出左右墙壁，即左墙壁横坐标为 11，右墙壁的横坐标为 29。同时，将 blockages[i][j]元素值设置为 2，即将墙壁符号存储到 blockages 二维数组的相应位置。

第 18 行～第 23 行代码，当 i = COORD_Y-1 时，输出下边界墙壁，即下边界墙壁的纵坐标位置为 28。同时，将 blockages[i][j]元素值设置为 2，即将墙壁符号存储到 blockages 二维数组的相应位置。第 24 行和第 25 行代码，blockages 二维数组的其他位置存储空格。

第 28 行～第 43 行代码，移动光标到指定位置，输出游戏说明内容，这段代码只是移动光标，没有业务逻辑，不再对代码进行详细分析。

在 drawScene()函数实现中，使用到了 blockages 数组和未定义的分数变量 score，由项目设计可知，blockages 数组在俄罗斯方块生成模块中定义，分数在游戏规则制定模块中定义。由于这两个模块尚未实现，所以 drawScene()函数暂无法测试。

### 2. 俄罗斯方块生成模块的实现

俄罗斯方块生成模块是俄罗斯方块游戏中的核心模块，其功能主要是在指定位置输出方块或空格、绘制俄罗斯方块 7 种形状及 21 种旋转状态，随机生成俄罗斯方块。

在 Teris 项目中添加 generateTetris.h 和 generateTetris.c 文件，用于实现俄罗斯方块生成模块。generateTetris.h 文件用于定义俄罗斯方块结构体、存储俄罗斯方块的数组，以及墙壁、空格、方块等宏。除了定义数据结构，generateTetris.h 文件还需要声明实现模块的功能函数。

generateTetris.h 文件的具体定义如下。

generateTetris.h

实操微课 10-7:
项目实施-
generateTetris.h
文件实现

```
#pragma once
```

```
//#include "rule.h"
#include "window.h"
//宏定义
#define WALL 2
#define BLOCK 1
#define BLANK 0
//定义数据类型
typedef struct Tetris
{
    int diamonds[4][4];
}TETRIS;
TETRIS tetris[7][4];
int blockages[COORD_Y][COORD_X + 10];
//函数声明
void generateTetris();                    //随机生成俄罗斯方块
void printBlock(int base, int rotate, int x, int y);      //输出小方块
void printBlank(int base, int rotate, int x, int y);      //输出空格
```

generateTetris.h 文件定义完成之后，需要在 generateTetris.c 文件中实现功能函数。下面分别讲解俄罗斯方块生成模块中各个函数的实现。

（1）generateTetris()函数

generateTetris()函数的功能是随机生成俄罗斯方块。由项目设计可以知晓俄罗斯方块的存储模式。generateTetris()函数的实现思路如下：使用循环结构语句遍历 tetris[][].diamonds[][]数组，将不同形状的俄罗斯方块存储到数组中。俄罗斯方块存储完毕之后，再使用多重循环嵌套遍历存储俄罗斯方块的四维数组，生成俄罗斯方块的 21 种变形，存储到 tetris[][].diamonds[][]数组中。

实操微课 10-8：项目实施-generateTetris()函数

generateTetris()函数的具体实现如下。

```
1    /**********************************************************
2    *函数名：generateTetris()
3    *返回值：无
4    *功能：随机生成俄罗斯方块
5    **********************************************************/
6    void generateTetris()
7    {
8        int tmp[4][4];              //定义一个临时二维数组，与 diamonds 二维数组大小相同
9        //生成 T 形俄罗斯方块，存储在 tetris[0][0]位置
10       for (int i = 0; i < 3; i++)
11           tetris[0][0].diamonds[1][i] = 1;
12       tetris[0][0].diamonds[2][1] = 1;
13       //生成 L1 形俄罗斯方块，存储在 tetris[1][0]位置
14       for (int i = 1; i < 4; i++)
15           tetris[1][0].diamonds[i][1] = 1;
16       tetris[1][0].diamonds[1][2] = 1;
17       //生成 L2 形俄罗斯方块，存储在 tetris[2][0]位置
18       for (int i = 1; i < 4; i++)
19           tetris[2][0].diamonds[i][2] = 1;
20       tetris[2][0].diamonds[1][1] = 1;
```

```
21          //生成 Z 形与田字形俄罗斯方块
22          for (int i = 0; i < 2; i++)
23          {
24                //生成 Z 形俄罗斯方块，存储在 tetris[3][0]位置
25                tetris[3][0].diamonds[1][i] = 1;
26                tetris[3][0].diamonds[2][i + 1] = 1;
27                //生成 Z1 形俄罗斯方块，存储在 tetris[4][0]位置
28                tetris[4][0].diamonds[1][i + 1] = 1;
29                tetris[4][0].diamonds[2][i] = 1;
30                //生成田字形俄罗斯方块，放在 tetris[5][0]
31                tetris[5][0].diamonds[1][i + 1] = 1;
32                tetris[5][0].diamonds[2][i + 1] = 1;
33          }
34          //生成 l 形俄罗斯方块，存储在 tetris[6][0]位置
35          for (int i = 0; i < 4; i++)
36                tetris[6][0].diamonds[i][2] = 1;
37
38          //四重 for 循环，遍历四维数组，生成俄罗斯方块的 21 种变形，完成俄罗斯方块的旋转
39          for (int i = 0; i < 7; i++)
40          {
41                for (int z = 0; z < 3; z++)
42                {
43                      for (int j = 0; j < 4; j++)
44                      {
45                            for (int k = 0; k < 4; k++)
46                            {
47                                  //将 tetris[][].diamonds[][]中的形状复制到 tmp 二维数组中
48                                  tmp[j][k] = tetris[i][z].diamonds[j][k];
49                            }
50                      }
51                      //再将 tmp 二维数组中的形状转换方向复制到 tetris[][].diamonds[][]中
52                      for (int j = 0; j < 4; j++)
53                      {
54                            for (int k = 0; k < 4; k++)
55                            {
56                      //俄罗斯方块中小方块的位置在 tetris[][].diamonds[][]中发生了变化
57                                  tetris[i][z + 1].diamonds[j][k] = tmp[4 - k - 1][j];
58                            }
59                      }
60                }
61          }
62    }
```

在 generateTetris()函数实现中，第 8 行代码定义了一个 4×4 的二维数组 tmp，用于临时存储俄罗斯方块旋转形态。第 10 行～第 37 行代码用于生成 7 个基础形状的俄罗斯方块。

第 10 行～第 12 行代码生成 T 形俄罗斯方块，其存储位置为 tetris[0][0].diamonds[1][0]、tetris[0][0].diamonds[1][1]、tetris[0][0].diamonds[1][2]、tetris[0][0].diamonds[2][1]。

第 14 行～第 16 行代码生成 L1 形俄罗斯方块，其存储位置为 tetris[1][0].diamonds[1][1]、 tetris[1][0].diamonds[2][1]、tetris[1][0].diamonds[3][1]、tetris[1][0].diamonds[1][2]。

第 18 行～第 20 行代码生成 L2 形俄罗斯方块，其存储位置为 tetris[2][0].diamonds[1][2]、tetris[2][0].diamonds[2][2]、tetris[2][0].diamonds[3][2]、tetris[2][0].diamonds[1][1]。

第 25 行和第 26 行代码生成 Z 形俄罗斯方块，其存储位置为 tetris[3][0].diamonds[1][0]、tetris[3][0].diamonds[1][1]、tetris[3][0].diamonds[2][1]、tetris[3][0].diamonds[2][2]。

第 28 行和第 29 行代码生成 Z1 形俄罗斯方块，其存储位置为 tetris[4][0].diamonds[1][1]、tetris[4][0].diamonds[1][2]、tetris[4][0].diamonds[2][1]、tetris[4][0].diamonds[2][2]。

第 31 行和第 32 行代码生成田字形俄罗斯方块，其存储位置为 tetris[5][0].diamonds[1][1]、tetris[5][0].diamonds[1][2]、tetris[5][0].diamonds[2][1]、tetris[5][0].diamonds[2][2]。

第 35 行和第 36 行代码生成 1 形俄罗斯方块，其存储位置为 tetris[6][0].diamonds[0][2]、tetris[6][0].diamonds[1][2]、tetris[6][0].diamonds[2][2]、tetris[6][0].diamonds[3][2]。

这 7 个基础形状的俄罗斯方块如图 10-1 所示。在结构体数组 tetris 中，这 7 个基础形状的俄罗斯方块全部存储在 tetris 二维数组的第 1 列，如图 10-15 所示。

第 39 行～第 61 行使用四重 for 循环嵌套遍历 tetris[][].diamonds[][]四维数组，完成俄罗斯方块的旋转。在旋转过程中，第 48 行代码将 tetris[][].diamonds[][]数组中的元素复制到 tmp 数组中，即保持原形存储到 tmp 数组中。第 52 行～第 59 行代码将 tmp 数组中的小方块变换位置存储到 tetris[][].diamonds[][]数组中，这样就完成了俄罗斯方块的旋转，旋转之后的俄罗斯方块存储到 tetris[7][4]的后面 3 列。需要注意的是，Z 形俄罗斯方块、Z1 形俄罗斯方块、田字形俄罗斯方块和 1 形俄罗斯方块，外形上看起来虽然没有达到 3 种旋转形状，但这些俄罗斯方块在每一次旋转时，各小方块位置都发生了变化。

generateTetris()函数用于生成俄罗斯方块，它无法将生成的俄罗斯方块输出显示到控制台上，无法对其效果进行测试。

（2）printfBlank()函数

printfBlank()函数功能是在指定位置输出空格，其实现思路比较简单，使用循环嵌套，遍历 tetris[][].diamonds[][]数组，如果指定位置的元素值为 1，则输出空格。printfBlank()函数具体实现如下。

实操微课 10-9：
项目实施-
printfBlank()函数

```
1    /**********************************************
2    *函数名：printBlank()
3    *返回值：无
4    *功能：在指定位置输出空格
5    **********************************************/
6    void printBlank(int base, int rotate, int x, int y)
7    {
8        for (int i = 0; i < 4; i++)
9        {
10           for (int j = 0; j < 4; j++)
11           {
12               movePos(2 * (y + j), x + i);
13               if (tetris[base][rotate].diamonds[i][j] == 1)
14                   printf("  ");
15           }
16       }
```

17      }

printfBlank()函数遍历 tetris[][].diamonds[][]数组，将存储的俄罗斯方块以空格显示。printfBlank()函数是在游戏过程中，当俄罗斯方块移动后，将原来显示小方块的位置全部显示为空格，消除俄罗斯方块的移动轨迹，在 main()函数中无法单独对其进行测试。

实操微课 10-10：
项目实施–
printfBlock()函数

（3）printfBlock()函数

printfBlock()函数功能是在指定位置输出小方块，其实现思路与 printfBlank()函数相似。printfBlock()函数具体实现如下。

```
1    /*****************************************************
2    *函数名：printBlock ()
3    *返回值：无
4    *功能：在指定位置输出小方块
5    *****************************************************/
6    void printBlock(int base, int rotate, int x, int y)
7    {
8        for (int i = 0; i < 4; i++)
9        {
10           for (int j = 0; j < 4; j++)
11           {
12               movePos(2 * (y + j), x + i);
13               if (tetris[base][rotate].diamonds[i][j] == 1)
14                   printf("■");
15           }
16       }
17   }
```

在游戏过程中，当俄罗斯方块移动到新位置时，调用 printfBlock()函数在新位置输出俄罗斯方块。printfBlock()函数与 printfBlank()函数相同，无法单独进行测试。

3. 游戏规则制定模块的实现

游戏规则制定模块的功能主要是制定游戏规则，如碰撞检测、消行积分、俄罗斯方块的移动、游戏暂停继续等。在 Teris 项目中添加 rule.h 和 rule.c 文件用于实现游戏规则制定模块。该模块需要的宏与函数声明在 rule.h 中定义，函数在 rule.c 文件中实现。

由项目设计可知，在 rule.h 文件中，需要定义各种按键的宏，以及进行函数声明。rule.h 文件的具体实现如下。

实操微课 10-11：
项目实施–rule.h
文件实现

rule.h

```
#pragma once
#include <stdbool.h>
#include <stdio.h>
#include <stdbool.h>
#include <Windows.h>
#include <stdlib.h>
#include <conio.h>
#include <time.h>
#include "generateTetris.h"
//各种按键的宏
```

```
#define SPACE 32
#define UP 72
#define LEFT   75
#define RIGHT 77
#define DOWN 80
#define ESC 27
//函数声明
void startGame();                                        //开始游戏
_Bool collision(int n, int rotate, int x, int y);        //碰撞检测
int eliminate();                                         //消除整行
void gameOver();                                         //结束游戏
```

定义 rule.h 文件之后，需要在 rule.c 文件中实现各个功能函数。在实现功能函数之前，需要先包含 rule.h 头文件，以及定义模块需要的相关变量，具体代码如下。

```
1    #define _CRT_SECURE_NO_WARNINGS
2    #include "rule.h"
3    //定义程序需要的变量
4    int score = 0;              //当前分数
5    int ranNum = 0;            //定义随机数
6    int pause = 0;             //定义 pause 变量，控制游戏状态，0 为执行游戏，1 为暂停游戏
```

定义模块需要的变量之后，下面分别对游戏规则制定模块的功能函数实现进行讲解。

（1）startGame()函数

startGame()函数用于启动游戏。其实现思路如下：使用无限循环结构语句生成俄罗斯方块，在俄罗斯方块下移过程中检测是否有键盘输入，如果没有键盘输入，则进行垂直方向的碰撞检测，如果垂直方向没有检测到碰撞，就继续下移；如果垂直方向有碰撞检测，则使用循环嵌套遍历 tetris[][].diamonds[][]数组，判断是否进行消行积分。

实操微课 10-12：
项目实施-
startGame()函数

如果游戏过程中有键盘输入，则使用 switch 选择结构语句判断用户输入的按键，根据不同的按键进行相应的处理。startGame()函数的具体实现如下。

```
1    /***********************************************
2    *函数名：startGame()
3    *返回值：无
4    *功能：开始游戏
5    ***********************************************/
6    void startGame()
7    {
8            int n =0;                              //定义变量 n，标识随机数
9            int delay=0;                           //定义延迟时间，标识俄罗斯方块初始化速度
10           int ch;                                //定义变量 ch，存储键盘输入
11           int x = COORD_X / 2 + 4,y = 0;         //x、y 变量分别表示纵、横坐标
12           int rotate = 0;                        //定义旋转次数
13           printBlank(ranNum, rotate, 4, 4);      //输出空格，在预览区域指定位置
14           n = ranNum;                            //变量 n 被赋值为随机数
15           ranNum = rand() % 7;                   //生成一个 7 以内的随机整数
16           printBlock(ranNum, rotate, 4, 4);      //输出小方块，在预览区域指定位置
```

```
17          //下面的 while 循环是游戏过程
18          while (1)
19          {
20                  printBlock(n, rotate, y, x);           //在指定位置输出小方块
21                  if (delay == 0)                        //变量 delay 控制俄罗斯方块下落速度
22                          delay = 15000;
23                  while (--delay)                        //delay 递减
24                  {
25                          if (pause==1)                  //如果 pause 值为 1，即游戏为暂停状态
26                          {
27                                  ++delay;               //delay 自增，不退出循环，直到有键盘输入
28                          }
29                          if (_kbhit() != 0)             //如果有键盘输入
30                                  break;                 //跳出循环
31                  }
32                  if (delay == 0)                        //delay=0，表示没有键盘输入
33                  {
34                          if (!collision(n, rotate, y + 1, x))   //垂直方向碰撞检测
35                          {
36                                  printBlank(n, rotate, y, x);   //在俄罗斯方块原位置输出空格
37                                  y++;                   //俄罗斯方块向下移动
38                          }
39                          else                           //如果垂直方向有碰撞
40                          {
41                                  //for 循环嵌套遍历 tetris[][].diamonds[][]数组
42                                  for (int i = 0; i < 4; i++)
43                                  {
44                                          for (int j = 0; j < 4; j++)
45                                          {
46                                                  //如果 tetris[n][rotate].diamonds[i][j]元素是小方块
47                                                  if (tetris[n][rotate].diamonds[i][j] ==1)
48                                                  {
49                                                          //将 blockages[y+i][x+j]位置存储为方块
50                                                          blockages[y + i][x + j]= BLOCK;
51                                                          while(eliminate());     //消行积分（可能有多行）
52                                                  }
53                                          }
54                                  }
55                                  return;
56                          }
57                  }
58                  else                           //如果 delay!=0，表明有键盘输入
59                  {
60                          //识别键盘输入
61                          ch= _getch();                  //用字符变量 ch 接收键盘输入
62                          if(pause==0)                   //pause=0，游戏在执行，可以识别所有按键
63                          {
64                                  switch(ch)
65                                  {
```

```
66          case LEFT:      //如果按下 LEFT 键，左边方向进行碰撞检测
67              if (!collision(n, rotate, y, x-1))    //左边没有碰撞
68              {
69                  //在俄罗斯方块原位置输出空格，x--，俄罗斯方块向左移动
70                  printBlank(n, rotate, y, x);
71                  x--;
72              }
73              break;
74          case RIGHT:        //如果按下 RIGHT 键，右边方向进行碰撞检测
75              if (!collision(n, rotate, y, x + 1))
76              {
77                  printBlank(n, rotate, y, x);
78                  x++;
79              }
80              break;
81          case DOWN:         //如果按下 DOWN 键，向下方向进行碰撞检测
82              if (!collision(n, rotate, y + 1, x))
83              {
84                  printBlank(n, rotate, y, x);
85                  y++;
86              }
87              break;
88          case UP:       //如果按下 UP 键，4 个方向都要进行碰撞检测
89              if (!collision(n, (rotate + 1) % 4, y + 1, x))
90              {
91                  //在俄罗斯方块原位置输出空格
92                  printBlank(n, rotate, y, x);
93                  rotate=(rotate+1)%4;
94              }
95              break;
96          }
97          }
98          switch (ch)            //识别空格键与退出键
99          {
100         case ESC:                                  //退出键
101             system("cls");                         //清屏
102             movePos(COORD_X-6, COORD_Y / 2);       //移动光标到（24，14）
103             printf("【退出游戏】\n\n");              //输出退出信息
104             //recordScore();                       //保存分数
105             exit(0);                               //退出
106             break;
107         case  SPACE:                               //空格键
108             //更改 pause 值，转换游戏状态
109             pause = pause == 1 ? 0 : 1;
110             break;
111         }
112     }
113     }
114 }
```

下面对 startGame()函数实现中的核心代码进行讲解。

第 8 行～第 12 行代码，定义了函数需要使用的变量。

第 13 行代码，在预览区输入空格。

第 14 行～第 16 行代码生成随机数，在预览区显示随机生成的俄罗斯方块。

第 20 行～第 113 行代码是一个 while(1)无限循环，游戏过程就在该循环中进行。

第 20 行代码，在游戏场景顶部中间位置输出随机生成的俄罗斯方块。

第 21 行和第 22 行代码，定义变量 delay 的值为 15000，控制俄罗斯方块的初始化速度。

第 23 行～第 31 行代码，在 while(--delay)循环中，判断是否有键盘输入。第 25 行～第 28 行代码如果 pause = 1，表示游戏正处于暂停状态，此时，使用 delay 自增，永远处于循环中，直到有键盘输入。第 29 行和第 30 行代码，_kbhit()函数用于非阻塞地响应键盘输入事件，若有键盘输入，返回非 0 值，否则返回 0。这里，如果有键盘输入则使用 break 跳出循环。

第 32 行～第 57 行代码，如果 delay = 0，表示 while(--delay)循环中没有键盘输入，游戏一直在执行状态，则在 if 条件语句中判断游戏规则。

第 34 行～第 38 行代码在垂直方向进行碰撞检测，如果在垂直方向（y+1）没有碰撞，在俄罗斯方块原位置输出空格，执行 y++，俄罗斯方块向下移动。

第 39 行～第 56 行代码，表示如果在垂直方向有碰撞，进行相应处理。使用 for 循环嵌套遍历 tetris[n][rotate].diamonds[][]数组，如果数组元素为小方块，则将 blockages[y+i][x+j]元素存储为小方块，即俄罗斯方块随机出现的位置显示为方块。由于垂直方向上有碰撞，调用 eliminate()函数消行积分，使用 while(eliminate())进行消行积分，由于一次可能有多行需要消除，因此使用 while 循环进行消行。

第 58 行～第 111 行代码，对键盘输入进行识别。

第 61 行代码使用变量 ch 接受键盘输入。第 62 行代码如果 pause = 0，表示游戏在执行状态，游戏执行状态可以识别定义的所有按键。

第 66 行～第 72 行代码，如果按下 LEFT 键，通过 if 语句判断向左是否有碰撞，如果没有碰撞，在俄罗斯方块原位置输出空格，执行 x--，俄罗斯方块向左移动。

第 74 行～第 80 行代码，如果按下 RIGHT 键，通过 if 语句判断向右是否有碰撞，如果没有碰撞，在俄罗斯方块原位置输出空格，执行 x++，俄罗斯方块向右移动。

第 81 行～第 87 行代码，如果按下 DOWN 键，通过 if 语句判断向下是否有碰撞，如果没有碰撞，在俄罗斯方块原位置输出空格，执行 y++，俄罗斯方块向下移动。

第 88 行～第 95 行代码，如果按下 UP 键，要完成俄罗斯方块的旋转，俄罗斯方块旋转时，旋转方向可能是 4 个方向中的任何一个，结合图 10-15，rotate 表示的是 tetris 二维数组的列索引，rotate 可取值 0、1、2、3，如果多次按下 UP 键，则 rotate 的取值又会重复取值 0、1、2、3，因此 collision()函数的第 2 个参数为(rotate+1)%4。如果俄罗斯方块旋转时 4 个方向都没有碰撞，则在俄罗斯方块原位置输出空格，执行 rotate = (rotate+1)%4，使 rotate 记录俄罗斯方块旋转次数。

第 98 行～第 111 行代码，识别 Esc 按键和空格键，游戏暂停时（pause = 1）只能识别这两个按键。如果按下 Esc 键，就执行清屏操作，移动光标到指定位置，输出退出游戏提示信息。如果按下空格键，pause 变量取反，使游戏继续。

startGame()函数中调用了尚未实现的碰撞检测等函数，暂无法进行测试。

（2）collision()函数

collision()函数功能是完成碰撞检测。其实现思路如下：函数通过 for 循环嵌

实操微课 10-13：
项目实施-
collision()函数

套遍历 tetris[n][rotate].diamonds[][]数组，如果该数组 tetris[n][rotate].diamonds[i][j]位置存储了小方块，并且 blockages[x+i][y+j]位置存储了墙壁或小方块，则表示俄罗斯方块与其他物体（墙壁或小方块）发生了碰撞，返回 1。如果 for 循环嵌套结束，函数调用还未返回，表示没有碰撞，返回 0。

collision()函数的具体实现如下。

```
1    /**************************************************
2    *函数名：collision()
3    *返回值：布尔类型，有碰撞返回 1，没有碰撞返回 0
4    *功能：碰撞检测
5    **************************************************/
6    bool collision(int n, int rotate, int x, int y)
7    {
8        //for 循环嵌套遍历 tetris[n][rotate].diamonds[][]数组
9        for (int i = 0; i < 4; i++)
10       {
11           for (int j = 0; j < 4; j++)
12           {
13               if (tetris[n][rotate].diamonds[i][j] == 0)
14                   continue;        //如果该位置是空格，就继续下一次循环遍历
15               else if (blockages[x + i][y + j] == WALL || blockages[x + i]
16                   [y + j] == BLOCK)
17                   return 1;        //表示有碰撞，返回 1
18           }
19       }
20       return 0;    //for 循环嵌套结束，函数没有返回，表明没有碰撞，返回 0
21   }
```

（3）eliminate()函数

eliminate()函数用于消行积分，其实现思路如下：将 blockages 二维数组的每行元素值相加，判断其结果是否达到 19（左右两边墙壁水平坐标差值），以此确定该行是否是一行完整的小方块，如果是，则消除该行，得分 100。

实操微课 10-14：
项目实施-
eliminate()函数

eliminate()函数具体实现如下。

```
1    /**************************************************
2    *函数名：eliminate ()
3    *返回值：int 类型，消除一行，返回 1，否则返回 0
4    *功能：消行积分
5    **************************************************/
6    int eliminate()
7    {
8        int i, j, k, sum;
9        for (i = COORD_Y - 2; i > 4; i--)
10       {
11           sum = 0;
12           for (j = 11; j < COORD_X - 1; j++)
13           {
14               sum += blockages[i][j];        //将 blockages 数组一行的值相加，赋值给 sum
15           }
```

```
16          if (sum == 0)                    //如果 sum 等于 0，该行没有小方块，break 退出循环
17              break;
18          if (sum == COORD_X - 11)  //如果 sum=COORD_X-11，该行是一整行方块
19          {
20              score += 100;                    //每消掉一行，分数加 100
21              movePos(4, COORD_Y - 6);         //定位光标在（4, 23）位置处
22              printf("分数：%d", score);        //输出分数
23              //在消除的行原位置输出空格
24              for (j = 12; j < COORD_X - 1; j++)
25              {
26                  blockages[i][j] = BLANK;      //blockages[i][j]值为 0
27                  movePos(2 * j, i);            //定位光标
28                  printf(" ");                  //输出空格
29              }
30              //将消除行上面的方块向下移动
31              for (j = i; j > 12; j--)
32              {
33                  sum = 0;
34                  for (k = 12; k < COORD_X - 1; k++)
35                  {
36                      //将 blockages 数组中，上、下两个元素值之和赋值给 sum
37                      sum += blockages[j - 1][k] + blockages[j][k];
38                      //将上一个元素向下移动
39                      blockages[j][k] = blockages[j - 1][k];
40                      if (blockages[j][k] == BLANK)   //如果移动下来的元素是空格
41                      {
42                          movePos(2 * k, j);          //移动光标到指定位置
43                          printf(" ");                //输出空格
44                      }
45                      else                            //如果不是空格
46                      {
47                          movePos(2 * k, j);          //移动光标到指定位置
48                          printf("■");               //输出小方块
49                      }
50                  }
51                  if (sum == 0)      //如果循环结束，sum 仍为 0，表明上一行没有方块
52                      return 1;      //返回 1
53              }
54          }
55      }
56      gameOver();           //循环结束，没有消除行，则俄罗斯方块会累积到游戏结束
57      return 0;             //返回 0
58  }
```

下面讲解 eliminate()函数实现的核心代码。

第 9 行代码固定垂直方向的遍历范围。

第 12 行~第 15 行代码，使用 for 循环将 blockages 二维数组中的每一行元素相加。

第 16 行和第 17 行代码，如果 sum 值为 0，则表明该行没有小方块。

第 18 行～第 53 行代码，如果 sum 值等于 19，即该行已经堆满一行小方块，则进行相应处理。

第 20 行～第 22 行代码，使 score 加 100，将光标移动到指定位置输出得分。

第 24 行～第 29 行代码，在消除行的原位置上输出空格，同时将 blockages 二维数组的值赋值为 BLANK。

第 31 行～第 50 行代码，消除行之后，将上面的行向下移动。

第 33 行代码，将 sum 变量的值重新赋值为 0。

第 37 行～第 39 行代码，将消除的行与上一行上、下两个 blockages 元素值相加赋值给 sum 变量，并将上一行元素向下移动。

第 40 行～第 44 行代码，如果上一行移动下来的元素为空格，则将光标移动到相应位置输出空格。

第 45 行～第 49 行代码，如果上一行移动下来的元素不是空格，则将光标移动到相应位置输出小方块。

第 51 行和第 52 行代码，如果上面的循环结束，sum 值仍为 0，表示上面一行没有小方块，是空行，则返回 1。

第 56 行代码，表示如果第 9 行开始的 for 循环结束，函数调用还未返回，表明整个过程没有消行积分，循环结束，俄罗斯方块就堆积到了顶部，调用 gameOver() 函数结束游戏。

（4）gameOver() 函数

实操微课 10-15：
项目实施-
gameOver() 函数

gameOver() 函数功能是结束本次游戏。其实现思路如下：使用循环语句循环游戏横坐标范围，判断最顶部是否有小方块，如果最顶部有小方块，表明游戏结束。游戏结束时，使用循环结构语句让用户输入提示信息，是否开始新一局游戏。

gameOver() 函数具体实现如下。

```
1    /*****************************************************
2    *函数名：gameOver()
3    *返回值：无
4    *功能：结束本次游戏
5    *****************************************************/
6    void gameOver()
7    {
8        for (int i = 11; i < COORD_X - 1; i++)
9        {
10           if (blockages[1][i] == BLOCK)          //如果最顶部是小方块，表明游戏结束
11           {
12               char n;
13               Sleep(2000);                          //休眠
14               system("cls");                        //清屏
15               movePos(2 * (COORD_X / 3), COORD_Y / 2);    //移动光标
16               printf(" 【游戏结束】 \n");              //输出结束提示
17               do
18               {
19                   movePos(2 * (COORD_X / 3), COORD_Y / 2 + 2);    //移动光标
20                   printf(" 【是否重新开始游戏(y/n):】  ");    //输出游戏提示
21                   scanf_s("%c", &n);                    //读取用户输入
22                   movePos(2 * (COORD_X / 3), COORD_Y / 2 + 4);    //移动光标
```

```
23                              //判断用户输入
24                              if (n != 'n' && n != 'N' && n != 'y' && n != 'Y')
25                                      printf("输入错误，请重新输入!");
26                              else
27                                      break;
28                      } while (1);
29                      if (n == 'n' || n == 'N')        //如果输入 n 或 N，退出游戏
30                      {
31                              movePos(2 * (COORD_X / 3), COORD_Y / 2 + 4);
32                              printf("按任意键退出游戏！ ");
33                              exit(0);
34                      }
35                      else if (n == 'y' || n == 'Y')   //如果输入 y 或 Y，重新开始游戏
36                              main();
37              }
38      }
39  }
```

下面讲解 gameOver()函数的核心代码。

第 8 行代码，通过 for 循环确定俄罗斯方块水平方向的遍历范围。

第 10 行代码，blockages[1][i] = BLOCK 表示游戏场景顶部有小方块，这表明本次游戏结束。

第 12 行～第 16 行代码，定义字符变量 n 用于接受键盘输入，调用 Sleep()函数使程序休眠，将光标移动到指定位置，输出游戏结束提示信息。

第 17 行～第 37 行代码，通过 do…while 循环提示用户输入 n/N 或 y/Y 字符。如果输入的是 n 或 N，则退出游戏。如果输入的是 y 或 Y，则调用 main()函数重新开始游戏。

### 4. main()实现

前面已经完成了俄罗斯方块项目中所有功能模块的编写，但是功能模块是无法独立运行的，需要在 main()函数中将这些功能模块按照项目的逻辑思路整合起来，这样才能完成一个完整的项目。

实操微课 10-16：
项目实施-main()
函数

在 main()函数中绘制游戏界面，生成俄罗斯方块，使用一个无限循环开启游戏。main()函数具体实现如下。

```
1   #include "rule.h"
2   extern score, ranNum;                          //引入 score、ranNum 变量
3   int main()
4   {
5       system("cls");                             //清屏
6       system("title 俄罗斯方块");                 //设置窗口标题
7       system("mode con cols = 60 lines = 30");   //设置窗口宽度和高度
8       movePos(COORD_X-6, COORD_Y/2);             //移动光标到（24，14）位置
9       printf(" 【开始游戏】\n\n");                 //输出开始游戏提示信息
10      getchar();                                 //按 Enter 键开始游戏
11      system("cls");                             //清屏
12      srand(time(NULL));                         //设置时间为随机数种子
13      ranNum = rand() % 7;                       //生成一个小于 7 的随机数
14      score = 0;                                 //设置当前分数为 0
15      drawScene();                               //绘制游戏场景
```

```
16          generateTetris();                        //生成俄罗斯方块
17          while (1)                                 //while(1)无限循环
18          {
19              startGame();                          //开始游戏
20          }
21          return 0;
22      }
```

在 main()函数中，第 5 行～第 7 行代码实现清屏，设置窗口标题与窗口大小。第 8 行～第 9 行代码，移动光标到指定位置，输出开始游戏提示信息。第 10 行和第 11 行代码接受键盘输入开始游戏，开始游戏时实现清屏。第 12 行～第 16 行代码，设置系统时间为随机数种子生成一个小于 7 的随机数，并调用 drawScene()函数绘制游戏场景，调用 generateTetris()函数生成一个俄罗斯方块。第 17 行～第 20 行代码在 while(1)无限循环中调用 startGame()函数开始游戏，直到用户退出游戏。

至此，俄罗斯方块项目已经全部完成。

由于俄罗斯方块功能模块相互调用，无法单独对某个模块进行测试，main()实现完成之后，将各个功能模块结合起来，完成整个游戏，可以运行程序进行测试。需要注意的是，在运行程序时，各个模块需要相互包含头文件，引用其他模块定义的变量等。

下面运行程序，分别展示游戏过程中不同阶段的效果。

（1）场景 1：开始游戏

程序开始运行时，首先会进入场景 1：显示"【开始游戏】"提示信息。开始游戏场景如图 10-18 所示。

图 10-18　开始游戏

（2）场景 2：进入游戏

当用户在如图 10-18 所示的场景 1 中单击任意键时，进入场景 2，游戏开始。游戏开始时，左侧是游戏说明，右侧是俄罗斯方块移动范围，随机生成的俄罗斯方块在（0，19）坐标处，得分初始为 0。进入游戏场景如图 10-19 所示。

（3）场景 3：游戏进行中

游戏进行过程中，用户可以通过左、右方向键控制俄罗斯方块向左、向右移动，通过下方向键加快俄罗斯方块下落的速度，通过上方向键使俄罗斯方块发生旋转，通过空格键使游戏暂停/继续。当俄罗斯方块堆满一行则消行积分，游戏得分会实时显示在窗口中，如图 10-20 所示。

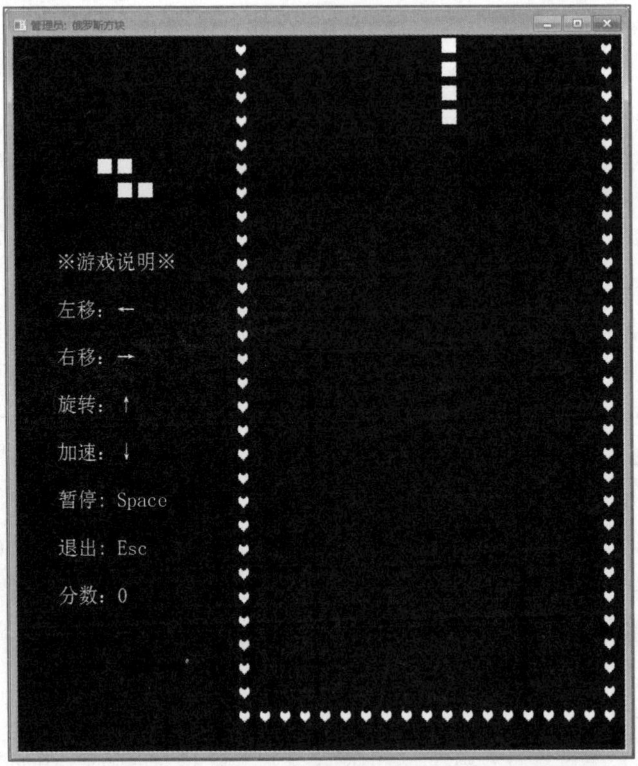

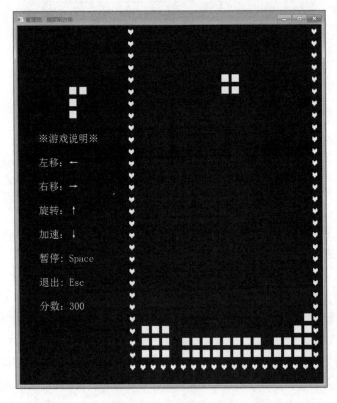

图 10-19　进入游戏

图 10-20　游戏进行中

（4）场景 4：游戏失败

俄罗斯方块没有完成消行积分，堆积到顶部时，游戏失败。俄罗斯方块堆积到顶部如图 10-21 所示。

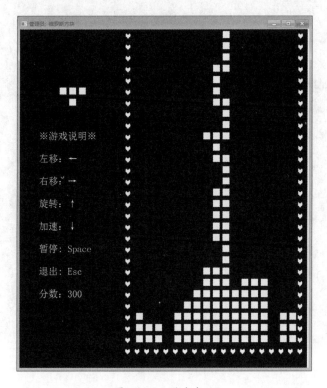

图 10-21　游戏失败

图 10-21 所示的界面会稍微停留，之后就进入场景 3：提示用户输入 y/n，如图 10-22 所示。

图 10-22　提示用户输入 y/n

在其中输入 y，则重新开始游戏，输入 n，则游戏结束，游戏结束界面如图 10-23 所示。

图 10-23　游戏结束

在图 10-23 界面按任意键可退出游戏。除了游戏失败可结束退出游戏之外，还可以在游戏进行中按 Esc 键直接退出游戏。

## 项目小结

在实现本项目的过程中，主要为读者讲解了预处理相关知识。首先讲解了宏，包括不带参数的宏、带参数的宏、取消宏的定义。然后讲解了文件包含和条件编译；最后讲解了断言。掌握程序预处理方式和断言，可以极大地优化程序代码，对编写大型项目非常有帮助。

## 习题

一、填空题

1. 取消宏定义，使用_____指令。

2. 文件包含使用_____指令。

3. C 语言中的断言使用_____宏实现。

4. C 语言中取消断言的语句为_____。

5. 条件编译指令包括#if#else#endif、_____、#ifndef 这 3 种格式。

二、判断题

1. 宏定义语句后需要加分号。　　　　　　　　　　　　　　　　　　（　　）

2. 宏定义支持递归。　　　　　　　　　　　　　　　　　　　　　　（　　）

3. 带参数的宏可以完全替代函数使用。　　　　　　　　　　　　　　（　　）

4. 自定义的文件，只能使用#include ""形式包含。　　　　　　　　　（　　）

5. 频繁使用 assert()断言，会降低程序运行效率。　　　　　　　　　（　　）

6. C 语言对宏的处理是在程序链接阶段执行的。　　　　　　　　　　（　　）

三、选择题

1. 在程序中使用#include "文件名"，其含义为（　　　）。

　　A. 将"文件名"所指的该文件的全部内容，复制插入到此命令行处

　　B. 指定标准输入输出

　　C. 宏定义一个函数

　　D. 条件编译说明

2. 关于宏的替换，下列说法中错误的是（　　　）。

　　A. 宏替换不占用运行时间

　　B. 宏名无类型

　　C. 宏替换只是字符串替换

　　D. 宏替换是在程序运行时进行的

3. 请阅读下列代码：

```
#define f(x,y) x+y
int a = 2, b = 3;
printf("%d\n", f(a, b) * f(a, b));
```

运行程序，其结果为（　　　）。

　　A. 36　　　　　　　　　　　　　　B. 25

　　C. 11　　　　　　　　　　　　　　D. 13

4. 文件包含指令#include <文件名>，文件的查找方式为（　　　）。

　　A. 在当前目录查找，查找不到就报错

　　B. 在系统指定的目录下查找，查找不到就报错

　　C. 先按系统指定的目录查找，再按当前目录查找

　　D. 先按当前目录查找，再按系统指定的目录查找

5. 请阅读下列程序：

```
#define SQR(X) X*X
int a = 10, k = 2, m = 1;
a /= SQR(k + m) / SQR(k + m);
printf("%d\n", a);
```

运行程序，其执行结果为（　　　）。

　　A. 10　　　　　　　　　　　　　　B. 9

　　C. 1　　　　　　　　　　　　　　D. 0

6. 下列选项中，（　　　）是正确的预处理指令。

  A. define PI 3.14159     B. define P(a,b) strcpy(a,b)

  C. #define stdio.h      D. #define PI 3.14159

7. 下列选项中，(  )不是条件编译指令。

  A. #if#else#endif      B. include""

  C. #ifdef          D. #ifndef

四、简答题

1. 请简述带参数的宏与函数的区别。

2. 请简述文件包含的两种形式及它们的区别。

五、编程题

1. 定义一个带参的宏，求两个整数的余数，通过宏调用，输出计算的结果。

2. 请编写程序实现以下功能：随机输入 3 个数，如果没有定义宏 MAX，则输出最小的数，否则输出最大的数。

# 项目 11
## 英汉电子词典

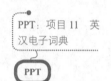

PPT：项目 11　英汉电子词典

教学设计：项目 11 英汉电子词典

- 了解计算机中文件相关概念，了解流的概念、文件的概念、文件的分类、文件指针与文件位置指针的概念。
- 掌握文件的打开与关闭，能够调用 fopen() 函数与 fclose() 函数打开与关闭文件。
- 掌握文件的单字符读写，能够调用 fgetc() 与 fputc() 函数实现文件的单字符读写。
- 掌握文件的单行读写，能够调用 fgets() 与 fputs() 函数实现文件的单行读写。
- 掌握文件的二进制读写，能够调用 fread() 与 fwrite() 函数实现文件的二进制方式读写。
- 掌握文件的格式化读写，能够调用 fscanf() 与 fprintf() 函数实现文件的格式化读写。
- 掌握文件定位，能够通过文件定位实现文件的随机读写。

对于一台计算机而言，最基本的功能就是存储数据。一般情况下，数据在计算机上都是以文件形式存放的。在程序中也经常需要对文件进行操作，如打开一个文件，向文件写入内容，关闭一个文件等。本项目将针对 C 语言中的文件操作进行详细讲解。

## 项目导入

词典是人们经常使用的工具，它的分类也很多，如汉语词典、专业词典、综合性词典等。学习计算机编程语言需要掌握一定的英文，本项目要求编写程序完成一个英汉电子词典，其功能是用户可以从指定词典中查找单词的中文翻译，如果词典收录了要查找的单词，则显示该单词对应的中文翻译，如果词典未收录要查找的单词，则提示"词典没有收录该单词"。英汉电子词典项目的效果如图 11-1 所示。

实操微课 11-1：
项目导入

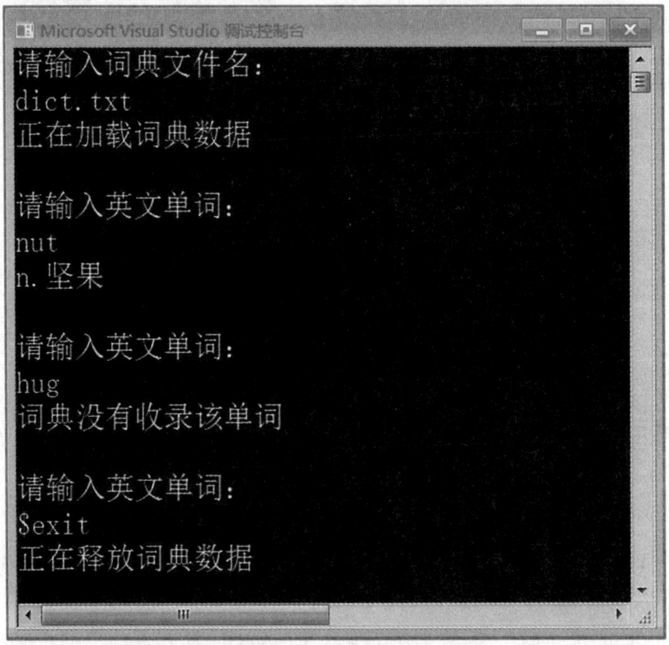

图 11-1　英汉电子词典效果图

在图 11-1 中，首先会提示用户输入词典的文件名，输入词典文件名之后，系统会提示加载词典。如果词典加载成功，提示用户输入要查询的英文单词。要结束查询，可以输入$exit 退出词典。

## 知识准备

## 11.1 文件概述

如果计算机只能处理内存中的数据，则程序的适用范围和多样性就会受到相当大的限制，这是因为计算机中的数据大多是以文件的形式存储的，程序需要具备文件处理能力。对于文件，用户并不陌生，一个 Word 文档、一首音乐、一个 Excel 表格、使用 C 语言编写的程序等都是文件。本节将针对文件的相关概念进行详细讲解。

### 11.1.1 计算机中的流

大多数应用程序都需要实现与设备之间的数据传输，如键盘可以输入数据、显示器可以显示程序的运行结果等，C 语言将这种通过不同输入/输出设备（键盘、内存、显示器、网络等）之间的数据传输抽象表述为"流"。流实际上就是一个字节序列，输入程序的字节序列被称为输入流，从程序输出的字节序列被称为输出流。为了方便读者更好地理解流的概念，可以将输入流和输出流看成两根"水管"，如图 11-2 所示。

理论微课 11-1：
计算机中的流

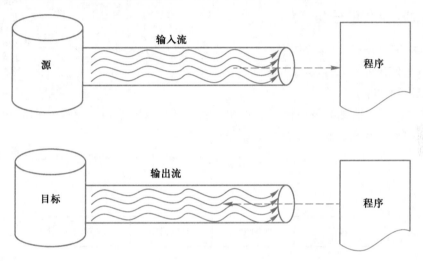

图 11-2　输入流和输出流

在图 11-2 中，输入流被看成一个输入管道，输出流被看成一个输出管道，数据通过输入流从源设备输入到程序，通过输出流从程序输出到目标设备，从而实现数据的传输。

根据流中传输的数据形式，可以将流细分为文本流和二进制流。文本流中传输的是一系列字符，在读写过程中可以被修改。二进制流中传输的是一系列字节，在读写过程中无法被修改。

为了方便程序引用，C 语言预定义了 3 个流，类似于预定义宏。这 3 个预定义流分别如下。

● 标准输入流：stdin，全称为 standard input，对应键盘上的输入。
● 标准输出流：stdout，全称为 standard output，控制台上的正常输出。
● 标准错误输出流：stderr，全称为 standard error，控制台上的错误输出。

这 3 个预定义流都是在 stdio.h 头文件中预定义的，程序只要包含这个头文件，在程序开始执行时，这些流将自动被打开，程序结束后，自动关闭，不需要做任何初始化准备。

### 11.1.2 文件的概念

文件一般指存储在外部介质上数据的集合。操作系统是以文件为单位对数据进行管理的，如果想找存放在外部介质上的数据，必须先按文件名找到指定的文件，然后从文件中读取数据。

理论微课 11-2：
文件的概念

每一个文件都有唯一的文件标识，以便用户识别和引用。文件标识包括 3 部分，分别为文件路径、文件名主干和文件后缀，具体如图 11-3 所示。

D: \itcast\chapter10\Example01.txt

文件路径    文件名主干    文件后缀

图 11-3    文件标识

从图 11-3 中可以看出，有一个名为 Examle01 的文件，其文件类型是 TXT，该文件存储在 D:\itcast\chapter10\路径下。

文件名主干的命名规则通常遵循标识符的命名规则，其文件后缀标识文件的性质，一般不超过 3 个字母，如 txt、doc、jpg、c、exe 等。

### 11.1.3  文件的分类

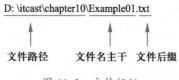

理论微课 11-3：文件的分类

根据数据的组织形式，数据文件可分为文本文件和二进制文件。下面将针对这两种文件的存储形式进行详细讲解。

#### 1.  二进制文件

在内存中，以二进制形式存储的数据，如果不加转换地输出到外存，就是二进制文件。可以认为二进制文件就是存储在内存的数据的映像，所以也称为映像文件。

例如，有整数 100000，如果用二进制形式输出到磁盘，那么在磁盘上的存放形式如图 11-4 所示。

100000

| 00000000 | 00000001 | 10000110 | 10100000 |
|----------|----------|----------|----------|

图 11-4    二进制存放形式

从图 11-4 中可以看出，整数 100000 被转换成二进制数 00000000 00000001 10000110 10100000 并存放到磁盘上。以二进制形式输出数值，可以节省外存空间（仅需 4 个字节）和转换时间（把内存中的数据直接映射到磁盘上），但存放的内容不够直观，需要转换才能看到存放的内容。

#### 2.  文本文件

文本文件又称为 ASCII 文件，每一个字节放一个字符的 ASCII 码。例如，有整数 100000，如果用文本形式输出到磁盘上，它会将 100000 解读为'1'、'0'、'0'、'0'、'0'、'0'这 6 个字符，将这 6 个字符的 ASCII 码存储在磁盘上。100000 在磁盘上的存储形式如图 11-5 所示。

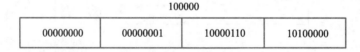

| '1'(49) | '0'(48) | '0'(48) | '0'(48) | '0'(48) | '0'(48) |
|---------|---------|---------|---------|---------|---------|
| 00110001 | 00110000 | 00110000 | 00110000 | 00110000 | 00110000 |

图 11-5    文本文件存放形式

从图 11-5 中可以看出，整数 100000 以 ASCII 码形式存储在磁盘上。在输出文本文件内容时，字节与字符一一对应，一个字节代表一个字符，因而便于对字符进行逐个处理，也便于输出字符，但文本文件一般占存储空间较多（需占 6 个字节），而且要花费转换时间（二进制形式与 ASCII 码间的转换）。

从上面的两个例子可以看出二进制文件和文本文件的优劣。综合来说，如果希望加载文件和生成文件的速度较快，并且生成的文件较小，应该用二进制文件保存数据；如果希望生成的文件无需经过任何转换就可看到其内容，应该用文本文件保存数据。

### 11.1.4 文件指针

在 C 语言中，文件的所有操作都必须依靠文件指针完成。要想对文件进行读写操作，首先必须将文件与文件指针建立联系，然后通过文件指针操作相应的文件。

理论微课 11-4:
文件指针

文件指针的定义格式如下。

FILE *变量名;

在上述格式中，FILE 是由系统声明的结构体，用于保存文件相关信息，如文件名、文件位置、文件大小、文件状态等。不同的系统环境或不同编译器环境下 FILE 结构体的定义略有差异。下面是标准 C 语言的 FILE 结构体定义。

```
typedef struct {
    short level;                  //缓冲区满或空的程度
    unsigned flags;               //文件状态标志
    char fd;                      //文件描述符
    unsigned char hold;           //若无缓冲区不读取字符
    short bsize;                  //缓冲区大小
    unsigned char *buffer;        //数据传送缓冲区位置
    unsigned char *curp;          //当前读写位置
    unsigned istemp;              //临时文件指示
    short token;                  //无效检测
}FILE;                            //结构体类型名 FILE
```

当定义一个文件指针时，系统根据 FILE 结构体分配一段内存空间作为文件信息区，用于存储要读写文件的相应信息。例如，定义文件指针 fp，示例代码如下。

FILE * fp;

上述代码定义了文件指针 fp，它指向文件信息区，但此时，fp 尚未关联任何文件，因此文件信息区未保存任何文件信息。

文件指针通过 fopen()函数关联文件，fopen()函数用于打开文件，示例代码如下。

fp=fopen("a.txt");

在上述代码中，通过 fopen()函数将文件指针 fp 与 a.txt 文件关联起来，a.txt 文件的信息（文件名、文件大小、文件位置、文件状态等）就会保存到 fp 指向的文件信息区，通过文件指针 fp 就可以操作 a.txt 文件。文件指针 fp、文件信息区、a.txt 文件的关系如图 11-6 所示。

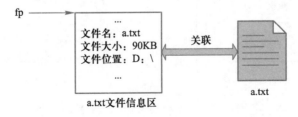

图 11-6 文件指针 fp、文件信息区、a.txt 文件的关系

fopen()函数将在 11.2.1 节详细讲解，这里读者只需要知道，文件指针与文件进行关联是通过
fopen()函数实现即可。

一个文件指针变量只能指向一个文件，不能指向多个文件，也就是说，如果有 $n$ 个文件，应定
义 $n$ 个文件指针变量，将其分别关联不同的文件，如图 11-7 所示。

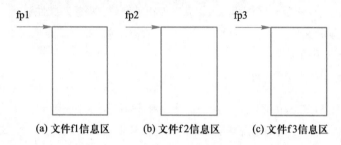

(a) 文件f1信息区　　　(b) 文件f2信息区　　　(c) 文件f3信息区

图 11-7　多个文件指针变量指向不同的文件

从图 11-7 可以看出，文件指针变量 fp1、fp2、fp3 分别指向了文件 f1、f2 和 f3 的信息区。为
方便起见，通常将这种关联文件的指针变量称为指向文件的指针变量，或简称为文件指针。

### 11.1.5　文件位置指针

理论微课 11-5:
文件位置指针

将一个文件与文件指针进行关联之后，即打开了文件，系统会为每个文件
设置一个位置指针，用来标识当前文件的读写位置，这个指针称为文件位置指针。
文件位置指针是真正指向文件的指针。

一般在文件打开时，文件位置指针指向文件开头，如图 11-8 所示。

如图 11-8 所示的文件中存储的数据为"Hello,world"，文件位置指针指向文件开头，此时，对
文件进行读取操作，读取的是文件的第 1 个字符 'H'。读取完成后，文件位置指针会自动向后移
动一个位置，再次执行读取操作，将读取文件中的第 2 个字符 'e'，以此类推，一直读取到文件结
束，此时位置指针指向最后一个字符'a'之后，如图 11-9 所示。

图 11-8　文件位置指针指向文件开头

图 11-9　文件读取完毕

由图 11-9 可知，当文件读取完毕时，文件位置指针指向最后一个数据之后，这个位置称为文
件末尾，用 EOF 标识，EOF 是英文"end of file"的缩写，被称为文件结束符。EOF 是一个宏定义，

其值为-1，定义在 stdio.h 头文件中，通常表示不能再从流中获取数据。

　　向文件中写入数据与从文件中读取数据相同，每写完一个单位数据后，文件的位置指针自动按顺序向后移动一个位置，直到数据写入完毕，文件位置指针指向最后一个数据之后，即文件末尾。

　　有时，在向文件中写入数据时，希望在文件末尾追加数据，而不是覆盖原有数据，可以将文件位置指针移至文件末尾再进行写入。

## 11.2　文件的打开与关闭

　　文件最基本的操作就是打开和关闭，在对文件进行读写之前，需要先打开文件，读写结束之后，要及时关闭文件，以释放文件所占用的资源。C 语言提供了 fopen()函数与 fclose()函数用于打开和关闭文件，本节将针对这两个函数进行详细讲解。

### 11.2.1　fopen()

理论微课 11-6:
fopen()

　　fopen()函数用于打开文件，函数声明如下。

```
FILE* fopen(const char* filename,const char* mode);
```

　　在上述函数声明中，返回值类型 FILE*表示该函数返回值为文件指针类型；参数 filename 用于指定文件的绝对路径，即包含路径名和文件的扩展名；参数 mode 用于指定文件的打开模式。

　　文件打开模式是指以哪种形式打开文件，如只读模式、只写模式。文件打开模式见表 11-1。

表 11-1　文件打开模式

| 打开模式 | 名　　称 | 描　　述 |
|---|---|---|
| r/rb | 只读模式 | 打开一个文本文件/二进制文件，只允许读取数据。当文件不存在时，打开失败，返回 NULL |
| w/wb | 只写模式 | 创建一个文本文件/二进制文件，只允许写入数据。如果文件已存在，则覆盖旧文件 |
| a/ab | 追加模式 | 打开一个文本文件/二进制文件，只允许在文件末尾添加数据。如果文件不存在，则创建新文件 |
| r+/rb+ | 读取/更新模式 | 打开一个文本文件/二进制文件，允许进行读和写入操作。当文件不存在时，打开失败，返回 NULL |
| w+/wb+ | 写入/更新模式 | 创建一个文本文件/二进制文件，允许进行读取和写入操作。如果文件已存在，则重写文件 |
| a+/ab+ | 追加/更新模式 | 打开一个文本文件/二进制文件，允许进行读取和追加操作。如果文件不存在，则创建新文件 |

　　文件正常打开时，fopen()函数返回该文件的文件指针；文件打开失败，该函数返回 NULL。fopen()函数的调用示例代码如下。

```
FILE * fp;
fp = fopen("D:\\test.txt", "r");
```

　　在上述代码中，首先定义了一个文件指针 fp，然后调用 fopen()函数打开文件，即将文件与指针 fp 关联起来，由 fopen()函数的参数可知，该函数以只读模式打开了 D:\test.txt 文件，表示只能读取文件 D:\test.txt 中的内容而不能向文件中写入数据。

📖 注意：

　　mode 参数为 char*类型，在实际开发过程中必须使用字符串的形式，如果将字符串 "r" 写成字符 'r' 就会使程序出现错误。

## 11.2.2　fclose()

理论微课 11-7：
fclose()

　　打开文件之后可以对文件进行相应操作，文件操作结束后要关闭文件。关闭文件是释放缓冲区和其他资源的过程，不关闭文件会耗费系统资源。

　　C 语言提供了 fclose()函数用于关闭文件，fclose()函数声明如下。

```
int fclose(FILE* fp);
```

　　在上述函数声明中，返回值类型 int 表示该函数返回值为整型，如果成功关闭文件就返回 0，否则返回 EOF。参数 fp 表示打开文件时返回的文件指针，即要关闭的文件。

　　为了让读者更好地掌握 fopen()函数与 fclose()函数，下面通过一个案例演示 fopen()函数与 fclose()函数的使用。

　　例 11-1　在本案例中，调用 fopen()函数项目根目录下的 hello.txt，文件打开之后再调用 fclose() 函数关闭文件，案例具体实现如下。

open_close.c

```
1    #define _CRT_SECURE_NO_WARNINGS
2    #include <stdio.h>
3    #include <stdlib.h>
4    int main()
5    {
6        FILE* fp;                           //定义文件指针
7        fp = fopen("hello.txt", "r");       //以只读模式打开文件
8        if (fp == NULL)                     //如果文件打开失败，输出提示信息
9        {
10           printf("无法打开 hello.txt\n");
11           exit(0);                        //退出程序
12       }
13       printf("文件打开成功\n");
14       fclose(fp);                         //关闭当前文件
15       printf("文件关闭成功\n");
16       return 0;
17   }
```

　　例 11-1 的运行结果如图 11-10 所示。

图 11-10　例 11-1 运行结果（1）

在例 11-1 中，第 6 行代码定义了一个文件指针 fp。第 7 行代码调用 fopen() 函数打开项目根目录下的 hello.txt 文件，打开模式为只读模式。第 8 行～第 12 行代码，为保证文件打开正确，使用一个 if 条件语句判断 fp 指针是否为空，如果为空表示文件打开失败，则输出错误信息，退出程序。

如果文件打开成功，则第 13 行代码输出提示信息。第 14 行代码调用 fclose() 函数关闭文件。第 15 行代码输出关闭成功的提示信息。由图 11-10 可知，程序成功打开了 hello.txt 文件，并成功关闭了 hello.txt 文件。

---

💡 **注意：**

在项目根目录下要创建 hello.txt 文件，如果项目根目录下不存在 hello.txt 文件，则文件打开失败，程序会输出第 10 行的提示信息。删除项目根目录下的 hello.txt，再次运行例 11-1 程序，则程序运行结果如图 11-11 所示。

图 11-11　例 11-1 运行结果（2）

---

## 11.3 文件读写

文件操作其实就是对文件进行读写，即通过流在文件和内存之间传递数据。流分为文本流和二进制流，那么文件的读写方式也就分为两种，一种是以文本形式进行读写，另一种是以二进制形式进行读写。针对文件的读写，C 语言提供了多种读写函数以实现不同方式的读写，本节将针对文件的读写进行详细讲解。

### 11.3.1　单字符读写文件

单字符读写文件是指每次读写文件时，只读写一个字符。针对单字符读写文件，C 语言提供了 fgetc() 函数和 fputc() 函数。下面分别对这两个函数进行讲解。

理论微课 11-8：单字符读写文件

**1. fgetc() 函数**

fgetc() 函数可以从文件中读取数据，每次读取一个字符。fgetc() 函数声明如下。

```
char fgetc(FILE* fp);
```

由 fgetc() 函数声明可知，fgetc() 函数有一个文件指针类型的参数，返回值类型为 char。函数功能是从文件 fp 中读取一个字符并返回。

为了让读者更好地掌握 fgetc() 函数，下面通过一个案例演示 fgetc() 函数的使用。

例 **11-2**　在本案例中，打开 D:\test.txt 文件，读取 D:\test.txt 中的内容并输出。D:\test.txt 文件内容如图 11-12 所示。

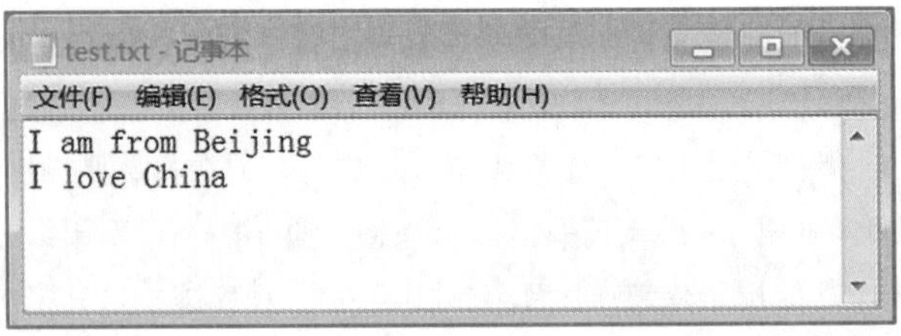

图 11-12　D:\test.txt 文件内容（1）

案例具体实现如下。

fgetc.c

```
1    #define _CRT_SECURE_NO_WARNINGS
2    #include <stdio.h>
3    #include <stdlib.h>
4    int main()
5    {
6        FILE* fp;                                //定义文件指针变量
7        fp = fopen("D:\\test.txt", "r");         //打开文件，若文件不存在则创建文件
8        if (fp == NULL)                          //如果文件打开失败，打印提示信息
9        {
10           printf("文件打开失败\n");
11           exit(0);                             //退出程序
12       }
13       char ch = fgetc(fp);                     //调用 fgetc()函数读取文件内容
14       while (ch != EOF)                        //循环读取，判断条件是文件未读取到末尾
15       {
16           printf("%c", ch);                    //每读取一个字符就输出
17           ch = fgetc(fp);                      //输出之后，再次读取
18       }
19       fclose(fp);                              //关闭文件
20       return 0;
21   }
```

例 11-2 的运行结果如图 11-13 所示。

图 11-13　例 11-2 的运行结果

在例 11-2 中，第 6 行～第 12 行代码定义了文件指针 fp，调用 fopen()函数，以只读模式打开 D 盘下的 test.txt 文件，并通过 if 语句判断文件打开是否成功。第 13 行代码调用 fgetc()函数从文件中读取一个字符并赋值给字符型变量 ch。第 14 行～第 18 行代码使用 while 循环结构语句判断 ch 是否为文件末尾，如果 ch 不是文件末尾，则输出 ch 的值，再次调用 fopen()函数从文件中读取一个字

符，进行下一次循环。第 19 行代码调用 fclose() 函数关闭文件。

由图 11-13 可知，程序成功读取了 D 盘下 test.txt 文件内容。

### 2. fputc() 函数

fputc() 函数可以向文件中写入数据，每次写入一个字符。fputc() 函数声明如下。

```
int fputc(char ch, FILE* fp);
```

由 fputc() 函数声明可知，fputc() 函数有两个参数，第 1 个参数 ch 表示要写入文件的字符，第 2 个参数 fp 表示要写入数据的文件。fputc() 函数写入成功，则返回写入的字符的 ASCII 码值。

为了让读者更好地掌握 fputc() 函数，下面通过一个案例演示 fputc() 函数的使用。

**例 11-3** 在本案例中，打开 D:\test.txt 文件，其内容如图 11-12 所示。调用 fputc() 函数向 D:\test.txt 文件写入一些数据，写入之后，调用 fgetc() 函数读取 D:\test.txt 文件内容。案例具体实现如下。

fputc.c

```
1    #define _CRT_SECURE_NO_WARNINGS
2    #include <stdio.h>
3    #include <stdlib.h>
4    int main()
5    {
6        FILE* fp1;                              //定义文件指针变量
7        fp1 = fopen("D:\\test.txt", "w");       //以写入模式打开文件
8        if (fp1 == NULL)                        //如果文件打开失败，打印提示信息
9        {
10           printf("文件打开失败\n");
11           exit(0);                            //退出程序
12       }
13       char arr[1024] = { 0 };                 //定义一个字符数组存储要写入文件的数据
14       int i = 0;
15       printf("请输入要写入的数据（英文字符):\n");
16       scanf("%s", arr);
17       while (arr[i] != '\0')                  //遍历字符数组中的每一个字符
18       {
19           fputc(arr[i], fp1);                 //将字符写入文件中
20           i++;                                //将字符数组的下标后移一位
21       }
22       fclose(fp1);                            //关闭文件
23       printf("读取文件内容: \n");
24       FILE* fp2 = fopen("D:\\test.txt", "r"); //再次打开文件
25       char ch = fgetc(fp2);                   //读取文件
26       while (ch != EOF)                       //循环读取
27       {
28           printf("%c", ch);
29           ch = fgetc(fp2);
30       }
31       printf("\n");
32       fclose(fp2);
33       return 0;
34   }
```

运行例 11-3 的程序，在控制台输入要写入文件的数据，则运行结果如图 11-14 所示。

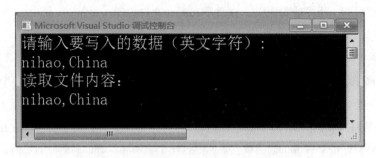

图 11-14　例 11-3 运行结果

在例 11-3 中，第 6 行～第 12 行代码定义了文件指针，并调用 fopen() 函数打开 D:\test.txt 文件。第 13 行代码定义了字符类型的字符数组 arr，用于存储要写入文件的数据。第 16 行代码调用 scanf() 函数从控制台读取用户输入的数据，存储到数组 arr 中。

第 17 行～第 21 行代码，使用 while 循环结构语句遍历字符数组 arr 中的字符，每遍历一个字符就调用 fputc() 函数将其写入文件。第 22 行代码调用 fclose() 函数关闭文件。

第 24 行～第 32 行代码，重新打开文件，调用 fgetc() 函数读取 D:\test.txt 文件中的内容。由图 11-14 可知，读取的文件内容与写入的文件内容相同，表明调用 fputc() 函数成功将用户输入的数据写入 D:\test.txt 文件。

打开 D:\test.txt 文件，其内容如图 11-15 所示。

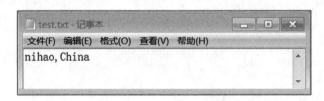

图 11-15　D:\test.txt 文件内容（2）

由图 11-15 可知，D:\test.txt 文件已经更改为用户输入的数据。

## 11.3.2　字符串读写文件

理论微课 11-9：
字符串读写文件

11.3.1 节学习的 fgetc() 函数与 fputc() 函数，一次只能读写一个字符，如果文件数据量较大，逐个字符读取的效率太低。为了解决这个问题，C 语言允许以字符串的形式读写文件，即每次读写一个字符串，并提供了 fgets() 函数和 fputs() 函数实现字符串读写文件。下面分别对这两个函数进行讲解。

### 1. fgets() 函数

fgets() 函数可以从文件中读取指定长度的字符串，其函数声明如下。

```
char * fgets(char * buf, int maxCount, FILE * file);
```

由上述函数声明可知，fgets() 函数有 3 个参数，第 1 个参数 buf 用于存储从文件中读取的字符串；第 2 个参数 maxCount 指定读取的字符串的长度，最多读取 maxCount-1 个长度的字符；第 3 个参数 file 指定要读取的文件。

　　fgets()函数的返回值为 char*类型，如果 fgets()函数调用成功，则返回 buf 的首地址，如果 fgets()函数调用失败，则返回 NULL。

　　fgets()函数在读取字符串时，如果当前行不足 maxCount-1 个字符，则读完该行就结束。如果该行（包括最后一个换行符）的字符长度超过 maxCount-1，则 fgets()函数只读取 maxCount-1 个字符，但下次调用 fgets()函数时，fgets()函数会继续读取该行。

　　为了让读者更好地掌握 fgets()函数，下面通过一个案例演示 fgets()函数的调用。

　　**例 11-4**　在本案例中，在 D 盘下新建 fgets.txt 文本文件，写入一段数据，具体如图 11-16 所示。

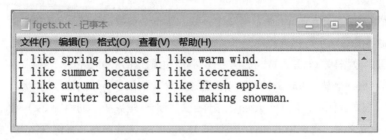

图 11-16　D:\fgets.txt 文件内容

要求调用 fgets()函数读取 D:\fgets.txt 文件内容并输出显示，案例具体实现如下。

fgets.c

```
1    #define _CRT_SECURE_NO_WARNINGS
2    #include <stdio.h>
3    #include <stdlib.h>
4    int main()
5    {
6        FILE* fp;                        //声明文件指针
7        char buf[100];                   //定义字符数组，存储从文件中读取的数据
8        fp = fopen("D:\\fgets.txt", "r");
9        while (!feof(fp))                //判断文件指针是否已指向文件末尾
10       {
11           memset(buf, 0, sizeof(buf)); //初始化字符数组 buf
12           fgets(buf, sizeof(buf), fp); //每次读取一个字符串到 buf 中
13           printf("%s", buf);           //打印文件数据缓冲区中的字符串
14       }
15       return 0;
16   }
```

例 11-4 运行结果如图 11-17 所示。

```
Microsoft Visual Studio 调试控制台
I like spring because I like warm wind.
I like summer because I like icecreams.
I like autumn because I like fresh apples.
I like winter because I like making snowman.
```

图 11-17　例 11-4 运行结果

在例 11-4 中，第 9 行～第 14 行代码使用 while 循环结构语句循环读取 D:\fgets.txt 文件内容，每次读取时都初始化 buf 数组，然后调用 fgets()函数读取 99（ size(buf)-1 ）个字符存储到 buf 数组中，最后调用 printf()函数输出 buf 数组中的数据。由图 11-17 可知，程序成功读取了 D:\fgets.txt 文件内容并输出显示。

### 2. fputs()函数

fputs()函数可以将一个字符串写入文件中，其函数声明如下。

```
int fputs(const char *str, FILE* file);
```

由上述函数声明可知，fputs()函数有 2 个参数，第 1 个参数指定要写入文件的字符串，在写入时，fputs()函数不会写入字符串末尾的' \0'；第 2 个参数 file 指定要写入文件的数据。fputs()函数返回一个 int 类型的数据，如果写入成功，函数返回 0，否则返回 EOF。

为了让读者更好地掌握 fputs()函数，下面通过一个案例演示 fputs()函数的用法。

例 **11-5**　在本案例中，向 D:\fgets.txt 文件追加写入一段数据，调用 fputs()函数每次写入一个字符串。写入完成之后，再调用 fgets()函数读取 D:\fgets.txt 文件内容。案例具体实现如下。

fputs.c

```c
1    #define _CRT_SECURE_NO_WARNINGS
2    #include <stdio.h>
3    #include <stdlib.h>
4    int main()
5    {
6        FILE * fp1;                          //声明文件指针
7        fp1 = fopen("D:\\fgets.txt", "a+");
8        if (fp1 == NULL)                     //打开文件失败，打印出错信息
9        {
10            printf("打开文件失败！\n");
11            exit(0);                         //退出程序
12        }
13
14        char * str[3];                       //定义字符数组的指针
15        for (int i = 0; i < 3; i++)
16        {
17            str[i] = (char*)malloc(1024);    //给每一个指针申请 1024 个空间
18        }
19        //从控制台读取字符串
20        printf("请输入要写入的数据（字符串）: \n");
21        for (int i = 0; i < 3; i++)
22        {
23            gets(str[i]);
24            fputs(str[i], fp1);
25        }
26
27        fclose(fp1);
28        printf("数据写入成功\n 再次读取文件内容\n");
29
30        FILE* fp2;                           //声明文件指针
```

```
31          char buf[100];                        //文件数据缓冲区
32          fp2 = fopen("D:\\fgets.txt", "r");    //打开文件，并将文件和文件指针关联
33          while (!feof(fp2))                     //判断文件指针是否已指向文件末尾
34          {
35              memset(buf, 0, sizeof(buf));       //初始化文件数据缓冲区
36              fgets(buf, sizeof(buf), fp2);      //按行将文件中的字符串复制到缓冲区中
37              printf("%s", buf);                 //打印文件数据缓冲区中的字符串
38          }
39          printf("\n");
40          return 0;
41      }
```

运行例 11-5，输入要写入文件的数据，结果如图 11-18 所示。

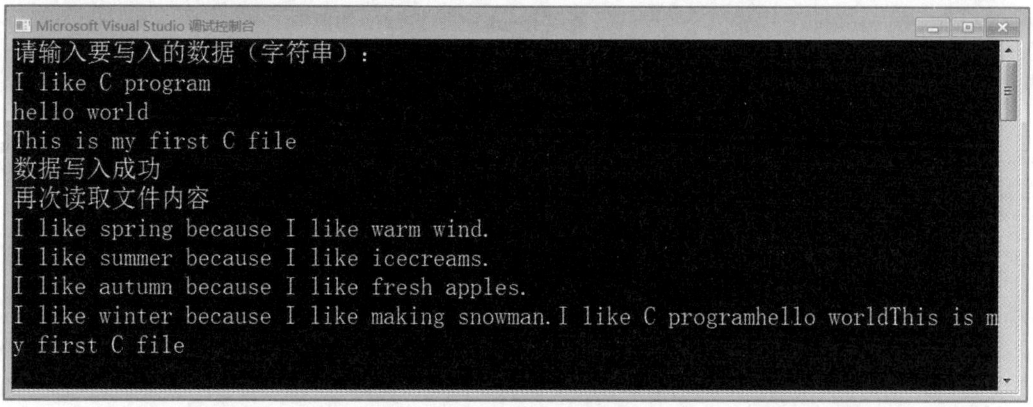

图 11-18　例 11-5 运行结果

在例 11-5 中，第 14 行～第 18 行代码定义了一个指针数组，并使用 for 循环结构语句为指针数组申请了内存空间。第 21 行～第 25 行代码在 for 循环结构语句中，调用 gets()函数输入要写入文件的数据，gets()函数读取用户输入的数据之后，调用 fputs()函数将数据写入文件。

第 30 行～第 38 行代码，再次打开文件，调用 fgets()函数重新读取 D:\fgets.txt 文件中的内容。由图 11-18 可知，fputs()函数成功将数据写入了 D:\fgets.txt 文件，并且在写入时，没有写入字符串末尾的'\0'。

### 11.3.3　二进制读写文件

除了以文本形式读写文件之外，还可以通过二进制形式读写文件，以二进制读写文件时，可以不加转换地将数据在文件与内存之间进行传输，读写效率较高。C 语言提供了 fread()函数和 fwrite()函数，这两个函数可以二进制形式读写文件，每次读写一个数据块。下面分别对这两个函数进行详细讲解。

理论微课 11-10:
二进制读写文件

#### 1. fread()函数
fread()函数可以二进制形式从文件中读取数据，函数声明如下。

size_t fread(void* dstBuf, size_t size, size_t count, FILE * file);

由上述函数声明可知，fread()函数有 4 个参数，第 1 个参数 dstBuf 用于存储从文件中读取的数

据；第 2 个参数 size 指定每次读取数据的大小，即多少个字节；第 3 个参数 count 指定读取数据的次数；第 4 个参数 file 是要读取的文件。fread()函数返回值为 size_t 类型，函数调用成功，返回读取的次数，否则返回 0。 size_t 是 unsigned int 的宏定义。

fread()函数用法示例如下。

```
FILE * fp;
char buf[1024] = { 0 };              //声明字符数组，初始化为 0
fp = fopen("D:\\telList.txt", "r");  //以只读方式打开一个文件
if (fp == NULL)
{
    printf("文件打开失败\n");
    exit(0);
}
fread(buf, sizeof(buf), 1, fp);      //调用 fread()函数读取文件数据
printf("%s\n", buf);
fclose(fp);
```

在上述代码中，以只读方式打开 D:\telList.txt 文件，调用 fread()函数从文件中读取数据到 buf 数组中，读取的数据块大小为 sizeof(buf)，读取次数为 1。

### 2. fwrite()函数

fwrite()函数能够将数据以二进制的形式写入文件，函数声明如下。

```
size_t fwrite(const void* ptr, size_t size, size_t count, FILE * file);
```

由上述函数声明可知，fwrite()函数有 4 个参数。第 1 个参数 ptr 指向待写入的数据，后面 3 个参数的含义与 fread()函数相同。fwrite()函数的返回值为 size_t 类型，函数调用成功返回写入的次数，否则返回 0。

为了让读者更好地掌握 fread()函数与 fwrite()函数，下面通过一个案例演示 fread()函数与 fwrite()函数的应用。

例 11-6　存储员工信息。某公司用一个二进制文件 D:\stuInfo.dat 存储员工信息，员工信息包括姓名、工号、性别 3 个属性，每个员工信息用一个结构体存储。案例要求，从控制台输入员工信息，调用 fwrite()函数将员工信息写入 D:\stuInfo.dat 文件。写入完成之后，调用 fread()函数读取 D:\stuInfo.dat 文件，验证员工信息是否有误。案例具体实现如下。

employee.c

```
1    #define _CRT_SECURE_NO_WARNINGS
2    #include <stdio.h>
3    #include <stdlib.h>
4    struct empInfo                              //定义员工结构体
5    {
6        char name[20];                         //姓名
7        int id;                                //工号
8        char sex;                              //性别
9    };
10   void writefile(struct empInfo* emp)        //写文件函数
11   {
12       FILE* fp = fopen("D:\\stuInfo.dat", "a+");
```

```
13          if (fp == NULL)
14          {
15                  printf("文件打开失败\n");
16                  exit(0);
17          }
18          fwrite(emp, sizeof(struct empInfo), 1, fp);        //调用 fwrite()函数写文件
19          fclose(fp);
20  }
21  void readfile(struct empInfo *emps,int n)                 //读文件函数
22  {
23
24          FILE* fp = fopen("D:\\stuInfo.dat", "rb");
25          if (fp == NULL)
26          {
27                  printf("文件打开失败\n");
28                  exit(0);
29          }
30          for (int i = 0; i < n; i++)                        //循环读取文件
31          {
32                  //每次读取一个数据块
33                  fread(&emps[i], sizeof(struct empInfo), 1, fp);
34                  printf("%s %d %c\n", emps[i].name, emps[i].id, emps[i].sex);
35          }
36          fclose(fp);
37  }
38  int main()
39  {
40          struct empInfo emps[3];                            //定义员工结构体数组
41          printf("请输入 3 名员工的信息(姓名/工号/性别)：\n");
42          for (int i = 0; i < 3; i++)                        //从控制台输入员工信息
43          {
44                  scanf("%s", emps[i].name);
45                  getchar();
46                  scanf("%d", &emps[i].id);
47                  getchar();
48                  scanf("%c", &emps[i].sex);
49                  getchar();
50                  writefile(&emps[i]);
51          }
52          printf("文件写入成功\n 读取文件信息：\n");
53          readfile(emps, 3);                                //读取员工信息
54          return 0;
55  }
```

运行例 11-6，从控制台输入员工信息，程序运行结果如图 11-19 所示。

在例 11-6 中，第 4 行～第 9 行代码定义员工结构体 struct empInfo，包括姓名、工号、性别 3 个成员。

图 11-19　例 11-6 运行结果

第 10 行～第 20 行代码定义文件写入函数 writefile()，writefile()函数有一个 struct empInfo 类型的指针变量 emp 参数。在 writefile()函数中，第 18 行代码调用 fwrite()函数将 struct empInfo 结构体指针变量 emp 中的数据写入 D:\stuInfo.dat 文件，每次写入的数据块大小就是 struct empInfo 结构体类型大小，即一次写入一个结构体。

第 21 行～第 37 行代码定义了文件读取函数 readfile()，readfile()函数有两个参数，第 1 个参数为 struct empInfo 类型的指针，即 struct empInfo 类型的数组，用于存储从文件中读取的数据，第 2 个参数 n 用于指定 emps 数组的大小。

在 readfile()函数中，第 30 行～第 35 行代码在 for 循环结构语句中，调用 fread()函数从文件中读取数据存储到 emps 数组中，每次从文件中读取的数据块大小为 struct empInfo 结构体类型大小。

第 40 行代码在 main()函数中定义一个大小为 3 的 struct empInfo 类型的数组 emps。第 42 行～第 50 行代码在 for 循环结构语句中，调用 scanf()函数从控制台读取员工信息。第 51 行代码调用 writefile()函数将读取的员工信息写入 D:\stuInfo.dat 文件。第 53 行代码调用 readfile()函数读取 D:\stuInfo.dat 文件中的内容。

由图 11-19 可知，程序成功将输入的员工信息写入 D:\stuInfo.dat 文件，并成功从 D:\stuInfo.dat 文件读取数据。程序运行成功之后，在 D 盘下会生成 D:\stuInfo.dat 文件，打开 D:\stuInfo.dat 文件会显示乱码，这是因为 D:\stuInfo.dat 文件数据是以二进制形式写入的，无法正常显示。

## 11.3.4　格式化读写文件

在学习 C 语言之初，学习了 scanf()函数与 printf()函数，这两个函数是 C 语言的格式化读写函数，读写对象为终端。除了终端，在文件操作中，也可以对文件进行格式化读写。C 语言提供了 fscanf()函数和 fprintf()函数对文件进行格式化读写，fscanf()函数与 fprintf()函数功能类似 scanf()函数与 printf()函数，只是它们的作用对象为文件。下面分别对 fscanf()函数和 fprintf()函数进行讲解。

理论微课 11-11：格式化读写文件

### 1. fscanf()函数

fscanf()函数可以格式化读取文件中的数据，其函数声明如下。

```
int fscanf(FILE * file, const char * format, ...);
```

由上述函数声明可知，fscanf()函数是一个变参函数，第 1 个参数 file 表示要读取的文件，其他参数是可变的，类似 scanf()函数。fscanf()函数返回值为 int 类型，函数调用成功，返回读取的参数个数，否则返回 EOF。

假如项目根目录下有文件 hello.txt，内容如图 11-20 所示。

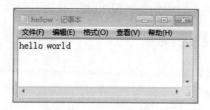

图 11-20　hello.txt 文件内容

调用 fscanf()函数读取 hello.txt 文件内容的示例代码如下。

```
char str1[10], str2[10];
FILE* fp;
fp = fopen("hello.txt", "r");
fscanf(fp, "%s %s", str1, str2);            //格式化读取文件内容
fclose(fp);
printf("%s\n", str1);
printf("%s\n", str2);
```

### 2. fprintf()函数

fprintf()函数可以将数据格式化写入文件，其函数声明如下。

```
int fprintf(FILE * file, const char * format,...);
```

由上述函数声明可知，fprintf()函数是一个变参函数，第 1 个参数 file 表示要写入的文件，其他参数是可变的，类似 printf()函数。fprintf()函数返回值为 int 类型，函数调用成功，返回写入的字符个数，否则返回 EOF。

为了让读者更好地掌握 fprintf()函数与 fscanf()函数，下面通过一个案例演示 fprintf()函数和 fscanf()函数的应用。

例 11−7　考试判卷。假如某小学一个班级的数学老师在教学一段时间后，要考核学生的学习效果，就出了 10 道 100 以内的加法题，每题 10 分，通过考试结果判断学生的学习情况。

学生作答的试卷保存在一个文件，试题的正确答案保存在另一个文件。在核对答案统计分数时，分别读取两个文件中的结果进行比对，如果两个文件中的结果相同，就表明学生答案正确，得 10 分。

假设学生作答结果保存在文件 result.txt，正确答案保存在文件 answer.txt，在审核试卷统计分数时，分别读取 result.txt 文件和 answer.txt 文件中的答案，如果两个答案相同，则表明学生作答正确，加 10 分，最后输出总得分。案例具体实现如下。

fscanf_fprintf.c

```
1    #define _CRT_SECURE_NO_WARNINGS
2    #include <stdio.h>
3    #include <stdlib.h>
4    #include <time.h>
5    //将学生答题写入文件 result.txt，将正确答案写入 answer.txt 文件
```

```
6     void write()
7     {
8          int num1, num2, result, answer; //定义左右操作数与答案
9          FILE* fresult = fopen("D:\\result.txt", "w+");
10         FILE* fanswer = fopen("D:\\answer.txt", "w+");
11         if (fresult == NULL || fanswer == NULL)
12         {
13             printf("答题写入失败!\n");
14             exit(0);
15         }
16         printf("请作答题目：\n");
17         srand((unsigned int)time(NULL));
18         for (int i = 0; i < 10; i++)
19         {
20             num1 = rand() % 50;
21             num2 = rand() % 50;
22             printf("%d+%d=", num1, num2);
23             scanf("%d", &result);
24             answer = num1 + num2;
25             //将学生答题的结果写入 result.txt 文件中
26             fprintf(fresult, "%d+%d=%d", num1, num2, result);
27             fputc('\n', fresult);
28             //将正确答案的结果写入 answer.txt 文件中
29             fprintf(fanswer, "%d+%d=%d", num1, num2, answer);
30             fputc('\n', fanswer);
31         }
32         fclose(fresult);
33         fclose(fanswer);
34    }
35    //计算得分
36    void score()
37    {
38         /*
39              读取 result.txt 文件与 ansnwer.txt 文件,
40              比较最后一列结果与答案是否相等，相等则作答正确，得 10 分,
41         */
42         int num1=0, num2=0, result=0, answer=0, sum=0;
43         FILE* fresult = fopen("D:\\result.txt", "r+");
44         FILE* fanswer = fopen("D:\\answer.txt", "r+");
45         if (fresult == NULL || fanswer == NULL)
46         {
47             printf("文件打开失败！\n");
48             exit(0);
49         }
50         printf("答案核对：\n");
51         for (int i = 0; i < 10; i++)
52         {
53             //读出学生的作答
```

```
54          fscanf(fresult, "%d+%d=%d", &num1, &num2, &result);
55          //读出正确答案
56          fscanf(fanswer, "%d+%d=%d", &num1, &num2, &answer);
57          if (result == answer)
58          {
59              printf("%d+%d=%d \t 答案正确   +10\n", num1, num2, result);
60              sum += 10;
61          }
62          else
63              printf("%d+%d=%d \t 答案错误   +0\n", num1, num2, result);
64      }
65      printf("您本次得分：%d\n", sum);
66      fclose(fresult);
67      fclose(fanswer);
68  }
69  int main()
70  {
71      write();
72      score();
73      return 0;
74  }
```

运行例 11-7 程序，系统自动出题，输入作答结果，运行结果如图 11-21 所示。

图 11-21　例 11-7 运行结果

在例 11-7 中，第 6 行～第 34 行代码定义了 write()函数，用于将学生作答结果写入 result.txt 文件，将正确答案写入 answer.txt 文件。第 9 行和第 10 行代码以写入模式分别打开 result.txt 文件和 answer.txt 文件。第 18 行～第 31 行代码使用 for 循环结构语句实现出题、将学生作答结果和正确答案写入相应文件。第 20 行和第 21 行代码调用 rand()函数生成两个小于 50 的随机数。第 22 行和第 23 行代码输出数学表达式，并调用 scanf()函数读取学生作答结果。第 24 行代码计算两个数据的相加结果，即正确答案。第 26 行代码调用 fprintf()函数将表达式及学生作答结果格式化写入 result.txt 文件。第 29 行代码调用 fprintf()函数将表达式及正确答案格式化写入 answer.txt 文件。

第 36 行～第 68 行代码定义 score()函数，用于计算学生得分。第 43 行和第 44 行代码以读写模式分别打开 result.txt 文件和 answer.txt 文件。第 51 行～第 64 行代码使用 for 循环结构语句实现读取文件结果、核对结果、计算得分。第 54 行～第 56 行代码分别调用 fscanf()函数，读取 result.txt 文件和 answer.txt 文件内容。第 57 行～第 63 行代码通过 if 选择结构语句判断学生作答结果 result 和正确答案 answer 是否相等，如果相等，则得分加 10。

第 71 行～第 73 行代码在 main()函数中分别调用 write()函数和 score()函数。由图 11-21 可知，程序成功给出试题，并成功对学生作答进行核对计算得分。

## 11.3.5 文件定位

顺序读写文件比较容易理解，但在实际编程中，很多情况下需要随机读写文件，例如，在一篇文档中插入一段数据，或者截取一首歌的某一段作为手机铃声。如果文件数据量较小，按顺序从头读写并没有任何问题，但如果文件数据量较大，则按顺序从头开始，找到需要的位置再进行读写，这样效率就会很低。

理论微课 11-12：文件定位

要想快速地实现随机读写，就需要对文件进行快速定位，即找到要读写的位置。C 语言提供了 3 个文件定位的函数，下面分别进行介绍。

### 1. rewind()函数

rewind()函数的作用是将文件位置指针指向文件开头，函数声明如下。

```
void rewind(FILE * file);
```

由上述函数声明可知，rewind()函数有一个参数 file，表示要操作的文件。rewind()函数无返回值。

### 2. fseek()函数

fseek()函数的作用是将文件位置指针指向指定位置，函数声明如下。

```
int fseek(FILE * file, long offset, int whence);
```

由上述函数声明可知，fseek()函数有 3 个参数，第 1 个参数 file 指定要操作的文件；第 2 个参数 offset 指定偏移量；第 3 个参数 whence 指定偏移的起始位置，whence 有 3 个取值，具体如下。

- SEEK_SET：对应的数字值为 0，从文件开头偏移。
- SEEK_CUR：对应的数字值为 1，从文件位置指针当前位置进行偏移。
- SEEK_END：对应的数字值为 2，从文件末尾进行偏移。

fseek()函数调用成功返回 0，调用失败返回-1。通常情况下，fseek()函数适用于二进制文件，因为文本文件要进行字符转换，计算位置时往往会发生错乱。

### 3. ftell()函数

ftell()函数用于获取文件位置指针的当前位置，函数声明如下。

```
long ftell(FILE * file);
```

由上述函数声明可知，ftell()函数有一个参数 file，用于指定要操作的文件。ftell()函数返回值为 long 类型，调用成功后，返回文件位置指针的当前位置，但如果当文件不存在或发生其他错误时，则函数的返回值为-1L。

例 **11-8**　截取员工信息。在例 11-6 中，某公司使用二进制文件 D:\stuInfo.dat 存储员工信息，假如第二个员工要调岗，现在要查询其信息，则在读取时，只读取第二个员工信息即可。截取读取第二个员工信息，就需要进行文件定位，实现随机读写。案例具体实现如下。

random.c

```
1    #define _CRT_SECURE_NO_WARNINGS
2    #include <stdio.h>
3    #include <stdlib.h>
4    int main()
5    {
6
7        FILE* fp = fopen("D:\\stuInfo.dat", "rb");
8        if (fp == NULL)
9        {
10           printf("文件打开失败\n");
11           exit(0);
12       }
13       struct empInfo emp;
14       fseek(fp, sizeof(struct empInfo), SEEK_SET);
15       fread(&emp, sizeof(struct empInfo), 1, fp);
16       printf("%s %d %c\n", emp.name, emp.id, emp.sex);
17       printf("文件位置指针的位置：%d\n", ftell(fp));
18       fclose(fp);
19       return 0;
20   }
```

例 11-8 运行结果如图 11-22 所示。

图 11-22　例 11-8 运行结果

在例 11-8 中，第 14 行代码调用 fseek()函数移动文件位置指针进行定位，fseek()函数参数 SEEK_SET 表示从文件开头移动指针，移动距离为 sizeof(struct empInfo)，即移动一个员工信息数据块大小。第 16 行和第 17 行代码分别输出读取的员工信息和文件位置指针的位置。由图 11-22 可知，程序成功读取第二个员工的信息，此时，文件位置指针的位置距离文件开头 56。员工信息以结构体存储，每个员工信息数据块大小为 28，则 56 就是两个员工信息数据块的大小。

## 项目设计

本项目要实现的功能包括加载词典和查询单词两部分。

实操微课 11-2:
项目设计

（1）加载词典

加载词典时，可以创建词典词条数组，读取文件中的数据存储到词典数组中。在设计时，将英文单词及其中文翻译以结构体的形式读取到词典词条数组中。

（2）查询单词

查询单词时，在查询单词时，获取用户输入的英文单词，遍历词典词条数组，若找到与用户输入单词匹配的元素，则返回该元素地址，从该元素中获取英文单词对应的翻译内容。如果未找到与用户输入英文单词匹配的元素，则返回 NULL。

电子词典查询单词的流程如图 11-23 所示。

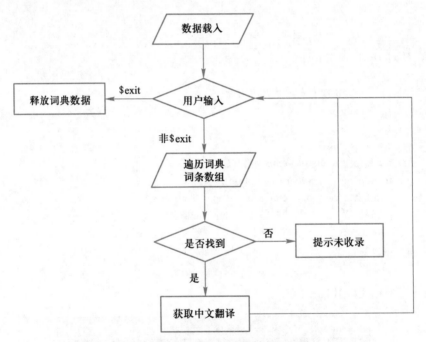

图 11-23　电子词典查询单词的流程

图 11-23 所示的电子词典查询单词的流程其实比较简单，下面结合图 11-23 对项目的数据结构和功能函数进行设计。

### 1. 数据结构设计

数据载入时，要将文件中数据读取到词典词条数组中，要读取的内部包括两部分，英文单词和中文翻译，具体见表 11-2。

表 11-2　文件打开模式

| 变量声明 | 功能描述 |
| --- | --- |
| char * key | 存储单词字符串的首地址 |
| char * content | 存储相应的翻译字符串的首地址 |

为了便于统一管理词典词条数据，可以使用结构体类型声明这些数据，具体代码如下。

```
struct Dict                    //词典词条数据结构体
{
    char * key;                //单词字符串的首地址
    char * content;            //相应的翻译字符串的首地址
};
```

2. 功能函数设计

本项目中主要的功能就是载入数据和查询单词，载入数据时，需要打开文件，将文件中数据读取到词典词条数组中，为此可以设计 open_dict()函数实现该功能。

● 查询单词时，需要遍历词典词条数组进行查找匹配，可以设计 search_dict()函数实现该功能。

● 当退出程序时，需要释放词典词条数组占用的空间，可以设计 release_dict()函数实现该功能。

项目功能函数设计具体见表 11-3。

表 11-3　项目功能函数设计

| 函数声明 | 功能描述 |
| --- | --- |
| int open_dict(struct Dict ** p, const char * dict_file); | ● 打开词典文件，将其中的数据存入数组中<br>● 参数 p 的作用是获取结构体指针的地址，以传出生成的结构体数组的地址<br>● 参数 dict_file 的作用是获取词典数据文件的绝对路径<br>● 函数的返回值是获取的词典数据的词条数量 |
| struct Dict * search_dict(struct Dict * pDictList,int count, const char * key); | ● 根据用户输入的单词，在词典词条数组中查找相应的数据<br>● 参数 pDictList 表示词典词条数组的首地址<br>● 参数 count 表示词典词条的数量<br>● 参数 key 表示用户输入的单词字符串的首地址<br>● 返回值表示满足条件的词典词条数组的元素地址，若没有找到，则返回 NULL |
| void release_dict(struct Dict ** p, int count); | ● 释放词典词条数组所占用的内存空间<br>● 参数 p 的作用是传入结构体指针的地址，以释放结构体指针指向的内存空间，并将指针变量设为空指针<br>● 参数 count 表示词典的词条数量 |

## 项目实施

在 Visual Studio 2022 中新建项目 Dict，在 Dict 项目中分别添加源文件 dict.h、dict.c 和 main.c。dict.h 用于定义项目需要的数据，声明项目的功能函数等；dict.c 用于实现项目的功能函数；main.c 文件用于实现 main()函数。

实操微课 11-3：
项目实施-dict.h
文件实现

下面分步骤讲解电子词典项目的实现。

1. 实现 dict.h 文件

dict.h 源文件中需要定义词条数组大小、词典文件、词典词条结构体，声明功能函数，其具体实现如下。

dict.h

```
#ifndef _DICT_H_              //检查宏_DICT_H_是否已被定义过，避免重复定义
#define _DICT_H_
```

```
#define MAX_DICT        111111          //词典词条数组最大长度
#define DICT_FILE       "dict.txt"      //词典词条文件名
struct Dict                             //词典词条数据结构体
{
    char* key;                          //单词字符串的首地址
    char* content;                      //相应的翻译字符串的首地址
};
int open_dict(struct Dict** p, const char* dict_file);
struct Dict* search_dict(struct Dict* pDictList, int count, const char* key);
void release_dict(struct Dict** p, int count);
#endif
```

### 2. 实现 dict.c 文件

实操微课 11-4:
项目实施-
open_dict()函数

dict.c 源文件用于实现 dict.h 源文件中声明的功能函数,该项目一共设计了 3 个功能函数,下面分别讲解每个功能函数的实现。

（1）open_dict()函数

open_dict()函数用于打开词典文件,将词典文件数据载入词典词条数组。open_dict()函数的实现思路如下：调用 calloc()函数为词典词条数组分配空间,空间分配完成之后,调用 fgets()函数循环读取词典文件数据存储到词典词条数组中。

在调用 fgets()函数读取词典文件数据时,第一次读取一行数据存储到词典词条数组中的 key 空间,第二次读取一行数据存储到词典词条数组中的 content 空间。

open_dict()函数的具体实现如下。

```
1    int open_dict(struct Dict** p, const char* dict_file)
2    {
3        FILE* fp = fopen(dict_file, "r");          //以只读方式打开词典词条文件
4        if (fp == NULL)
5            return 0;                              //打开文件失败,函数返回
6        struct Dict* pDictList = (struct Dict*)calloc(MAX_DICT,
7                                         sizeof(struct Dict));
8        char buf[1024];
9        size_t bufLen;
10       int i = 0;                                 //数组下标
11       while (!feof(fp))                          //循环读取文件,直到文件末尾
12       {
13           memset(buf, 0, sizeof(buf));           //初始化 buf 数组
14           fgets(buf, sizeof(buf), fp);           //读取文件一行数据
15           bufLen = strlen(buf);                  //获取字符串的长度
16           if (bufLen > 0)
17           {
18               //将字符串末尾的回车符删除
19               if (buf[bufLen - 1] == '\n')
20               {
21                   buf[bufLen - 1] = '\0';
22                   bufLen -= 1;
23               }
24               //根据字符串长度分配内存
```

```
25              pDictList[i].key = (char*)calloc(bufLen + 1, 1);
26              strcpy(pDictList[i].key, &buf[0]);    //将字符串的内容复制到 key 中
27          }
28          memset(buf, 0, sizeof(buf));              //初始化 buf 数组
29          fgets(buf, sizeof(buf), fp);              //读取文件一行数据
30          bufLen = strlen(buf);                     //获取字符串的长度
31          if (bufLen > 0)
32          {
33              //将字符串末尾的回车符删除
34              if (buf[bufLen - 1] == '\n')
35              {
36                  buf[bufLen - 1] = '\0';
37                  bufLen -= 1;
38              }
39              //根据字符串长度分配内存
40              pDictList[i].content = (char*)calloc(bufLen + 1, 1);
41              //将字符串的内容复制到 content 中
42              strcpy(pDictList[i].content, &buf[0]);
43          }
44          i++;                                      //数组下标移动到下一个元素的位置
45      }
46      fclose(fp);                                   //关闭字典文件
47      *p = pDictList;
48      return i;                                     //返回 pDictList 数组长度
49  }
```

在上述代码中，第 6 行和第 7 行代码调用 calloc()函数为词典词条数组分配了 MAX_DICT 个大小为 sizeof(struct Dict)的空间。

第 11 行~第 45 行代码利用 while 循环结构语句循环读取词典文件。第 13 行和第 14 行代码调用 memset()函数初始化数组 buf，并调用 fgets()函数读取词典文件中的一行数据到数组 buf 中。第 15 行代码调用 strlen()函数计算数组 buf 中字符串的长度。

第 16 行~第 27 行代码使用 if 选择结构语句判断数组 buf 中的字符串长度是否大于 0，如果大于 0，第 19 行~第 23 行代码就对数组 buf 中的字符串进行处理，将字符串末尾的'\n'替换为'\0'。第 25 行代码调用 calloc()函数为词典词条数组元素中的 key 分配内存空间，分配的内存空间大小就是数组 buf 中字符串的长度（包含末尾的'\0'）。第 26 行代码调用 strcpy()函数将数组 buf 中的字符串复制到词典词条数组元素中的 key 空间中。

第 28 行~第 30 行代码重新初始化数组 buf，再次调用 fgets()函数从词典文件中读取一行数据存储到数组 buf 中，并计算字符串长度。第 31 行~第 43 行代码使用 if 选择结构语句判断数组 buf 中的字符串长度是否大于 0，如果大于 0，第 34 行~第 38 行代码就对数组 buf 中的字符串进行处理，将字符串末尾的'\n'替换为'\0'。第 40 行代码调用 calloc()函数为词典词条数组元素中的 content 分配内存空间，分配的内存空间大小就是数组 buf 中字符串的长度（包含末尾的'\0'）。第 42 行代码调用 strcpy()函数将数组 buf 中的字符串复制到词典词条数组元素中的 content 空间中。

第 44 行代码使索引 i 自增，继续下一次读取。第 47 行代码将词典词条数组 pDictList 赋值给参数*p。第 48 行代码返回词典词条数组 pDictList 的数组长度，即元素个数。

在 main()函数中调用 open_dict()函数进行测试，open_dict()函数有两个参数，struct Dict 类型的二级指针和词典文件名，在测试前，先要定义这些变量。open_dict()函数测试代码如下。

```
50    #define _CRT_SECURE_NO_WARNINGS              //关闭安全性检查
51    #include <stdio.h>
52    #include <stdlib.h>
53    #include <string.h>
54    #include "dict.h"
55    int main()
56    {
57        struct Dict* pDictList = NULL;            //定义词典词条数组指针变量
58        char key[1024] = { 0 };
59        printf("请输入词典文件名：\n");
60        scanf("%s", key);
61        int dictCount = open_dict(&pDictList, key);   //打开词典文件
62        if (dictCount == 0)
63        {
64            printf("文件名称错误\n");
65            return 0;
66        }
67        printf("正在加载词典数据\n");
68        return 0;
69    }
```

运行 open_dict()函数测试代码，结果如图 11-24 所示。

图 11-24　open_dict()函数测试结果

由图 11-24 可知，当输入词典文件名时，系统显示正在加载词典数据，表明 open_dict()函数实现成功。

（2）search_dict()函数

search_dict()函数根据用户输入的英文单词，从词典词条数组中查询与之匹配的元素。search_dict()函数的实现思路比较简单，使用循环结构语句遍历词典词条数组，将数组元素中的 key 与用户输入的英文单词进行比较，如果相等，表明查找成功，就返回该元素的地址。

实操微课 11-5：
项目实施–
search_dict()函数

search_dict()函数的具体实现如下。

```
1    struct Dict* search_dict(struct Dict* pDictList, int count, const char* key)
2    {
3        for (int i = 0; i < count; i++)    //遍历词典词条数组
```

```
4               {
5                   //如果指针变量 key 和 content 未指向任何内存空间，则跳过
6                   if (pDictList[i].key == NULL || pDictList[i].content == NULL)
7                   {
8                       continue;
9                   }
10                  if (strcmp(pDictList[i].key, key) == 0)
11                  {
12                      return &pDictList[i];          //找到符合条件记录，返回该数组元素的地址
13                  }
14              }
15          return NULL;                              //没有找到符合条件的记录，返回 NULL
16      }
```

在上述代码中，第 3 行～第 14 行代码使用 for 循环结构语句遍历词典词条数组。第 6 行～第 9 行代码使用 if 选择结构语句进行判断，如果词典词条数组元素中的 key 和 content 为 NULL，表明该索引处没有元素（单词），原因可能是词典文件存在空行。

第 10 行～第 13 行代码调用 strcmp() 函数比较词典词条数组元素中的 key 与用户输入的英文单词是否相同，如果相同，则返回该元素的地址。

第 15 行代码，如果没有查询到匹配的单词，则返回 NULL。

在 main() 函数中调用 search_dict() 函数进行测试，定义词典词条指针变量，定义并初始化一个字符数组，用于存储用户输入的单词，让用户从控制台输入单词，调用 search_dict() 函数进行查找。

search_dict() 函数测试代码如下。

```
17      #define _CRT_SECURE_NO_WARNINGS              //关闭安全性检查
18      #include <stdio.h>
19      #include <stdlib.h>
20      #include "dict.h"
21      int main()
22      {
23          struct Dict* pDictList = NULL;           //定义词典词条数组指针变量
24          char key[1024] = { 0 };
25          printf("请输入词典文件名：\n");
26          scanf("%s", key);
27          int dictCount = open_dict(&pDictList, key);   //打开词典文件
28          if (dictCount == 0)
29          {
30              printf("文件名称错误\n");
31              return 0;
32          }
33          printf("正在加载词典数据\n");
34          struct Dict* pDict = NULL;               //定义词典词条指针变量
35          //初始化数组 key 和 content
36          memset(key, 0, sizeof(key));
37          pDict = NULL;
38          printf("\n");
39          printf("请输入英文单词：\n");
```

```
40          scanf("%s", key);                        //从键盘获取用户的输入
41          //根据用户的输入，在字典中检索
42          pDict = search_dict(pDictList, dictCount, key);
43          if (pDict != NULL)                       //找到对应的词典数据
44              printf("%s\n", pDict->content);
45          else                                     //未找到对应的翻译
46              printf("词典没有收录该单词\n");
47          return 0;
48      }
```

运行 search_dict()函数测试代码，从控制台输入不同的单词，结果分别如图 11-25 和图 11-26 所示。

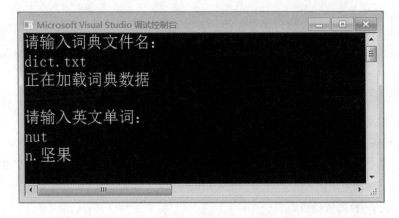

图 11-25    search_dict()函数测试结果（1）

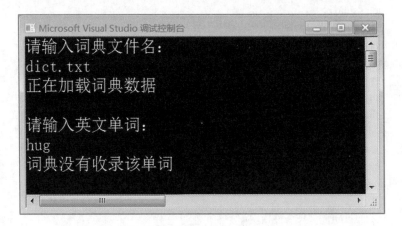

图 11-26    search_dict()函数测试结果（2）

由图 11-25 和图 11-26 可知，search_dict()函数实现成功。

（3）release_dict()函数

release_dict()函数在查询结束时，用于释放内存空间。release_dict()函数的实现思路也比较简单，遍历词典词条数组，先释放数组元素所占用的空间，包括 key 占用的空间和 content 所占用的空间，最后释放词典词条数组空间。

release_dict()函数具体实现如下。

实操微课 11-6:
项目实施-
release_dict()函数

```
1    void release_dict(struct Dict** p, int count)
2    {
3        struct Dict* pDictList = *p;
4        if (pDictList == NULL)
5            return;
6        for (int i = 0; i < count; i++)          //遍历词典词条数组
7        {
8            if (pDictList[i].key)                //释放 key 占用的空间
9                free(pDictList[i].key);
10           if (pDictList[i].content)            //释放 content 占用的空间
11               free(pDictList[i].content);
12       }
13       free(pDictList);                         //释放词典词条数组空间
14       *p = NULL;                               //指针*p 置为 NULL
15   }
```

在上述代码中，第 6 行～第 12 行代码使用 for 循环结构语句遍历词典词条数组。第 8 行～第 11 行代码使用 if 选择结构语句判断遍历到的词典词条数组元素，如果数组元素的 key 和 content 都不为 NULL，则调用 free()函数释放它们所占用的内存空间。

词典词条数组遍历完成之后，第 13 行代码调用 free()函数释放词典词条数组空间。第 14 行代码将参数*p 指针置为 NULL，避免其成为野指针。

在 main()函数中调用 release_dict()函数进行测试，测试代码如下。

```
1    #define _CRT_SECURE_NO_WARNINGS
2    #include <stdio.h>
3    #include <stdlib.h>
4    #include "dict.h"
5    int main()
6    {
7        struct Dict* pDictList = NULL;                    //定义词典词条数组指针变量
8        char key[1024] = { 0 };
9        printf("请输入词典文件名：\n");
10       scanf("%s", key);
11       int dictCount = open_dict(&pDictList, key);       //打开词典文件
12       if (dictCount == 0)
13       {
14           printf("文件名称错误\n");
15           return 0;
16       }
17       printf("正在加载词典数据\n");
18       release_dict(&pDictList, dictCount);
19       printf("正在释放词典数据\n");
20       return 0;
21   }
```

运行 release_dict()函数测试代码，结果如图 11-27 所示。

由图 11-27 可知，调用 release_dict()函数，程序输出了正在释放词典数据，表明 release_dict()函数实现成功。

图 11-27　release_dict()函数测试结果

### 3. 实现 main()函数

前面实现了电子词典的全部功能，由于电子词典是一个可以循环查询的系统，所以在调用时，需要在 main()函数中将电子词典功能进行整合。使用无限循环结构语句让用户持续输入查询单词，每当查询完一个单词，就提示是否继续，如果用户输入'y'或'Y'，就继续查询；如果用户输入'n'或'N'，就退出电子词典。

实操微课 11-7：
项目实施-main()
函数

main()函数具体实现如下。

```
1    #define _CRT_SECURE_NO_WARNINGS
2    #include <stdio.h>
3    #include <stdlib.h>
4    #include "dict.h"
5    int main()
6    {
7        struct Dict* pDictList = NULL;          //定义词典词条数组指针变量
8        struct Dict* pDict = NULL;              //定义词典词条指针变量
9        char key[1024] = { 0 };
10       printf("请输入词典文件名：\n");
11       scanf("%s", key);
12       int dictCount = open_dict(&pDictList, key); //打开词典文件
13       if (dictCount == 0)
14       {
15           printf("文件名称错误\n");
16           return 0;
17       }
18       printf("正在加载词典数据\n");
19       if (dictCount == 0)                     //词典词条文件打开失败
20       {
21           release_dict(&pDictList, 0);        //释放词典词条数组占用的内存空间
22           exit(0);                            //打开文件失败，程序退出
23       }
24       int flag = 0;                           //标识变量，用于标识是否添加了新的记录数据
25       //死循环，使程序一直运行，防止退出
26       while (1)
27       {
28           //初始化数组 key 和 content
29           memset(key, 0, sizeof(key));
```

```
30            pDict = NULL;
31            printf("\n");
32            printf("请输入英文单词：\n");
33            scanf("%s", key);                    //从键盘获取用户的输入
34            //如果输入"$exit"就跳出循环
35            if (strncmp(key, "$exit", 5) == 0)
36            {
37                  break;
38            }
39            //根据用户的输入，在字典中检索
40            pDict = search_dict(pDictList, dictCount, key);
41            if (pDict != NULL)                     //找到对应的词典数据
42            {
43                  printf("%s\n", pDict->content);
44                  flag = 1;                        //标识记录词条数组已被改动
45            }
46            else                                    //未找到对应的翻译
47            {
48                  printf("词典没有收录该单词\n");
49            }
50            char ch;
51      A:    printf("是否继续查询单词（y/n):");
52            scanf("%c", &ch);
53            if (ch == 'y' || ch == "Y")
54                  continue;
55            else if (ch == 'n' || ch == "N")
56                  break;
57            else
58            {
59                  printf("输入有误\n");
60                  goto A;
61            }
62      }
63      printf("正在释放词典数据\n");
64      release_dict(&pDictList, dictCount);
65      system("pause");
66      return 0;
67 }
```

  由于前面已经对电子词典的功能模块进行了测试，这里就不再展示运行效果，读者可以自行运行程序进行电子词典测试。

## 项目小结

  在实现本项目的过程中，主要为读者讲解了文件的相关知识。首先讲解了文件的基本概念，包括计算机中的流、文件的概念、文件的分类、文件指针与文件位置指针；然后讲解了文件的打开与关闭；最后讲解了文件的读写，包括单字符读写文件、单行读写文件、二进制读写文件、格式化读

写文件。通过本项目的学习，读者能够掌握 C 语言中文件的基本知识与初级操作方式，并能够使用 C 语言代码操作文件。

## 习题

一、填空题

1. 根据传输形式，流可以分为_____和_____两种。

2. C 语言预定义的流包括 stdin、stdout 和_____。

3. 文件标识包含_____、文件名主干和文件后缀 3 部分。

4. 根据组织形式，C 语言中的文件可以分为_____文件和_____文件。

5. 文件模式_____可以追加写入文件内容。

6. fgets()函数调用失败会返回_____。

二、判断题

1. 文件指针直接指向了文件。　　　　　　　　　　　　　　　　　（　　　）

2. 文件位置指针就是文件指针。　　　　　　　　　　　　　　　　（　　　）

3. C 语言预定义的流在程序开始时会自动打开。　　　　　　　　　（　　　）

4. 在文本文件中，每一个字节存放一个字符的 ASCII 码。　　　　（　　　）

5. 一个文件指针可以指向多个文件。　　　　　　　　　　　　　　（　　　）

6. 文件名标识具有唯一性。　　　　　　　　　　　　　　　　　　（　　　）

三、选择题

1. 下列选项中，(　　　) 是系统的标准输入文件。

   A. 键盘　　　　　　　　　　　　　　B. 显示器

   C. 软盘　　　　　　　　　　　　　　D. 硬盘

2. fopen()函数执行失败时，其返回值为 (　　　)。

   A. 地址值　　　　　　　　　　　　　B. NULL

   C. 1　　　　　　　　　　　　　　　　D. EOF

3. 函数调用语句 fseek(fp,-20L,2);其含义为 (　　　)。

   A. 将文件位置指针移到距离文件 20 个字节处

   B. 将文件位置指针从当前位置向后移动 20 个字节

   C. 将文件位置指针从文件末尾后退 20 个字节

   D. 将文件位置指针向后移到距离当前位置 20 个字节处

4. 如果要打开一个已存在的非空文件 Demo 进行修改，下列选项中，正确的打开方式为(　　　)。

   A. fp = fopen("Demo", "r");　　　　　　B. fp = fopen("Demo", "ab+");

   C. fp = fopen("Demo", "w+");　　　　　D. fp = fopen("Demo", "r+");

5. 函数 rewind()的作用是 (　　　)。

   A. 使文件位置指针重新指向文件开头

   B. 将文件位置指针指向文件中所要求的特定位置

   C. 使位置指针指向文件末尾

   D. 使位置指针自动移动至下一个字符的位置

6. 下列选项中，（    ）函数可以实现二进制读文件。

    A. fgetc()                            B. fgets()

    C. fread()                            D. fscanf()

7. 请阅读下列程序：

```
int main()
{
    FILE * fp;
    char str[]="C Language";
    fp = fopen("file" , "w" );
    fputs(str,fp);
    fclose(fp);
    return 0;
}
```

程序的功能是（    ）。

    A. 在控制台上显示"C Language"

    B. 把"C Language"写入 file 文件中

    C. 把"C Language"写入 file 文件并读取

    D. 以上都不对

四、简答题

1. 请简述文件的类别及特点。

2. 请简述文件指针与文件的关系。

五、编程题

1. 请编写一个程序，建立一个班级通信录，收集学生信息（姓名、联系方式）存储到文件中。通信录文件格式如图 11-28 所示。

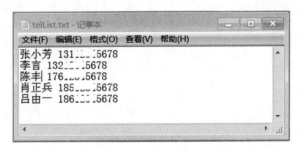

图 11-28　通信录文件格式

2. 请编写程序：将两个文件合并成一个文件，即将一个文件中的数据追加写入另一个文件。

# 附　录　I

## ASCII 码表

| 代码 | 符号 | 代码 | 符号 | 代码 | 符号 | 代码 | 符号 |
|---|---|---|---|---|---|---|---|
| 0 | NUL | 32 |  | 64 | @ | 96 | ` |
| 1 | SOH | 33 | ! | 65 | A | 97 | a |
| 2 | STX | 34 | " | 66 | B | 98 | b |
| 3 | ETX | 35 | # | 67 | C | 99 | c |
| 4 | EOT | 36 | $ | 68 | D | 100 | d |
| 5 | ENQ | 37 | % | 69 | E | 101 | e |
| 6 | ACK | 38 | & | 70 | F | 102 | f |
| 7 | BEL | 39 | ' | 71 | G | 103 | g |
| 8 | BS | 40 | ( | 72 | H | 104 | h |
| 9 | HT | 41 | ) | 73 | I | 105 | i |
| 10 | LF | 42 | * | 74 | J | 106 | j |
| 11 | VT | 43 | + | 75 | K | 107 | k |
| 12 | FF | 44 | , | 76 | L | 108 | l |
| 13 | CR | 45 | - | 77 | M | 109 | m |
| 14 | SO | 46 | . | 78 | N | 110 | n |
| 15 | SI | 47 | / | 79 | O | 111 | o |
| 16 | DLE | 48 | 0 | 80 | P | 112 | p |
| 17 | DC1 | 49 | 1 | 81 | Q | 113 | q |
| 18 | DC2 | 50 | 2 | 82 | R | 114 | r |
| 19 | DC3 | 51 | 3 | 83 | S | 115 | s |
| 20 | DC4 | 52 | 4 | 84 | T | 116 | t |
| 21 | NAK | 53 | 5 | 85 | U | 117 | u |
| 22 | SYN | 54 | 6 | 86 | V | 118 | v |
| 23 | ETB | 55 | 7 | 87 | W | 119 | w |
| 24 | CAN | 56 | 8 | 88 | X | 120 | x |
| 25 | EM | 57 | 9 | 89 | Y | 121 | y |
| 26 | SUB | 58 | : | 90 | Z | 122 | z |
| 27 | ESC | 59 | ; | 91 | [ | 123 | { |
| 28 | FS | 60 | < | 92 | \ | 124 | | |
| 29 | GS | 61 | = | 93 | ] | 125 | } |
| 30 | RS | 62 | > | 94 | ^ | 126 | ~ |
| 31 | US | 63 | ? | 95 | _ | 127 | DEL |

# 附 录 II

## C 语言运算符优先级

| 优先级 | 运算符 | 说明 | 结合性 |
|---|---|---|---|
| 1 | ++ -- | 后置自增/自减 | 自左向右 |
| 1 | ( ) | 括号 | 自左向右 |
| 1 | [ ] | 数组下标 | 自左向右 |
| 1 | . | 结构体/联合体成员对象访问 | 自左向右 |
| 1 | -> | 结构体/联合体成员对象指针访问 | 自左向右 |
| 2 | ++ -- | 前置自增/自减 | 自右向左 |
| 2 | + - | 加法/减法 | 自右向左 |
| 2 | ! ~ | 逻辑非/按位取反 | 自右向左 |
| 2 | (type) | 强制类型转换 | 自右向左 |
| 2 | * | 间接取指针指向的值（解引用） | 自右向左 |
| 2 | & | 取地址 | 自右向左 |
| 2 | sizeof | 计算大小 | 自右向左 |
| 3 | * / % | 乘/除/取余 | 自左向右 |
| 4 | + - | 加号/减号 | 自左向右 |
| 5 | << >> | 位左移/位右移 | 自左向右 |
| 6 | < <= | 小于/小于等于 | 自左向右 |
| 6 | > >= | 大于/大于等于 | 自左向右 |
| 7 | == != | 等于/不等于 | 自左向右 |
| 8 | & | 按位与 | 自左向右 |
| 9 | ^ | 按位异或 | 自左向右 |
| 10 | \| | 按位或 | 自左向右 |
| 11 | && | 逻辑与 | 自左向右 |
| 12 | \|\| | 逻辑或 | 自左向右 |
| 13 | ? : | 三元运算符 | 自右向左 |
| 14 | = | 赋值 | 自右向左 |
| 14 | += -= | 相加后赋值/相减后赋值 | 自右向左 |
| 14 | *= /= %= | 相乘后赋值/相除后赋值 | 自右向左 |
| 14 | <<= >>= | 位左移后赋值/位右移后赋值 | 自右向左 |
| 14 | &= ^= \|= | 位与运算后赋值/位异或后赋值/位或运算后赋值 | 自右向左 |
| 15 | , | 逗号 | 自左向右 |

**读者意见反馈**

为收集对教材的意见建议，进一步完善教材编写并做好服务工作，读者可将对本教材的意见建议通过如下渠道反馈至我社。

咨询电话　400-810-0598

反馈邮箱　gjdzfwb@pub.hep.cn

通信地址　北京市朝阳区惠新东街 4 号富盛大厦 1 座

　　　　　高等教育出版社总编辑办公室

邮政编码　100029